U0391924

只有皮肤科医生才知道
——肌肤保养的秘密

主 编 骆 丹 副主编 张丽超

编者（以姓氏笔画为序）

马立文（南京大学医学院附属鼓楼医院）　　王 申（南京医科大学附属南京儿童医院）

尹 智（南京医科大学第一附属医院）　　尹慧彬（复旦大学附属华山医院）

吉 玺（南京市妇幼保健院）　　朱 洁（江苏省中医院）

刘 娟（南京医科大学第一附属医院）　　许 阳（南京医科大学第一附属医院）

许婧音（常州市第一人民医院）　　李 敏（南京医科大学附属南京儿童医院）

李 锦（南京军区南京总医院）　　吴 迪（南京医科大学第一附属医院）

吴红巾（南京医科大学附属南京儿童医院）　　张 婷（苏州大学附属儿童医院）

张丽超（南京医科大学附属无锡人民医院）　　张家安（中国医学科学院皮肤病研究所）

张潇予（第四军医大学西京医院）　　苗颖颖（南京医科大学第一附属医院）

易 飞（南方医科大学南方医院）　　周炳荣（南京医科大学第一附属医院）

胡燕燕（武汉市第一医院）　　骆 丹（南京医科大学第一附属医院）

栗 丹（南京医科大学第一附属医院）　　贾月琴（铜陵市人民医院）

郭 泽（安徽医科大学第一附属医院）　　陶艳玲（南京医科大学第一附属医院）

黄 荷（南京医科大学第一附属医院）　　黄斐然（靖江市人民医院）

潘永正（江苏省中医院）

主编助理 陶艳玲

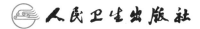人民卫生出版社

图书在版编目（CIP）数据

只有皮肤科医生才知道：肌肤保养的秘密/骆丹主编.-- 北京：人民卫生出版社，2017

ISBN 978-7-117-25171-6

Ⅰ.①只… Ⅱ.①骆… Ⅲ.①皮肤－护理－基本知识 Ⅳ.①TS974.1

中国版本图书馆 CIP 数据核字（2017）第 224637 号

人卫智网	www.ipmph.com	医学教育、学术、考试、健康，购书智慧智能综合服务平台
人卫官网	www.pmph.com	人卫官方资讯发布平台

只有皮肤科医生才知道——肌肤保养的秘密

主　　编：骆　丹
出版发行：人民卫生出版社（中继线 010-59780011）
地　　址：北京市朝阳区潘家园南里 19 号
邮　　编：100021
E - mail：pmph @ pmph.com
购书热线：010-59787592　010-59787584　010-65264830
印　　刷：北京盛通印刷股份有限公司
经　　销：新华书店
开　　本：710×1000　1/16　印张：22
字　　数：320 千字
版　　次：2017 年 11 月第 1 版　2020 年 5 月第 1 版第 10 次印刷
标准书号：ISBN 978-7-117-25171-6/R·25172
定　　价：59.00 元

打击盗版举报电话：010-59787491　E-mail：WQ @ pmph.com
（凡属印装质量问题请与本社市场营销中心联系退换）

主编
简介

　　骆丹，南京医科大学第一附属医院皮肤科主任医师、教授、硕士生与博士生导师。博士毕业于中国协和医科大学、中国医学科学院皮肤病研究所，2000年至2002年博士后研修于美国波士顿大学医学院皮肤科。进入21世纪以来担任江苏省政府重点学科皮肤性病学科的首席带头人，是江苏省卫生厅医学重点人才及省人事厅六大高峰人才。2011年获中国女医师协会临床科技创新奖，2016年再获南京医科大学名师表彰。

　　从事医教研一线工作30余年，在皮肤性病、光损伤与光老化、损美性皮肤病等基础与临床方面都有颇深造诣。主持国家自然基金及省部级课题10项，发表论文近400篇，SCI收录50余篇，10余年来以第一完成人获中华医学会及省级科技进步奖共4项。参与国家卫计委《皮肤性病学》研究生教材、5年制全国统编教材（第6～9版）、八年制教材、英文版教材及双语教材编委工作；主编著作5部，参编10余部。已培养硕博士研究生近70位。

　　兼任中华医学会皮肤性病学分会全国委员及青年委员会副主委、实验学组副组长及美容学组委员；任中国女医师协会皮肤科专业分会副主委；中国医师协会皮肤科分会执行常委；中华医学会医学美学与美容学分会皮肤美容学组副组长；中国中西医结合学会皮肤科分会全国委员，国家食品药品监督管理总局药品与化妆品审评专家；中国整形美容协会激光亚专业委员会常委等，江苏省医学美学分会变态反应学分会及皮肤性病学分会副主任委员，江苏省整形美容协会微创与激光美容分会以及微创与美容皮肤科分会主任。《临床皮肤科杂志》副主编、《中华皮肤科杂志》编委及其他多种杂志编委。

序一

骆丹教授是江苏省人民医院著名的皮肤科专家、博士生导师，她不仅潜心于皮肤科的教学、科研和临床医疗工作，还经常为新闻、广播、报纸、微博、微信等媒体宣传皮肤的保健知识，深受广大群众欢迎。

她的著作《只有皮肤科医生才知道——肌肤保养的秘密》一书，是为满足广大群众科学护理常见皮肤病、使正常皮肤健美的需求而生。该书详细阐明了人体皮肤的基本构造、功能和影响因素，列举了常见皮肤疾病的重要特点，医学美容的常见手段和适应证等，提出了全面而又实用可行的皮肤保健和美容措施，内容丰富、全面、生动、通俗易懂，有望能成为广大群众科学认识皮肤及常见皮肤病、科学护理皮肤的最好参考书。

随着社会的发展，人民生活水平的不断提高，广大群众对科普知识需求越来越高，骆丹教授和她的同事们撰写的本书必定能受到大家的喜爱，也必能为你提高皮肤保健水平提供有力的指导。

吉济华

南京大学医学院教授

南京市科普学会常务理事

2017 年 1 月

序二

这是一本学术与文采齐出众的皮肤科大咖撰写的皮肤美容书籍。内容深入浅出，从生理到病理，从治疗到护理，给大众详尽地科普了皮肤的基本常识、护理选择及常见问题皮肤的处理。内容翔实具体，语言平实流畅，相信读完全书，每个人都能学会科学地看待自己的皮肤，知道如何正确地护理和对待皮肤问题，不会迷失在林林总总、纷繁芜杂的广告宣传里，不迷信、不盲从，能信守自己从该书中汲取的科学知识，坚定自己的正确护肤理念。

一位在皮肤科颇有建树、发表数百篇中英文科研论文的教授能为大众写出如此一本浅显易懂、生动活泼的科普书籍，我想，依靠的其实是一种医者仁心的情怀，治未病远远优于治已病，如能在源头教好大众如何正确认识皮肤，预防或减少皮肤疾病的出现，降低皮肤科门诊就诊人数，这其实是医生与大众都期望的结果。这本书的出现，于医、于患都是益事，是普世的良书。

我与骆丹教授相识多年，她是一位颇具人文气息的美女教授，琴棋书画样样精通，对于语言的驾驭能力更是超群，相信她的书一定给你带来美妙的感受，以及实用性很强的护肤养肤价值。

杨蓉娅

教授

中国人民解放军陆军总医院，全军皮肤损伤修复研究所

2017 年 10 月

前言

不知不觉，我担任皮肤科医生已经30多年了，从一名临床医学生成了皮肤科的主任医师，从一名医科大学附属三甲医院皮肤科的助教到现在的教授及博士生导师，看病所面对的人群也渐渐从真正的"皮肤病患者"扩大到"皮肤亚健康状态"，甚至到了想要"皮肤更美，青春永驻"的普通人群，尤其是年轻女性朋友们。

当一个生命来到世上，能保护完完整整的人体、抵挡外界物质侵害和打扰的就是这层薄薄的皮肤，从此这层皮肤终生伴随人体，每日都会经历自然界的风吹日晒、冷热曝寒，以及微生物的亲近和我们自身精心但不一定到位的"梳妆打理"，所以要把"面子工程"打造好真不是件轻省之事。

从医学角度看，皮肤是人体最大的器官，具有保护、感觉、调节体温、吸收、分泌与排泄、新陈代谢等七大生理功能，是我们坚强的铠甲，为我们抵御外敌，保护内里；同时，皮肤也是容易受伤的，单单是皮肤病就有两千余种，关乎方方面面，轻则可以等其自行调整，严重的影响生活质量，甚至关乎性命。因此，皮肤问题不容小觑！而通常我们所面对的医学美容相关问题也非常具有普遍意义，重点无外乎就是"为什么我皮肤比人家黑？我皮肤怎么就变成这样了？准妈妈和小宝宝的护肤经有什么特别的？应该如何进行皮肤保养……？"所以，作为当代的皮肤科医生，不仅要会看病治病，更应懂得如何让皮肤更健康，防患于未然——正所谓"有病治病，没病美美"。因此，我们要将"科学护肤、医学救肤"贯穿于日常生活当中，这也是我始终坚信的理念。

大家常常问我：作为皮肤科专家，有什么肌肤保养秘方？虽说现在人们对"面子问题"倍加关注，花在"面子"上的钱也日渐增多，但临床工作中"皮肤敏感"与"面部皮炎"的患者却有增无减。我总结了以下原因：主要是主观上过于重视、客观上过于折腾所致。90%以上的咨询就诊患者缺乏基本的皮肤科知识，甚至连自己的皮肤也不了解，所以总是容易被周围的广告、诱惑带入一个个误区，拿自己的皮肤当试验田，还以为是在精心耕耘，殊不知正是"过分收拾"让自己的皮肤备受摧残了，于是乎各种皮肤问题就接踵而至了……在此，我只想告诉大家一句话：遵循自然生物学规律的保养才是最终极的肌肤保养秘方。对中国人来说，科学护肤无非四个方面：清洁、保湿、防晒、美白，真正的魅力肌肤除了天生丽质，一定要有后天一生一世的精心呵护，其主人也一定是深谙肌肤保养之道的。

也许你正在琳琅满目的洗面奶、面膜等化妆品前徘徊；也许你在为春季的花粉过敏、夏季的美白防晒、秋冬季的皮肤干燥瘙痒而愁眉不展；也许已是"准妈妈"的你在为怎么护肤纠结不已；也许你担心宝宝遗传了你的过敏体质；也许你不幸遭遇到了白癜风、雀斑、黄褐斑的扰人苦恼；也许，正值青春期的你却满脸痘痘，皮肤还越洗越油；也许你正值盛年却饱受脱发的苦恼；也许你一直在美白，却总是在变黑；也许你正在犹豫要不要做光子嫩肤、激光祛斑、水光注射……这些，我在本书的相应章节中都做了阐述和分析，希望对您有所帮助。

在我的新浪微博"皮肤问骆丹"以及"好大夫在线"和"微医"网站上，很多人提出了各式各样的皮肤问题。为此，我从个人30余年从事医教研一线工作的经历和视角入手，集合了团队数十位博士和硕士研究生一起，集思广益、精心安排，总结编写了这本小书。我们不仅就男女老少百姓们一年四季常见的皮肤问题、或者多种常见皮肤病告诉大家如何寻医问药，更从衣食住行的生活细节上告诉各个人群该怎样管理与呵护皮肤；还有一个特点就是书中提供了很多丰富、生动的临床诊疗经历与心得的实例，真正做到了让大家"有道理可循、有事实可依"。

春华秋实又一载。在第33个教师节到来的时刻，我终于收到了这份等了许久许久的厚礼！在此，衷心感谢为此书的编写、出版付出辛勤劳动的各位作者、出版社的编辑老师！希望读者和广大同仁能提出宝贵意见，我将再接再厉！

骆丹

2017年9月

目录

第7章 其他部位的常见皮肤问题

第8章 一年四季的护肤法则与重点

第9章

他 / 她的皮肤需要加倍的呵护——
宝宝和宝妈的皮肤护理

第10章

细数皮肤上的斑斑点点——
雀斑、黄褐斑、黑变病、痣、白癜风

第11章　脱发与多毛——有人多，有人少

第12章

如何干预皮肤衰老，
实现逆生长？

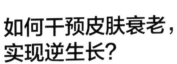

第1章

认识你的皮肤
——人体最大的器官

要认识你的皮肤，首先对号入座看看你的皮肤可能属于哪一型。

众所周知，不同种族、不同个体的皮肤存在很大差异，对皮肤类型的分类方法亦有多种。目前多根据皮肤含水量、皮脂分泌状况、皮肤 pH 值以及皮肤对外界刺激的反应性的不同，将皮肤分为五种类型，其中四种是我们熟知的中性、干性、油性、混合性，也就是下面我用这个圆形图坐标划分的四个区域，可以看出，第五种敏感性皮肤并没有被包括其中。然而近年来这类患者却越来越多，而且发病人群偏于年轻化，在门诊见到最多的常常是刚刚进入青春期的妙龄少女、刚刚走向工作岗位的上班族、很多事业有成的公司高管经理或董事长，还有很多那些几乎不用劳神劳力、风吹日晒的专职家庭女性们……

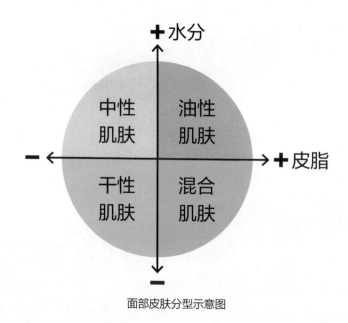

面部皮肤分型示意图

1. 中性皮肤 也称普通型皮肤，为理想的皮肤类型。图上位于左上黄色区域，顺着箭头所指，离中心点越远，水分增加、皮脂减少。这样的皮肤角质层含水量为 20% 左右，pH 为 4.5 ~ 6.5，皮脂分泌量适中，皮肤表面光滑细嫩、不干燥、不油腻、有弹性，对外界刺激适应性较强。如果你很幸运地是这类肤型，那么恭喜你，只要适当细心地呵护，就可以拥有靓丽肤质；当然如果处理不当，如去皮脂过度、皮肤含水量降低，就会导致**向干性皮肤发展**了。

2. 干性皮肤 又称干燥型皮肤，也就是缺水的那种类型，像一片荒芜的沙漠，见上图左下象限，角质层含水量低于 10%，pH > 6.5，皮脂分泌量少，皮肤干燥、缺少油脂、毛孔不明显，洗脸后有紧绷感，对外界刺激（如气候、温度变化）敏感，易出现皮肤皲裂、脱屑和皱纹老化等表现。干性皮肤既与先天性因素有关，也与经常风吹日晒、使用碱性洗涤剂过多有关。这类皮肤要**注意保湿**，护理不当特别容易转**向敏感型皮肤**。

3. 油性皮肤 也称多脂型皮肤，号称"大油田"，这类皮肤多脂多油，多见于中青年及肥胖者，且有遗传因素影响。图中位于右上象限。油性皮肤角质层含水量为 20% 左右，pH < 4.5，皮脂分泌旺盛，皮肤外观油腻发亮、毛孔粗大，易黏附灰尘，肤色往往较深，但弹性好，不易起皱，对外界刺激一般不敏感。油性皮肤多与雄激素分泌旺盛、偏食高脂食物及香浓调味品有关，**易患痤疮、脂溢性皮炎**等皮肤病。从长远观点看偏油、偏黑的皮肤反倒是**不易老化**。读者可以在你的发小聚会上、校友及老同学聚会中感觉到这种皮肤老化的差异性，比如说小时候被众人嘲笑的"大油田"现在依然保养得很好，看上去比同龄人年轻得多。

4. 混合性皮肤 按图表区域划分，这型皮肤是干性或油性混合存在的一种皮肤类型。多表现为面中央部位（即前额、鼻部、鼻唇沟及下颏部）呈油性，而双面颊、双颞部等表现为中性或干性皮肤。躯干部皮肤和毛发性状一般与头面部一致，油性皮肤者毛发亦多油光亮，干性皮肤者毛发亦显干燥。具有此种类型皮肤本身应该细心打理，特别是对面颊部应以**锁水保湿**为主。值得注意的是，很多人每次洗脸时都在面中部和面颊部倾尽全力"打扫卫生"，对鼻头上的小黑点穷追不舍，以致很快就损伤了皮肤的屏障，并波及整个面部。

5. 敏感性皮肤 常见两种原因，一种是本身是过敏体质者，有遗传过敏背景，这样的人整体皮肤易发生过敏，甚至还伴有湿疹、过敏性鼻炎和哮喘等；第二种就是人为造成的皮肤损伤，特别是洁面过度者，总以为自己的面部整天暴露

3

5 种皮肤类型：

· 中性皮肤

· 干性皮肤

· 油性皮肤

· 混合性皮肤

· 敏感性皮肤

快来对号入座，
看你属于哪一型？

于自然环境和接触多种护肤品，不彻底洗干净怎么得了？于是乎，强力洗面奶、磨砂膏、去死皮洁面膏，甚至类似于电动牙刷的洗脸神器纷纷成了洗干净脸的"有力武器"，其结果不言而喻了：破坏了屏障后的皮肤对外界刺激的反应性极强，对外界风吹日晒、室内温度变化，以及原来可以使用的温和化妆品等均较敏感，面部也极易有烫手感，皮肤既红又薄又亮、伴有刺痛灼热和瘙痒等表现。

以下我们将通过细致的科普知识介绍，告诉你这些相关的内容……

第1节　Visia 皮肤检测仪——透视你的皮肤

也许你会说，以上这些皮肤分型的方法太粗糙了，只是用人眼看一下，而且停留在皮肤表面的状态，一来有太多主观因素干扰，可能不同人的看法会不一样，二来如果本人稍微用一点化妆品成分也许就掩盖了皮肤本来的面目，这就让自己的皮肤分型变得很难有定论。那么，有没有一种科学的仪器来检测呢？

答案是肯定的，目前很多有条件的医院皮肤科都会配备面部图像分析仪，它能够透过你皮肤的表面发现你所不知道的秘密，科学、量化地分析患者的面部问题，不仅可以检测已经暴露在肌肤表面的问题，还能够通过定量分析将隐藏在皮肤基底层的问题直观展示出来，帮助你全面、深入地了解自己的皮肤，据此选择适合自己的护肤品。你也可以通过定期检测，追踪皮肤各类指标的变化情况。

什么是 Visia

Visia 能通过超高清（1200 万像素）的摄像头，以白光、紫外光、偏振光三次从三个角度（正面、左侧、右侧）成像，记录表层和深层皮肤状况，不仅能将暴露在皮肤表面的问题一扫无遗，还能将脸部深层部位的潜在问题直观地反映出来，如斑点、毛孔、皱纹、卟啉、色斑、光老化情况、皮肤饱满度、皮下血管和色素性病变等。所以说它是一台专门针对面部皮肤设计的、分析面部皮肤问题的评估设备，能为个人提供简单易明的量化数据分析及报告。

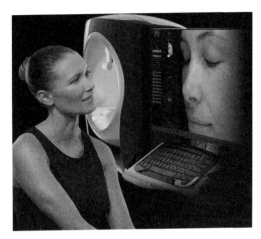

Visia 皮肤检测仪

Visia 检测皮肤过程

1. 检测前：要求输入性别、年龄等，且年龄要精准到出生年月日。这是因为，美国人在推出这个系统时，内置庞大的数据库，将同种族、同龄、同肤型的人群进行比对，Visia 检测结果当中的百分比也就是根据这个进行对比的，它可以帮助你与同年龄女士作全面肤质比较，更清楚地了解自己皮肤的等级。

2. 为防止皮肤附带的粉体、灰尘掩盖住真实的皮肤，做 Visia 皮肤检测之前需先做皮肤清洁，这样检测出来的结果才更加准确、真实。

3. 之后，根据操作人员的提示，将下巴和额头放在校准器里，闭眼不动，拍摄左、中、右三个角度，整个拍摄过程即可完成！

Visia 检测结果解读——通过一次拍照得到 8 个皮肤指标

1. **斑点** 利用标准白光拍摄，指的是肉眼可见、皮肤表面的斑点或表皮其他色素沉淀，如晒斑、雀斑、痘痘、痘印、痣也会被归纳在内。所有这些问题都会被一个个圈起来，圈圈越多，说明呈现的色素问题越多！

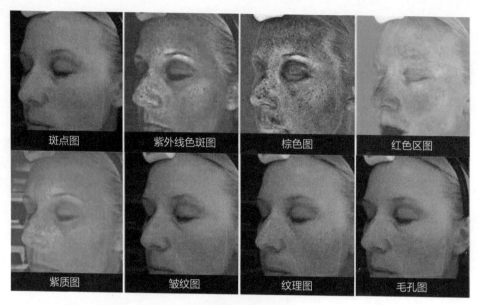

| 斑点图 | 紫外线色斑图 | 棕色图 | 红色区图 |
| 紫质图 | 皱纹图 | 纹理图 | 毛孔图 |

皮肤检测仪检测结果图

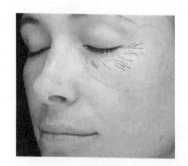

眼周皱纹

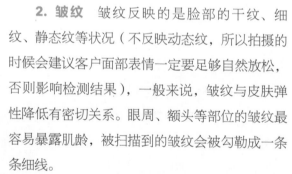

面颊部纹理

2. 皱纹 皱纹反映的是脸部的干纹、细纹、静态纹等状况（不反映动态纹，所以拍摄的时候会建议客户面部表情一定要足够自然放松，否则影响检测结果），一般来说，皱纹与皮肤弹性降低有密切关系。眼周、额头等部位的皱纹最容易暴露肌龄，被扫描到的皱纹会被勾勒成一条条细线。

3. 纹理 反映皮肤的平滑度以及饱满感，健康角质层的"峰"和"谷"差异越小，皮肤饱满感越好，角质层的锁水、保湿能力越强。反之，若扫描的角质层皮丘皮沟凹凸不平，皮肤饱满感越差，皮肤锁水力也随之降低。

4. 紫外线色斑 紫外线色斑在普通光照条件下是看不到的，它需要通过峰值为365nm的紫外光拍摄而得，它可以客观地反映表皮下潜在的色素斑（与皮肤光老化呈正相关），平时不怎么做防晒的人到了这一项得分通常比较差，照出来的负片会有很多黑色的色素点分布于整个脸部，像块撒满芝麻的烧饼一样。这提示我们：做好防晒工作相当重要。

有些美容院喜欢拿右侧这张图来忽悠人，把里面的色素点说成是重金属残留，告诉你要排毒，大家一定要理性对待。

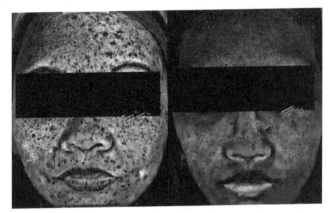

表皮下潜在色斑

5. 毛孔 反映皮脂腺开孔的扩张情况和平整度，因为张开的毛孔会有阴影，它的颜色会比正常的肤色深，Visia就是利用这一原理识别毛孔。一般爱长痘的油皮毛孔得分会比较低，特别是有粉刺、黑头堵塞的部位，毛孔会特别明显。

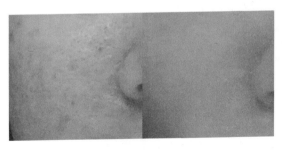

毛孔

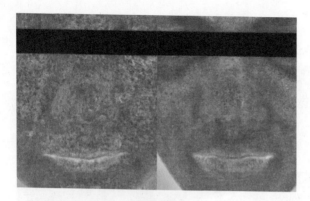

棕色斑

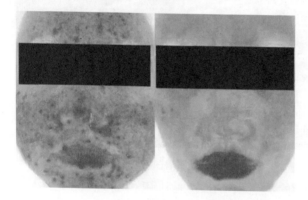

红色区

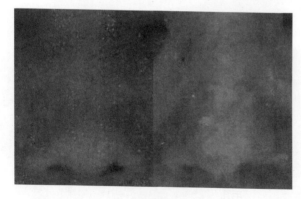

紫质

6. 棕色斑 棕色斑是比紫外线色斑更深层次的隐性色斑，如黄褐斑、雀斑、雀斑样痣等皮损。随着年龄增长，皮肤深层的斑点可能向表皮层层递进。

7. 红色区 反映毛细血管的状况，红血丝、炎症痤疮、玫瑰痤疮或蜘蛛痣等都可被检测到。血管和血红素存在于皮肤真皮乳头层中，赋予这些组织红颜色。痤疮斑点和炎症一般表现为大小各异的圆形。玫瑰痤疮则通常范围较广，呈扩散型。蜘蛛痣为细小、互相连接成一个密集的网状物。

8. 紫质 这是油皮最关注的项目之一，我们常常会看到不同部位的皮肤，尤其是 T 区发出荧光，这些荧光其实是寄生在毛囊口的细菌的代谢产物，又称"卟啉"。

卟啉在紫外光的激发下会呈现不同颜色的荧光点，

比如，砖红色的亮点与痤疮丙酸杆菌有关，蓝白色荧光与马拉色菌毛囊炎有关，扑灭这些卟啉点对于控制皮肤炎症、控油有很重要的意义。

除了检测皮肤的性质、特点外，Visia 还有一个重要的功能，就是识破"鬼脸面膜"。

现在很多市售的面膜为了能达到敷后快速美白的表面效应，厂家会在里面添加荧光剂，我们无法肉眼识别，此时，便可以借助 Visia：

> 8 个皮肤指标，看看你的皮肤处于什么状态？

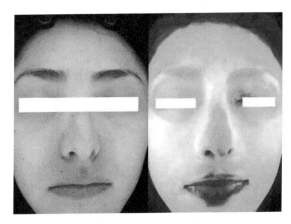

长年使用荧光剂面膜的女性朋友检测结果

看了上图，相信你应该明白为什么称其为"鬼脸面膜"了吧，这种荧光剂成分长期使用，会累积在皮肤里，可能对皮肤造成不可预测的伤害，因此一定要避免使用。

第 2 节　表皮——皮肤的第一层，新生的源泉

皮肤是人体最大的器官，我们成年人的皮肤面积平均约为 $1.6m^2$，总重量约占体重的 16%。皮肤的厚度随年龄、部位不同而异，不包括皮下组织，通常约

0.5～4mm。在眼睑、外阴、乳房处的皮肤最薄，厚度约为0.5mm，因此这些部位的皮肤非常脆弱，也非常敏感；而在掌跖部位的皮肤相对较厚，可达3～4mm，因为这些部位担负着繁重的任务，常常需耐受摩擦。

皮肤的这个"最大"可不是白当的，如果你认为它只是一层薄皮、无足轻重，那你就大错特错了。其实，皮肤不是仅有装饰作用的外衣，更是具有复杂而精密功能的盔甲，将我们的身体严严实实地保护起来，和外界环境分隔开，承担着保护机体内环境稳态和抵御外界有害因素侵袭的功能。

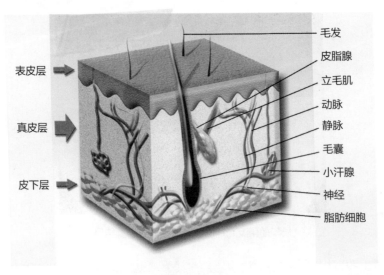

皮肤的组织学结构

组织学上，皮肤由外及内分为表皮层、真皮层和皮下组织层三部分，附有从表皮衍生的毛发、皮脂腺、汗腺和甲等附属器，其间分布着丰富的神经、血管、淋巴管和肌肉。皮肤的每层结构都承担着不同的使命，它们共同维系着一个健康的皮肤环境。表皮的生命活动在皮肤屏障的形成中起关键作用，而真皮和皮下组织对维持皮肤

> 皮肤是人体最大的器官，具有复杂而精密的功能，只有了解它的具体结构和功能，才能有效地呵护它！

的丰盈和弹性起着举足轻重的作用，神经血管等则起到连接体内体外、调节内外物质的流通以及接受和传递与其他生物之间信号的作用。只有了解皮肤具体的结构和功能，才能有效地呵护它，才能帮助我们在出现各种皮肤问题时制定更有效的解决方案。

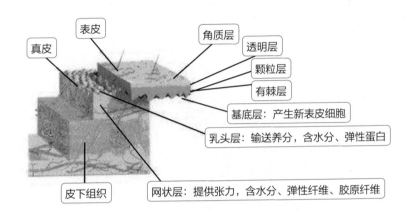

皮肤的各层结构及作用

　　表皮是皮肤的最外层，主要由角质形成细胞、黑素细胞、朗格汉斯细胞等构成。角质形成细胞是表皮的主要细胞，占表皮细胞的 80% 以上，由内到外又可分为五层：基底层、棘层、颗粒层、透明层、角质层。其中尤以基底层和角质层最为特殊，前者也称为生发层。外用化妆品后，其有效成分可溶解于角质层，形成储库，发挥作用。角质层还与其表面的皮脂构成皮脂膜体，后者在维持皮肤屏障功能中的作用可谓是冲锋在前的"防卫兵"。

皮肤发源地——基底层

　　基底层细胞可以不断新生，如蜂王繁殖后代般可以不断分裂产生新的细胞，这些细胞逐渐分化成熟并向上推移，最后到达角质层，当一个角质细胞脱落后，便结束了一个完整的新陈代谢过程，周期约为 28 天。在迁移分化过程中细胞内

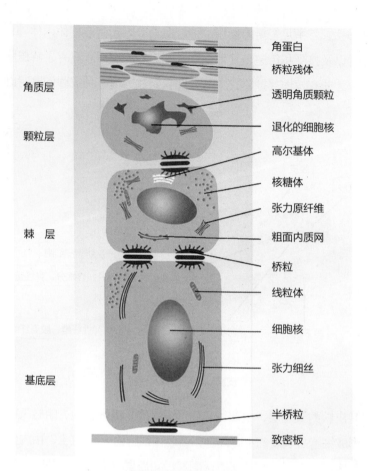

角质层

颗粒层

棘 层

基底层

角蛋白
桥粒残体
透明角质颗粒
退化的细胞核
高尔基体
核糖体
张力原纤维
粗面内质网
桥粒
线粒体
细胞核
张力细丝
半桥粒
致密板

角质形成细胞形态结构

逐渐形成具有保护作用的角蛋白，角蛋白是皮肤屏障最外层、指甲、毛发的结构
成分，主要功能是维持上皮组织的完整性及连续性。也就是说，一个角质形成细
胞从下到上层层迁徙，肩负着护卫、搬运的职责，低调又伟大地结束了它短短 28
天的生命，每天都有不计其数的角质形成细胞在进行这个过程！一个蜂巢会因为
蜂王的死亡而衰败，同样的，如果表皮基底层破坏过多、过强，那么表皮就难以
通过分裂增殖产生新细胞来进行自身修复，皮肤结构的完整性就会受到破坏，功
能自然受到影响，就连我们的毛发、指甲等都难以幸免。

角质层——我虽然死了，"尸体"还有用！

角质层是皮肤的最表层，实际上是由 15 ~ 20 层没有细胞核的死亡的角质形成细胞组成。当这些细胞脱落时，位于基底层的细胞又会被逐渐推移上来，形成新的角质层。因此，犹如长江后浪推前浪，角质层是一个不断更新替代的结构层。

虽然角质层的细胞"尸体"已失去了活力，但其内却含有丰富的角蛋白，对酸、碱、摩擦等因素有较强的抵抗力，是防止外界物质进入人体和体内水分丢失的主要屏障。为了使角质层保持一定的张力和弹性，角质层细胞内的角蛋白可与相应的水分水合，使皮肤保持湿润，有一定的顺应性，进而维持皮肤屏障功能。可想而知，如果没有角质层，我们的皮肤水分蒸发会变得非常快，人体每天将会丧失大量的水分，如烧伤患者。

去角质，好不好？

现代人因接触的外在环境条件变差，饮食不均衡、生活作息不规律，常会扰乱皮肤的新陈代谢，此外，老化的皮肤表皮新陈代谢也会减慢，使得角质细胞无法自然脱落，堆积在表面，导致皮肤粗糙、暗沉。有了这一层厚厚的阻隔，平时护肤品营养的吸收，也会大打折扣。因此便有"去角质"一说。

当角质层细胞过厚，影响到皮肤的外观和正常的吸收功能时，可以使用温和的角质剥脱剂促进老化角质层中细胞间的键合力减弱，加速细胞更新速度和促进死亡细胞脱离，进而改善皮肤状态，使皮肤表面光滑，重焕皮肤的活力，具有除皱、抗衰老的作用。

化妆品成分中常用的角质剥脱剂有 α- 羟基酸（alpha hydroxy acids，AHA）和 β- 基酸（beta hydroxy acids，BHA），α- 羟基酸包括羟基乙酸、乳酸、柠檬酸、苹果酸、苯乙醇酸和酒石酸等，多数存在于水果（柠檬、苹果、葡萄等）中，俗称为果酸。高浓度 AHAs 可用于表皮的化学剥脱，而低浓度 AHAs 能使活性表皮增厚，同时能降低表皮角化细胞的粘连性和增加真皮黏多糖、透明质酸的含量，使胶原形成增加，在降低皮肤皱纹的同时增加皮肤的光滑性和坚韧度，从而改善光老化引起的皮肤衰老的表现。

但是，凡事过犹不及，如果角质层过薄，皮肤的免疫力降低，便难以抵御外界刺激。如今的化妆品市场，无良商家为了追求效益，在其中添加大量激素和重金属成分，使用这些产品，短期内也许会有"立竿见影"的效果，但时间一长，角质层遭受破坏，越来越薄，最后皮肤变得敏感，轻微的刺激如紫外线、花粉、粉尘等都会造成皮肤过敏，也容易出现红血丝。

关于角质层

· 角质层是一个不断更新替代的结构层

· 角质层含有丰富的角蛋白，是皮肤的主要屏障

· 过度去角质，会使皮肤变得敏感，难以抵御外界刺激

三色人种的差异是怎么回事——黑素细胞与黑素颗粒

其实，从我们出生的那一刻起，皮肤的基本"色号"已经被基因决定了。有人天生如白雪公主，有人天生较黑，而大多数人则是两者之间——黄。这也罢了，作为一个"黑头发，黑眼睛，黄皮肤，永永远远的中国人"，我们骄傲，只要颜色均匀就很好。可是偏偏我们的黄皮肤更容易被晒黑，甚至晒出各种"色斑"。这到底是为什么呢？

这就要从制造"颜料"的工厂——约占皮肤基底层 10% 的**黑素细胞**说起。那么，是不是黑素细胞越多，肤色就越黑呢？错！其实，人体内黑素细胞的数量与部位、年龄有关，而与肤色、人种、性别等无关。也就是说差不多年纪的黑人和白人，当然还有我们"小黄人"，其实大家体内黑素细胞的数量没有多大差别。

那为什么还会产生这么多丰富的"色号"呢?

因为决定你的肤色的，是黑素细胞的产物**"黑素颗粒"**。它们的大小和它们在黑素细胞与角质形成细胞内存储的多少，决定了你的肤色在色谱中的位置。每一个黑素细胞借助树枝状突起可与周围 10 ~ 36 个角质形成细胞接触，向它们输送黑素颗粒，形成一个表皮黑素单元。

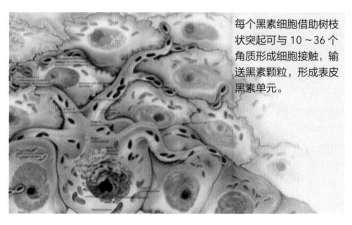

每个黑素细胞借助树枝状突起可与 10 ~ 36 个角质形成细胞接触，输送黑素颗粒，形成表皮黑素单元。

表皮黑素单元

像其他细胞的生命活动一样，黑素细胞合成黑素的过程繁杂，需要一系列酶的参与，其中一个最关键的酶是**酪氨酸酶**。有了酪氨酸酶的参与，黑素细胞才能源源不断地向角质层生产和输送黑素颗粒，并最终完成给皮肤"上色"的工作。酪氨酸酶受到紫外线的刺激就会活力增强，加倍努力干活，使得黑素细胞合成黑素的过程被加快了，一旦代谢的速度跟不上，皮肤也就会变得更黑了。黑素沉着受多种因素的调节，包括遗传、紫外线、性激素、炎症等。

有一次笔者在门诊遇到了一个肤色较深的姑娘，她的主要不适是右侧小腿部皮疹伴瘙痒，由于瘙痒严重，小姑娘经常搔抓，来就诊的时候小腿部皮疹虽有好转但已经留有色素沉着。我检查了一下患者的全身，无意间发现患者的脖子里有一道均匀的圆弧形色素沉着线，询问之下姑娘描述说，一个半月前开电瓶车时被垂下的电线"兜到"过脖子，当时脖子里有一条刮伤，愈合后留下了明显的色素沉着。这个患者的例子，正说明了肤色较深的人在皮肤发生损伤或炎症时比肤色浅的人更易留下色素沉着。其实这种现象在生活中并不少见，有些肤色深的爱美之人在进行皮肤美容创伤性治疗过后，也极有可能留下色素沉着，所以爱美的女性一定要选择正规的医疗机构进行皮肤医疗美容。如果皮肤不小心留下了明显的色素沉着，可以在医师的指导下使用一些具有美白功效、帮助减退色素的药物。

炎症后色素沉着

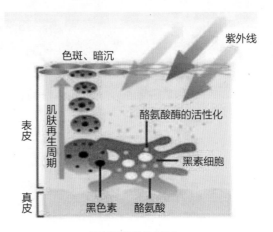

色素沉着发生机制

目前，市场上的美白化妆品很多，其中最主要的是作用于黑素细胞，尤其是通过抑制酪氨酸酶而发挥作用的产品。在现有的产品中，如氢醌、曲酸、桑葚提取物、熊果素均是通过抑制酪氨酸酶达到美白效果。近年来，也有科研团队对表皮生长因子（EGF）进行了研究，证实 EGF 用于接受激光治疗后的豚鼠，能加快皮肤创面愈合，而且皮肤黑素含量也随之降低。机制可能与其创伤愈合时间缩短、减少了炎症刺激时间，从而减少了黑素生成有关。因此，我们在激光治疗或者小面积的局部皮肤炎症、创伤后使用 EGF 凝胶或者乳膏，可以促进伤口恢复，同时减少炎症后色素沉着。

什么？！肤色深，更容易被晒黑？！

很多人都不知道，肤色深的人，其实反而更容易被晒黑。三种人肤色加深变黑的程度是：黑人最快，白人最慢，我们亚洲黄种人介于其间。

这是**因为肤色深的人，酪氨酸酶的活性本来就高，产生黑素颗粒的能力本身就强，因此在遭受外界刺激后，黑得也更快，还更不容易复原**。只不过因为肤色本来就深的原因，这种程度的变黑不太容易被发觉。

感觉很沮丧？其实也不是，肤色黑也有黑的好处。黑素颗粒有皮肤"卫兵"的作用，可以吸收紫外线的"负"能量，并将其转化为"无害成分"，所以深色的皮肤（拥有更多的"卫兵"）抵抗紫外线伤害的能力就会比肤色浅的人要强。因为，黑素也是影响皮肤对晒伤反应的关键因素，**事实上来看，肤色深的人，相对也更耐老一些**。

你再看看人家印巴人 20 岁与 50 岁的皮肤外观也没有多大变化吧，可中国、日本、韩国等亚洲的浅色人种 20 岁时皮肤白嫩细腻，50 岁时皱纹松弛。

> 人的皮肤生来就是有"色号"的哟！
> 肤色深的人更抗老呢！

说到这里，你一定要问了，为什么皮肤黑的人经得住老呢？

对于黑素，我们常常只知道它是决定我们肤色的重要因素，殊不知，它对人体的作用是无可替代的，它能遮挡和反射紫外线，防止阳光对人体皮肤的辐射导致的细胞染色体受损，也可以保护真皮和皮下组织。黑素可通过吸收和散射紫外线（UV）辐射减弱其穿透性和影响，可以清除氧自由基，而后者会导致细胞内 DNA 损伤和皮肤修复能力的破坏，甚至可以引起皮肤癌。

Fitzpatrick-Pathak 日光反应性皮肤类型

皮肤类型	日晒红斑	日晒黑化	未曝光区肤色
I	极易发生	从不发生	白色
II	容易发生	轻微晒黑	白色
III	有时发生	有些晒黑	白色
IV	很少发生	中度晒黑	白色
V	罕见发生	呈深棕色	棕色
VI	从不发生	呈黑色	黑色

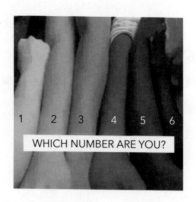

Fitzpatrick I ~ VI 型皮肤

皮肤分型的决定因素是个体未曝光区域对紫外线照射的反应性，即产生红斑还是色素。Fitzpatrick 将人类皮肤分为 I ~ VI 型：I 型：总是灼伤，从不晒黑；II 型：总是灼伤，有时晒黑；III 型：有时灼伤，有时晒黑；IV 型：很少灼伤，经常晒黑；V 型：从不灼伤，经常晒黑；VI 型：从不灼伤，总是晒黑。皮肤的白皙程度与皮肤内的黑色素有关，一般认为欧美人皮肤基底层黑色素含量少，皮肤属于 I、II 型；东南亚黄皮肤人为 III、IV 型，皮肤基底层黑色素含量中等；非洲棕黑色皮肤为 V、VI 型，皮肤基底层黑色素含量很高。对照下图看看你属于哪一型？

随着皮肤类型的增加，皮肤对抗紫外线的能力增强。曾有研究者定量了黑种人（皮肤类型 VI）和白种人（皮肤类型 I、II、III）表皮紫外线的传递，到达白种人真皮的紫外线量是黑种人的 5 倍。黑种人的黑素小体数量多，颜色黑，能吸收和散射更多的能量，并具有更强的光防护能力。其实说白了就是皮肤越黑越厚的人，对抗紫外线的能力更强，更耐老。而白色人种更容易晒伤，更容易较早出现晒斑、皱纹等光老化表现，且皮肤癌的发生率也远高于黑色人种！从这个角度说，上帝又是公平的，最能说明这点的是，**在白人中皮肤癌的发病率是黑人的 10 倍以上。**值得指出的是，据新闻报道，美国前总统曾因背部扁平皮肤病变经切片检查，确诊为基底细胞癌。这种皮肤癌就是多见于白色人种，少见于有色人种。其特点是发展缓慢，呈浸润性生长，但很少有血行或淋巴道转移，恶性程度较低。因此，克林顿术后还是恢复得不错的。

　　综上所述，深色皮肤要比浅色皮肤更能抵御紫外线的长期破坏作用，例如光老化和光致癌作用，换言之，黑人比白人经晒、经老。

朗格汉斯细胞：皮肤中的"福尔摩斯"，接触性过敏、皮肤斑贴试验的机制

皮肤中的"福尔摩斯"

　　朗格汉斯细胞（Langerhans cell）是皮肤内的一种功能最强的免疫活性细胞，主要存在于表皮中部，大多位于棘层中上层，属于树突状细胞。朗格汉斯细胞，这个名字一听起来就很洋气，它的"长相"、功能也是独特又强大的！"免疫活性"是根据其功能命名的，即参与机体的免疫应答反应，包括我们经常遇到的接触性过敏反应、化妆品皮炎等，就是由它触发的。"树突状"，则是根据其"长相"命名的，顾名思义，就是有很多的树枝样的突起，像个"八爪鱼"一样。

　　人类进化到现在这么高级的阶段，体内每样东西的存在都是有价值的，而它的特点也是根据它的功能需要进化而来，朗格汉斯细胞正是如此。它是由胚胎期的骨髓发生，以后迁移到皮肤内，逐渐形成这么多的突起发挥作用。我们皮肤接触到一种过敏原，比如有人对眼镜架的镜框、皮带的金属头端，或者染发剂、化妆品中的某种成分过敏，这种物质被称作"抗原"，或者"过敏原"。皮肤直接接触抗原后，朗格汉斯细胞就发挥它的"福尔摩斯"般敏锐的"嗅觉"，迅速识别它是异物，然后伸出它那又多又长的"魔爪"，捕获这些抗原物质，经过加工处理，或"大刀阔斧"地"斩头去尾"，或者"精细雕琢"、添加一些便于识别和呈递的标记，总之既要保留抗原物质的本性，又要便于自己人识别，这可是一个复杂精密的过程，然后这些抗原物质就"改头换面"分布于细胞表面，这时候，这些细胞就扛着自己的"胜利品"，浩浩荡荡、兴高采烈地游走出表皮，大部队随淋巴进入淋巴结，将抗原信息提呈给其他免疫活性细胞，引发免疫应答，完成一

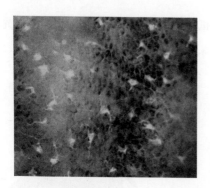

朗格汉斯细胞

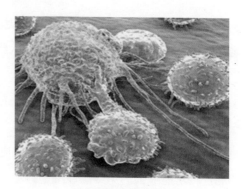

朗格汉斯细胞示意图

次交接仪式，这时候你的机体就认识了这些过敏原，当再次接触的时候，就会发生过敏反应，轻者只是局部发红、发痒，长点小红疙瘩，重的可能会有水疱、疼痛，有些严重的"染发剂皮炎"还会引起面部水肿。

因此，朗格汉斯细胞是一种抗原提呈细胞，在皮肤的接触性变态反应、对抗侵入皮肤的病原微生物、监视癌变细胞中和同种异体皮肤移植时的排斥反应中起着不可替代的作用，我们皮肤科常用的"斑贴试验"就是利用朗格汉斯细胞的这个特性，检测你是否对某种物质过敏，特别是"化妆品皮炎"。如果一个患者认为自己使用某种化妆品过敏，他的口头述说并没有意义，而皮肤科的"斑贴试验"才是最有力的证据。我们人为地将可疑的过敏原配制成一定浓度，放置在一特制的小室内，然后敷贴于患者后背，24～48小时后除去，观察皮肤反应，根据皮肤是否有发红发痒等来确定受试物是否是过敏原。

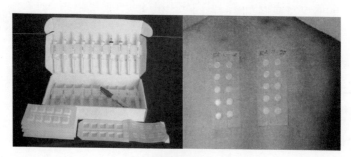

斑贴试验

斑贴试验阳性反应结果

当人体皮肤接触到环境中的冷、热、温、痛、痒、麻等多种微小刺激时，几乎都是靠梅克尔细胞感知和传递信息的，该细胞具有短指状突起，数目很少，与感觉神经末梢接触，因此能感受触觉或其他机械刺激。所以，在感觉敏锐部位如指尖、乳头与外阴密度较大。这种细胞固定在基底层而不随角质形成细胞向上迁移，因此，梅克尔细胞就像一个小小的螺丝钉一样一直牢牢地坚守在表皮基底层，一辈子都在默默地工作着。就像海底的水草一样，扎根在基底，伸出触角，感受周围的一切。不夸张地说皮肤一样可以感受情愁爱恨的：如恋人们的甜蜜亲吻、亲人们的热情拥抱、皮肤刀割般的疼痛、钻心难耐的皮肤瘙痒以及寒风刺骨痛，温水、热水及开水的烫人程度等。

梅克尔细胞模拟图

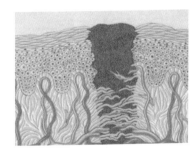

梅克尔细胞示意图

皮肤屏障：皮肤的砖墙结构

从这里开始，读者要建立起两个概念：一是广义的全层皮肤屏障，二是狭义的皮肤屏障，顾名思义，就是保护皮肤自身的一层屏障，说具体些，它是我们皮肤表面的一层水脂膜结构，就像我们的铠甲一样，皮肤屏障功能受损往往是很多皮肤病发生的第一步。

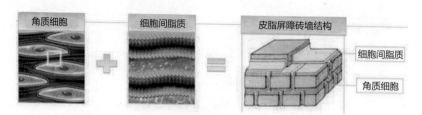

皮肤屏障结构

通过阅读这一小节，读者们应该能够了解皮肤的广义屏障与狭义屏障这两个有差别的屏障：①完全可以保护体内各器官和组织免受外界有害因素损伤又可防止体内水分、电解质及营养物质丢失的广义屏障作用，这是皮肤全层承担起来的。也就是说皮肤具有"屏障、吸收、感觉、分泌和排泄、体温调节、物理代谢、免疫"等各种功能。②在这里皮肤的屏障功能表现为阻挡摩擦、挤压、牵拉以及碰撞等机械性损伤、阻挡紫外线辐射后的损伤。③还可以抵抗弱碱的化学性刺激，当然那些能致人毁容的强酸、强碱皮肤可是承受不起的哦。④还有细菌、病毒、真菌等微生物的防御作用。⑤可以防止体内营养物质电解质及水分的丢失，在这里还要提醒大家，在正常情况下成人经皮丢失的水分每天为 240～480ml（这叫不显性出汗），是看不出来的丢失，如果角质层破坏了经皮水分丢失增加 10 倍。

通常所说的皮肤屏障主要涉及皮肤角质层结构相关的屏障。角质层中的角质形成细胞与结构性脂质构成了著名的"砖墙结构"。其中，角质形成细胞（KC）就好比砌墙用的"砖块"，连接 KC 的桥粒起"钢筋"的作用，角质层细胞间的脂类物质组成的"水泥"起黏合作用。同时，这些起润滑作用的物质如神经酰胺、游离脂肪酸与胆固醇以最佳比率充满整个角质层细胞间质，这个半透膜性质的角质层就可以抵抗弱酸弱碱等损伤，此外，可以防止体内水分和电解质的异常流失，同时阻止有害物质的进入，起到维持机体稳态的作用。

自打一出生，这么薄薄的皮肤屏障就伴随着人们经风雨、见世面了。受多种因素影响，内在因素包括：年龄、性别、激素水平波动等；外在因素有温度、湿度、雨雪影响、紫外线、灰尘、外用药物及多种化妆品等。

拥有健康的皮肤屏障就等于拥有了美丽自然的皮肤，如果将角质层细胞比作与外界有害因素作战的勇士的话，其余各层的细胞就是补充角质层战斗减员的预备役队员。基底层细胞是生产大队队长，源源不断地向前线提供角质细胞储备。一个正常的角质形成细胞从基底层到达皮肤表面即角质层的时间就是皮肤科医生经常说的"表皮通过时间或表皮更新时间"，这个表皮通过时间对正常皮肤而言约为 28 天，简单记住就是一个月。而一旦皮肤屏障受损就会使得皮肤自身防御能力不足，皮肤极易敏感受损，表现为皮肤干燥、色素沉着、异位性皮炎、湿疹、银屑病、鱼鳞病、酒渣鼻、脂溢性皮炎等，常常形成因果循环，互相促进，导致皮肤问题加重，治疗难度相应加大。2011 年全球皮肤免疫学进展的重大发现之一就是："当表皮完整时，皮肤表面的细菌、真菌或病毒等共生菌就不致病，一旦表皮受损（即皮肤屏障破坏），这些共生菌就会进入真皮而引发免疫性炎症反应"。

即使你知道了皮肤有它自然的进程，可有很多内外因我们却无法控制，比如一年四季的风吹日晒，再比如，在我们日常护理过程中，常常会用到各种清洁、护肤品或药品，由于认识的局限性，很可能自己在无意中就伤及到这层看起来坚实其实很脆弱的皮肤外衣——皮肤屏障了。

皮脂膜：天然的弱酸性保护膜

皮脂膜，功能很强大，却总被忽略。拥有健康、亮白透皙皮肤的第一要素就是需要拥有健康的皮脂膜。因此，我们要先学会看懂皮脂膜，再谈护肤，然后才是洗脸！皮脂膜对皮肤乃至整个机体都有着重要的生理功能，主要表现在以下几个方面：

1. 屏障作用 皮脂膜是皮肤锁水最重要的一层，能有效锁住水分，防止皮肤水分的过度蒸发，并能防止外界水分及某些物质大量透入，其结果是皮肤的含水量保持正常状态。

2. 润泽皮肤 皮脂膜并不属于皮肤的某一层，它主要由皮脂腺分泌的皮脂和角质细胞产生的脂质及汗腺分泌的汗液等一同组成，均匀分布在皮肤的表面，形成皮肤表面的一层天然保护膜，就像给汽车表面打蜡一样。其脂质部分有效滋润皮肤，让皮肤保持润滑和滋养，而使皮肤柔韧、滑润、富有光泽；皮脂膜中的水分可使皮肤保持一定的湿润度，防止干裂。

3. 抗感染作用 皮脂膜的 pH 值在 4.5～6.5，是弱酸性的。这种弱酸性的特点使它能抑制细菌等微生物滋生，对皮肤有自我净化的作用，因此是皮肤表面的免疫层。

皮脂腺的分泌受各种激素（如雄激素、孕激素、雌激素、肾上腺皮质激素、垂体激素等）的调节，其中雄激素的调节是加快皮脂腺细胞的分裂，使其体积增大，皮脂合成增加；而雌激素则是通过间接抑制内源性雄激素的产生，或直接作用于皮脂腺来减少皮脂分泌。

皮脂分泌过旺，皮肤会油腻、粗糙、毛孔粗大、易出现痤疮（也就是我们平时理解的痘痘）等问题。分泌过少，会导致肌肤干燥、脱屑、缺乏光泽、老化等。

影响皮脂分泌的因素有：内分泌、年龄、性别、温度、湿度、饮食、生理周期、洁肤方式。

重点说一下温度、湿度、洁肤方式和生理周期。

温度：气温升高时，皮脂分泌较多，气温低反之。所以夏季皮肤偏油，冬季皮肤干燥。

湿度：当皮肤表面湿度升高时，皮脂乳化、扩散就会变得缓慢，肌肤就会保持润滑光泽。因此，做面膜 15～20 分钟后你就感觉自己获得了重生一样，因为面膜通过封包作用提高了皮肤局部的湿度。

洁肤方式：由于皮脂膜形成后会抑制皮脂腺的分泌，如果使用热水或用去脂类、去角质类清洁的产品过度清洁肌肤（控油祛痘的产品也一样），造成皮肤皮脂过度丧失，皮脂膜抑制皮脂腺分泌的压力减轻，皮脂分泌速度增快，皮脂蹭蹭蹭地往外冒，问题也随之而来。

生理周期：女性月经前后，雄激素分泌增多，雄激素刺激皮脂腺分泌皮脂旺盛，易产生痤疮（痘痘）。

一旦皮脂膜遭到破坏，不但保水功能降低，还会使肌肤变得干燥、瘙痒甚至蜕皮。对气候等因素的反应力也随之减弱，极易引起肌肤红肿、局部泛红甚至出现敏感现象。特别容易出现色素沉淀，使皮肤不够白皙。洁面后也会感觉皮肤比健康时要干涩、紧绷。所以及时保养措施是必不可少的，它将为你的肌肤重新筑起一道新的"保护墙"。具体该如何护理这层膜，在后面会详细介绍。

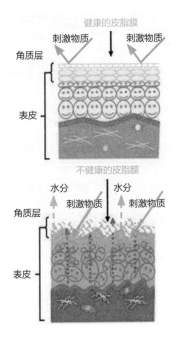

关于皮脂膜

· 皮脂膜不是皮肤结构，它是由皮脂、角质细胞产生的脂质、汗液等组成
· 皮脂膜是皮肤锁水最重要的一层
· 皮脂膜好比汽车表面的蜡，能滋润皮肤
· 皮脂膜是弱酸性的，能抑菌

第3节 真皮——皮肤柔软光泽的关键，也是皱纹的发源地

真皮介于表皮层和脂肪层之间，主要由胶原纤维、网状纤维、弹力纤维、细胞和基质构成。

皮肤老化主要表现为真皮的改变，正常情况下，胶原纤维和弹力纤维交织成网，保持肌肤的张力和弹性。在紫外线等外界环境日积月累的伤害下，胶原纤维和弹力纤维受损、断裂，导致真皮层网状结构疏松，皮肤逐渐变得松弛，随之出现皱纹。

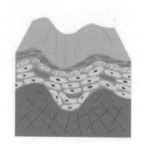

皮肤表面纹理细致整齐，表皮细　　　　表皮干燥，真皮失去弹力。脸上
胞健康。真皮层内的胶原蛋白及弹力　　的表情纹、干纹演变成细纹，甚至深
蛋白亦充满弹性，没有半点松弛、皱　　刻的皱纹。这在眼部、嘴角、眉头等
纹等迹象　　　　　　　　　　　　　尤为明显

皮肤老化原理图

胶原纤维

胶原纤维是真皮组织的主要成分，**韧性大、抗拉力强，但缺乏弹性。**

光老化皮肤的一个突出特征是成熟的胶原纤维被嗜碱性胶原所替代。此外，在日光保护部位，I型和III型胶原纤维只有到80岁以后才出现减少；但在日光暴露部位，20岁时已减少20%左右，到90岁时减少50%左右，而且胶原纤维的结构在40岁后即出现紊乱。由于胶原网络支架的减少，血管缺乏支持而易破裂出现紫癜。由此可见，**防晒、做好光防护对预防皮肤光老化至关重要，且应该从小开始，而不应该等到皮肤已经出现肉眼可见的老化表现时。**

胶原纤维可吸收波长400nm以上的光波，时下流行的"光子嫩肤"也就是利用这点，"光子"即强脉冲光，可部分地被胶原纤维吸收，皮肤中色素、血红蛋白及水分吸收的部分热量也可部分地传导至真皮层，从而在皮肤深层组织中产生光热作用和光化学作用，使局部产生轻微的炎症反应，诱导胶原纤维组织产生损

伤 - 修复过程，达到新生胶原纤维的增生，最终实现显著的"嫩肤"效应。还有其他光电技术，如激光、射频、超声刀等也都不同程度地刺激胶原新生与重排，起到抗除皱衰老作用。

弹力纤维

弹力纤维，顾名思义，就是具有弹性的纤维成分，就像弹力绷带一样，使皮肤具有弹性，拉长后可恢复原状。

基质

基质是一种无定形均质状物质，由成纤维细胞产生，充填于纤维和细胞之间。主要化学成分为蛋白多糖、水、电解质等。蛋白多糖主要包括透明质酸、硫酸软骨素 B、硫酸软骨素 C 等。

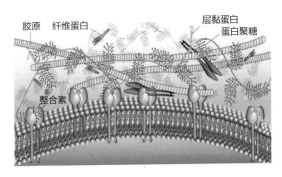

基质

透明质酸（hyaluronic acid，HA），即现在注射美容产业的宠儿——玻尿酸，是人体组织中保持水分最重要的物质，它是一种酸性黏多糖类高分子化合物，广泛存在于人和动物的结缔组织、眼球玻璃体、细胞间质、关节滑膜液、角膜及细菌壁中，但有一半以上是在皮肤。在皮肤中发挥强大的吸水保湿、促进伤口修复愈合的作

想不到吧，玻尿酸本来就是人体组织中的一种成分！

用，还具有防晒及晒后修复的作用。

透明质酸在人体中的分布	
组织或体液	浓度／mg·L⁻¹（每 1 升中含 HA 的毫克数）
脐带	4100
关节滑液	1400～3600
尿	0.1～0.5
血浆	0.03～0.18
皮肤	200
玻璃体	140～338
胸淋巴	8.5～18
房水	0.3～2.2
羊水（16 周）	21.4±8.8
羊水（分娩前）	1.1±0.5
腰脊髓液	0.02～0.32
脑室液	0.053
唾液	0.46

1. 吸水保湿效果强大

透明质酸本身有许多个亲水基团，大分子结构还能够层层折叠成网状，把水容纳在空隙中，因此有着超强的吸水能力。1g 的玻尿酸可以吸收 1000g 的水分，相当于 1000 倍吸水能力，保湿效果是胶原蛋白的 16 倍，是当今文献中公认之最佳保湿产品，被称为"最佳保湿因子"。

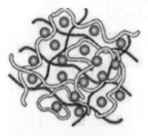

透明质酸的三维网络结构：水分子通过极性键和氢键与透明质酸分子相结合而被固定在网络内，不易流失

人体皮肤中保持水分最重要的物质就是透明质酸，在保湿、修复、营养皮肤的作用上都起着关键作用。透明质酸还可以加入化妆品中应用于皮肤表面，其吸水效果可逐渐超过角质层的水合度，在短时间里能让角质水分充盈，**事实上，就透明质酸的保湿原理**

来讲，应称其为"增湿剂"更确切。

健康肌肤的含水量应维持在 15%～20%，表皮是皮肤最外层的保护屏障，通常其含水量为 20%～35%。当表皮的含水量降低至 10% 甚至更低时，就会发生明显的缺水表现，而且自己也能感觉到皮肤不适。此外，皮肤在 25 岁后开始老化，透明质酸的含量会随着年龄的增加而减少，通过下图可以知道，到了 60 岁透明质酸含量仅有婴儿期的 1/4 了！透明质酸少了，皮肤含水量也下降，从而使皮肤变得干燥、无光泽、弹性降低，产生皱纹、粗糙暗沉及肤色不均匀等问题。不难推测，合理地应用透明质酸可以使肌肤重新水润起来。

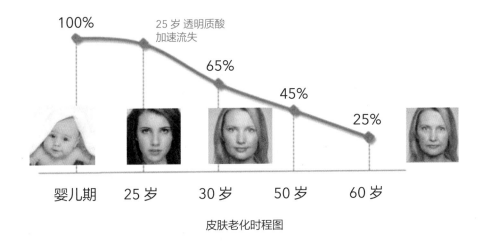

皮肤老化时程图

2. 辅助修复作用

透明质酸除了对正常的皮肤具有保湿作用外，对有创伤的皮肤还具有促进愈合的修复作用。由于透明质酸的高保湿和水化性能，可通过扩大胞间空隙，促进修复细胞的移动，促进和维持伤口周围皮肤水环境的恒定，激活皮肤屏障自我修复能力。透明质酸在皮肤炎症后修复过程中通过以下几点作用促进皮肤愈合：①与血纤维蛋白组成的凝块在创面愈合过程中发挥构造功能；②促进粒细胞吞噬活性，调节炎症反应；③促进上皮细胞增殖、移动，促进血管生成；④调节成纤维细胞的增殖，调控胶原合成，减轻瘢痕形成；⑤透明质酸具有滞留水的作用，组织的水合状态是细胞存活的必要条件；⑥清除氧自由基，促进受伤部位皮肤的再生，被称为"高效的自由基清道夫"。

3. 防晒及晒后修复作用

紫外线照射所产生的活性氧自由基可导致脂质过氧化，破坏细胞膜，引起色素沉着。而细胞表面结合的透明质酸可阻挡细胞中一些酶释放到细胞外，减少自由基的产生；还可限制几种产生自由基和脂质过氧化的酶靠近细胞膜，进而减少细胞膜表面自由基的流入。因此透明质酸具有防晒及晒后修复的作用。

细胞

真皮结缔组织间可见成纤维细胞、肥大细胞、巨噬细胞、淋巴细胞等。①**成纤维细胞**作为皮肤组织中的主要细胞，能够**产生多种纤维和基质**，与皮肤结构重建、细胞外基质代谢等功能密切相关，因此也成为**研究治疗光老化的主要目标细胞**。②**肥大细胞**是含有各类组胺及**过敏类物质**的细胞。当皮肤发生过敏反应后肥大细胞就会释放颗粒，造成皮肤组织水肿起风团，最简单的一个例子，就是夏天我们被蚊子咬了过后，皮肤会鼓起一个红包，有的周围还有一圈白色，这就是"风团"，就是蚊虫叮咬后肥大细胞释放炎症介质，引起皮肤小血管扩张、渗透性增加而出现的一种局限性水肿反应。③巨噬细胞是有吞噬作用的细胞，可以吞噬色素、清除微生物碎片。④淋巴细胞是参加免疫反应的细胞。

我们经过研究证明长波紫外线（ultraviolet A，UVA）照射可产生活性氧，降低皮肤成纤维细胞的活性及增殖能力，损伤线粒体，使人体细胞端粒缩短，并诱导产生基质金属蛋白酶，后者又能够特异性降解真皮组织中的胶原与弹性蛋白，造成光老化的临床表现。

15年来我们一直把研究重点放在了紫外线对四大类皮肤重要靶细胞（角质形成细胞、成纤维细胞、黑素细胞和朗格汉斯细胞）的影响上，也研究多种现代化光声电治疗对皮肤老化的缓解及改善作用，团队在这方面也积累了临床和基础方面的丰富经验，同时结合传统中医理论及现代药理学技术，从多种中药及天然植物有效组分间筛选出具有明确防护紫外线作用的活性成分，并在此基础上对紫外线导致皮肤损伤和老化的机制以及药物的防光作用进行了深入研究，具体我们会在本书最后一章里向大家呈现。

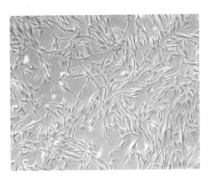

人皮肤的成纤维细胞

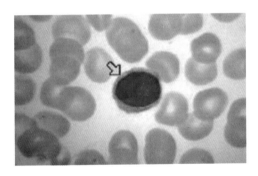

淋巴细胞

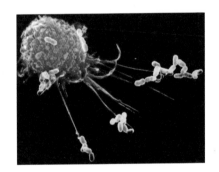

巨噬细胞

第4节　皮下组织——脂肪也是好东西，理智减肥才是王道

真皮下方为皮下组织，又称皮下脂肪层或脂膜，具有保温及缓冲机械冲击、保护内脏的作用，所以，我们常常说，胖子不怕冷、耐摔，就是这个道理。

皮下脂肪层，是成人人体变化最大的组织，其内含大量脂肪细胞，而脂肪正是现代这个叫嚣"减肥"时代的大忌。人体脂肪细胞数目到了青春期后就不再增加，故成年以前应尽量避免发胖，才能把脂肪细胞数目维持于最适当量；成年以后才发胖的人，一般是脂肪细胞储藏多余脂肪而使得体积变大造成的。

人体脂肪分为浅层（浅层皮下脂肪）和深层（深层皮下脂肪和内脏脂肪组织）。减肥的时候，先消耗的是浅层脂肪，最后消耗的是深层；反之，合成脂肪的时候，先合成深层，后合成浅层。因此，深层脂肪容易合成、不易分解，是普通的减肥方法很难动员到的脂肪组织。

皮下脂肪组织的分布可看作第二性征的一种，男女脂肪在体内的分布是不同的。男性倾向于集中在腹部和身体上半部（"苹果型"身材），而女性则位于下半部，特别是臀部和大腿（"梨型"身材）。两性脂肪组织分布的不同导致女性更易出现橘皮现象。

人体轮廓外形主要是由脂肪和肌肉塑造的，其中脂肪占主导地位，人体塑形主要是脂肪的塑形。通过减少脂肪细胞的数量可以减轻局部脂肪堆积，从而改变

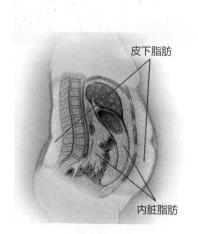

人体脂肪分布

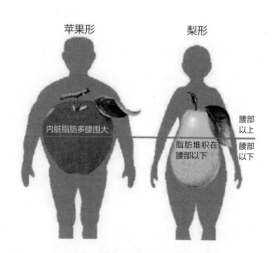

男女脂肪分布图

身体曲线。脂肪在整形美容外科人体塑形方面的作用日益突出，如抽脂术、自体脂肪移植填充、去分化脂肪干细胞培养及美容修复等。局部脂肪堆积的程度与脂肪细胞的数量及充盈程度有关，抽脂术是通过减少脂肪细胞的数量减轻局部脂肪堆积，从而改变身体的曲线。一般而言，深层脂肪蓄积的部位是适合吸脂的部位，如下腹部、女性的大腿和臀部以及男性的上腹部等。

现代女性总是不能理智"减肥"，有些本来已经很骨感了或者用"骨瘦如柴"来形容也不为过的人，还是拼命减肥。殊不知，有了脂肪，才有"凹凸有致"的曲线，同时，正因为富含脂肪的皮下组织，皮肤才会显得圆润。古有杨玉环，珠圆玉润，"温泉水滑洗凝脂"，掀起唐人以丰腴为美的风潮。然而，现在人们都以瘦为美，许多年轻女孩更是将减肥作为自己生活中的目标，一味追求骨感，却不知凡事都有一个标准，瘦得脱了形，以致失去了皮肤应有的润泽及质感，就很难说"美如玉"了。

脂肪的增减与体型、身体曲线密切相关，同时，它还有美容的效果。现代科技的发展，已经可以做到原位溶脂、抽脂移脂等。目前，去分化脂肪干细胞培养及美容也越来越受到重视，其中所含的干细胞成分和各种生长因子，能够修复皮肤纤维组织生长、促进胶原蛋白分泌合成及血管新生等，具有很好的修复、抗衰老等美容功效。我们的团队在这方面也已开展相关研究，并获得初步满意的结果。

第5节　皮肤如何汲取外界营养——皮肤的吸收功能

皮肤是通过什么途径吸收外界物质的？

我们在皮肤上使用化妆品或使用护肤品的目的都是希望这些物质对皮肤健康美丽有意义，对治疗皮肤病的皮损有帮助。要做到这些还是很不容易的，因为皮肤有完整的屏障，药物、营养物质只有通过了这一保护层才能称得上真正用到了地方。

既然前面我们把皮肤比作了坚不可摧的铠甲，比作由砖和水泥砌成的砖墙结构，那不是"铁板一块"的感觉了吗？那还花那么大代价涂抹化妆品，在皮肤上涂外用药不是枉然吗？

其实，皮肤与生俱来就具有吸收外界物质的能力，称之为经皮吸收、经皮渗透或透入。如果一种化妆品成分真正作用于皮肤，它就必须能够渗透进入皮肤。皮肤主要通过三种途径吸收：①主要途径是角质层；②毛囊皮脂腺开口；③汗管口。也就是说，药品或化妆品中的有效成分，即能够对皮肤细胞发挥作用的成分，必须首先穿透最外面的角质层，然后弥散进入表皮和真皮，才算被皮肤吸收了。

皮肤的吸收功能可受很多因素的影响，主要如下：

1. 皮肤的结构和部位　皮肤的吸收能力与皮肤的厚度，特别是角质层的厚薄、完整性及其通透性有关，不同部位皮肤的角质层厚薄不同，因此不同部位皮肤的吸收能力有很大差异，一般而言，按吸收能力由强到弱依次为阴囊 > 前额 > 下肢屈侧 > 上臂屈侧 > 前臂 > 手掌、足底。皮肤损伤导致的角质层破坏也可使损伤部位皮肤的吸收作用大大增强，因此皮肤损伤面积较大时，使用外涂药物时应注意药物过量吸收所引起的不良反应。

2. 角质层的水合程度　皮肤角质层的水合程度越高，其吸收能力也越强。药物外用后用塑料薄膜封包要比单纯外用的吸收系数高 100 倍，就是由于这种密闭封包的做法阻止了局部汗液和水分的蒸发、角质层水合程度提高的结果。面膜，从某种意义上说也是采用了这个原理。因此，同样多的水分通过面膜封包的方法比单纯抹在脸上吸收得要多很多。临床上常采取这种方法治疗那些肥厚性及干燥性皮损，可以大大提高外用药物的疗效，如神经性皮炎、皲裂角化性湿疹、大面积斑块型银屑病皮损等，但也应注意药物的过量吸收问题。

3. 被吸收物质的理化性质　通常化妆品中总会标榜各种有效成分，单独看时，每种成分从理论上来说都是有意义的，比如说维生素 C 可以美白、清除氧自由基，但是一旦作用到皮肤上，还需要考虑它是否能被有效吸收，这就需要留意化妆品的基质成分和渗透技术了。

完整皮肤只能吸收少量水分和微量气体，水溶性物质如维生素 B、维生素 C、蔗糖、乳糖及葡萄糖等不易被吸收，而对脂溶性物质吸收良好，如脂溶性维生素和脂溶性激素如雌激素、睾酮、孕酮、脱氧皮质酮等，对油脂类物质也吸收良好，主要吸收途径为毛囊和皮脂腺，吸收的强弱顺序为羊毛脂 > 凡士林 > 植物油 > 液体物质。维生素 A、维生素 D 及维生素 K 容易经毛囊皮脂腺透入。

动植物性和矿物性油脂都是经毛囊皮脂腺透入，经角质层吸收的油脂量极微，在显微镜下可以看见，在皮脂腺细胞中有滴状油脂。要提醒注意的是如果使用上述油脂成分过多，就可能导致导管口过度堆积而堵塞毛囊皮脂腺，引发炎症或痘痘。

我们经常看到报道有在化妆品中添加重金属成分如铅、汞等情况，这些物质可以被吸收吗？如果是重金属的脂溶性盐类，是可经毛囊皮脂腺透皮吸收的，如金属汞、甘汞、黄色氧化汞，但表皮本身不能透过，因为铅、锡、铜、砷、锑、汞有与皮肤、皮脂中脂肪酸结合成复合物的倾向，使本来的非脂溶性变为了脂溶性，从而使皮肤易于吸收。

4. 外界环境因素　环境温度升高可使皮肤血管扩张、血流速度增加，加快已透入组织内的物质弥散，从而使皮肤吸收能力提高。环境湿度也可影响皮肤对水分的吸收，当环境湿度增大时，角质层水合程度增加，细胞内外水分浓度差减少，使皮肤对水分的吸收减少，反之则吸收能力增强。

此外，剂型对物质吸收有明显影响，同种物质不同剂型，皮肤的吸收率差距甚大。加入有机溶媒可显著提高脂溶性和水溶性药物的吸收，如粉剂和水溶液中的药物很难吸收，霜剂可被少量吸收，软膏和硬贴膏可促进吸收。

现在医美工作者使用水光针、纳米微晶针或超声导入法也是为了开放皮肤的物理通道，以促进难透皮物质的渗透及吸收。

目前常见的几种物理促渗方式如下图所示。

常见的物理促渗方式

第6节 皮肤的"镜子功能"——身体是否健康，看皮肤就知道

《红楼梦》中，曹雪芹借贾宝玉之口这样描述林黛玉："态生两靥之愁，娇袭一身之病。泪光点点，娇喘微微。娴静似娇花照水，行动如弱柳扶风。心较比干多一窍，病如西子胜三分"。这便是林黛玉的"外在美"，然而她的"外在美"是"娇袭一身之病""病如西子胜三分"的病态美，因为，林妹妹有"痨病"特有的粉红色的脸蛋，也就是我们现代医学所说的"肺结核"面容。

皮肤被覆于整个体表，与体内各部分血脉相连，所以身体的状况会反映在皮肤上。如果你的身体平安健康，皮肤自然就会健康美丽。古语有云"病于内必形于外"，身体状况可以通过皮肤表现出来，在多年的皮肤病总论教学中我把皮肤的这种特质称其为"镜子功能"。除了我们熟知的林妹妹，还有风湿性心脏病二尖瓣狭窄患者的口唇发绀、肝肾功能晚期衰竭患者的面色晦暗、皮肤粗糙等，这些都给了我们一个信号：皮肤真的像一面镜子，可以反映人体内部的疾病与健康。

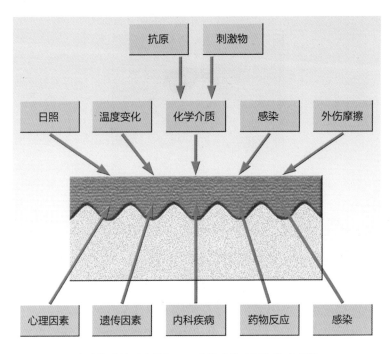

皮肤的"镜子功能"——皮肤病的病因与临床表现

皮肤苍白、无光泽——你可能贫血了

贫血主要是通过查血常规来确诊，也就是看血红蛋白计数（hemoglobin，HGB）来判断：成年男性 HGB < 120g/L，成年女性（非妊娠）HGB < 110g/L，孕妇 HGB < 100g/L 就是贫血。贫血的一般表现有头晕、疲乏、困倦、软弱无力，还可以有头昏、耳鸣、头痛、失眠、多梦、记忆力减退、注意力不集中等。

如何肉眼判断有没有贫血呢？

所谓的贫血貌，主要指肉眼能观察到的那种苍白，苍白是贫血时皮肤、黏膜的主要表现。以面部、口唇、耳廓、手掌和甲床等处较为明显，眼结膜及口唇黏膜更显苍白（如下图），这是因为这些部位毛细血管丰富、又在浅表处分布。贫血时一般红细胞及血红蛋白减少，血液颜色变淡，故容易在这些部位表现出来。

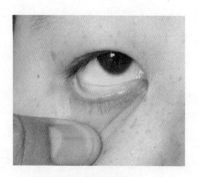

贫血致眼结膜苍白

贫血时机体通过神经体液调节进行有效血容量的重新分配，减少相对次要脏器如皮肤与黏膜的供血以保证重要脏器如心、脑、肺、肾的供血。另外，由于单位容积中血液内红细胞和血红蛋白含量减少，也会引起皮肤、黏膜颜色变淡、缺少光泽。前面已经说过，指甲、毛发都是由表皮角质形成细胞产生的角蛋白构成，因此，由于营养成分供应减少，会出现指甲松脆与纹路，头发也变得枯黄、干燥，严重者就像顶了个鸡窝头一样蓬松、易断。

缺铁性贫血还可表现为匙状甲，触之指甲变薄，表面粗糙有条纹，甲板中央凹陷，四周外翻、跷起，外观像汤匙一样，以致在甲板的中央放一滴水都不会流出。

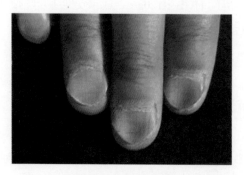

缺铁性贫血所致匙状甲

皮肤、黏膜黄染（黄疸）——可能是肝脏或血液系统疾病

我们常常能看到某些肝胆病患者体质虚弱、皮肤通身呈黄色，这就是黄疸，出现于巩膜等黏膜、皮肤及其他组织。黄疸的出现是由于胆红素代谢障碍而引起血清内胆红素浓度升高所导致，因巩膜含有较多的弹性硬蛋白，与胆红素有较强的亲和力，故黄疸患者巩膜黄染常先于黏膜、皮肤发生而首先被察觉，这种症状在临床很容易诊断出来，但黄疸只是一种临床表现，它还可以见

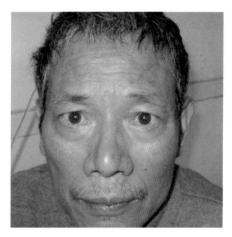

黄疸

于很多疾病，像我们通常所熟知的肝胆疾病包括酒精肝、病毒性肝炎、肝硬化以及胆结石等，还有血液系统疾病如溶血性贫血等。

肝脏是人体内脏里最大的器官，具有十分重要的地位，有消化和解毒的功能。我们人体每天从事各种活动，也在无时无刻接受各种挑战，所以，血液里一直都会存在一些"毒素"，这些都在无形中加重了肝脏的负担。如果肝脏年轻且功能正常，那也就没有多大问题，可是等到我们年纪渐长或者因为熬夜、酗酒、服药、感染等逐渐透支，肝脏解毒功能受损就会出现各种疾病，黄疸正是其中的一种。正是因为肝脏功能下降，其胆红素代谢酶功能低下，不能有效摄取血液中的非结合胆红素进行分解代谢，导致游离胆红素在血液中浓度升高而出现黄疸。

另外，即使肝脏功能正常，非结合胆红素顺利转化成了结合胆红素，但如果下游的运输系统如胆管出现故障，比如胆结石患者，胆管中有结石嵌堵，也会表现为黄疸。还有肝胆系统肿瘤或附近消化道的肿瘤压迫了胆管通道也会导致黄疸的发生。所以说，看皮肤是不是有黄疸，就可以初步评估整个肝胆系统对胆红素的代谢及运输环节是否完整。

那么血液系统疾病又是怎么看出来的呢？比如我们前面说的溶血性贫血，是

由于红细胞寿命缩短、破坏速率增加导致的，正常我们人体红细胞的寿命约 120
天，只有在红细胞的寿命缩短至 15～20 天时才会发生溶血性贫血，而此时由于
红细胞一时破坏过多，产生大量胆红素，也会出现黄疸表现，反过来，由于长期
的高胆红素血症，还可进一步并发胆石症和肝功能损害。

全身皮肤瘙痒、无皮疹——注意排除肝肾疾病、糖尿病、甲状腺疾病，甚至恶性肿瘤等

瘙痒，是皮肤科最常见的主诉。但如果想当然地把皮肤瘙痒等同于单纯的皮
肤瘙痒症，那就大错特错了！无皮疹的皮肤瘙痒也可能是其他疾病的信号。

阻塞性黄疸、溶血性黄疸等肝胆疾病患者由于血液中胆盐浓度升高，刺激皮
肤，可出现瘙痒。糖尿病患者体内含量过高的糖分会随汗液和皮脂分泌液排泄至
皮肤表面，直接刺激皮肤而引起瘙痒；皮肤的含糖量、乳酸增高时皮肤易处于慢
性脱水状态，皮肤可因干燥而瘙痒；同时，许多糖尿病患者末梢神经受损，出现
感觉神经敏感度增加，冷热交替、衣物摩擦、辛辣饮食等可诱发皮肤瘙痒。大约
19% 的甲亢或甲减患者会出现皮肤瘙痒症状，两者瘙痒出现的原因有着很大区
别：甲亢患者由于代谢率增高，体表汗液等排泄物较多，皮肤易处于潮湿状态，
故甲亢患者的皮肤瘙痒多见于夏季；甲减患者基础代谢率降低，皮肤往往比较干
燥，故甲减患者的瘙痒多见于秋冬季节。最后，还有一些类似于内分泌激素作用
的体内肿瘤也可导致皮肤瘙痒。

上述所提到的内科疾病均是在考虑和排除了单纯的瘙痒症后做出的，当出现
不明原因的全身无皮疹性瘙痒，且采取一段时间的皮肤止痒保湿措施后瘙痒仍未
改善时，应及时前往医院就诊，查明真正的原因，对相关疾病尽早进行治疗。

值得注意的是，很多孕妇也会发生皮肤瘙痒，除了担心用药问题外，原因也
是很复杂的。表现为全身皮肤弥漫性瘙痒，但是却找不到皮疹。通常发生于妊娠
末期，但亦可早至妊娠 12 周即发生，再次妊娠复发率高达 47%。还有一种妊娠
期瘙痒性皮肤病——妊娠期肝内胆汁淤积症，是妊娠中、晚期特有的并发症，表

现为皮肤瘙痒和血中胆汁酸升高，可能是雌激素代谢异常及肝脏对妊娠期生理性增加的雌激素高敏感性引起的，一般通过医学处理可以得到很大改善，但对妊娠最大的危害是发生难以预测的胎儿突然死亡。

面部蝶形、盘状红斑——自身免疫性疾病：红斑狼疮

红斑狼疮又称红斑狼毒疮，许多老百姓生动得用植物"狼毒"的名字代表这一种疾病，足以见得在老百姓的心中这种疾病是非常可怕的。

红斑狼疮好发于青年女性，最常见的特征性皮损就是面部蝶形红斑，具有光敏感性，也就是说遇到阳光刺激会加重。但一听名字，我们就应该知道，这

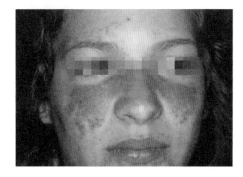

面部蝶形红斑

个病绝不仅仅只有皮肤的问题，它是一种可以侵犯全身各个器官组织的自身免疫性炎症性结缔组织病，也就是说这个病会累及全身各大系统，包括皮肤、心血管、呼吸、消化、运动、血液、肾脏及神经系统等，发生机制还是不明确的，但有一点是肯定的，那就是患者体内免疫功能紊乱，产生了大量的自身抗体，也就是专门攻击自身组织成分的抗体，与存在于上述各脏器中的靶抗原配对结合，继之发生炎症攻击反应而损伤、破坏各个脏器。临床上特别多见的有皮肤狼疮表现、狼疮肾、狼疮脑、狼疮肺等，也就是机体对我们自身的皮肤、肾脏、脑、肺等器官组织发起了攻击，变得"六亲不认""敌我不分"。很快出现相应脏器的功能损伤，如心包积液、胸腔积液、脑狼疮、肺狼疮、肾狼疮等，进而出现相应的临床表现，甚至危及生命。

从上面列举的种种疾病不难看出皮肤的镜子作用。其实，通过皮肤来诊断其他器官、系统疾病的例子还有很多，比如寒冷性荨麻疹的出现可能与多发性骨髓瘤或冷球蛋白血症有关；慢性荨麻疹可以为幽门螺杆菌感染、慢性胆囊炎、乙肝

病毒感染提供信号；青春期女性体表毛发增多、易在下颏及下颌部位长痘、月经失调则提示可能患有多囊卵巢综合征；满面红光、面部油脂分泌旺盛者，常可提示有高血脂、高血压……

皮肤"语言"知多少

· 面色苍白、无光泽
· 皮肤、眼白发黄
· 全身瘙痒、无皮疹
· 面部蝶形、盘状红斑
· 寒冷性荨麻疹
· 女性满月脸、体表毛发增多
· 满面红光、油光满面

以上都可能提示某种疾病，一定要请专科医师仔细甄别！

皮肤就是这样有着非常丰富、形象的语言，向我们讲述着身体的故事；皮肤也非常忠诚，总是及时又真实地传达着其他"器官朋友"的倾诉；但是有时皮肤又非常苦恼，因为它所反映的身体的信息经常被我们有意无意地忽视，以致延误了许多疾病的早期诊断与治疗。

所以，我在这里奉劝读者们一定要在日常生活中，多多关注我们的皮肤，除了注重皮肤外保养外，还要多学习皮肤的语言，通过与皮肤"对话"来了解健康状况。

第2章

你的皮肤是怎样慢慢受伤和变老的

光老化

罗中立的油画《父亲》感动了千万国人，画中的农民父亲枯黑、干瘦的脸上布满了沟壑般的皱纹，干裂的嘴唇仿若尝尽了岁月的酸甜苦辣。透过父亲的形象，我们仿佛能看到父亲在田间辛苦地劳作，寒风吹、雨水打、日光晒，时光在父亲的脸上刻上一道深过一道的痕迹……

时间无情，岁月催人老。随着年龄的增长，作为人体的第一道屏障，细腻润泽的皮肤会变得暗淡干燥，光滑富有弹性的皮肤上也会爬满细纹。漫长岁月的洗礼，这一道道抹不掉的皱纹向我们诉说着它们经历了怎样的风霜雨雪，又是如何走向衰老的……

第 1 节　影响皮肤的内因——遗传、年龄、性别、激素水平

遗传对皮肤的影响

我们知道，黑人夫妻不会生出白种人或者黄种人，白人夫妻也不会生出黑色或者黄色人种的孩子，这就是遗传对肤色的影响。同样的，皮肤的肤质、衰老也与遗传有关。这些在我们日常生活中常常看到：有的人皮肤天生就柔润光洁，有的则天生就黄黑、粗糙、油腻，不管怎么保养都不如前者，实在叫人感叹遗传的神奇力量！

不少皮肤病也与遗传因素有关。如鱼鳞病、银屑病、毛囊角化症、雀斑等，遗传性皮肤病有以下四种遗传方式：

1. 常染色体显性遗传　特点是：患者的父母中有一方患病，子女中出现病症

的发生率为 50%。常染色体显性遗传性皮肤病占遗传性皮肤病的 70% 左右，常见的有：雀斑、寻常型鱼鳞病、毛囊角化症、家族性慢性良性天疱疮、毛发红糠疹、单纯型大疱性表皮松解症、色素失禁症、汗管角化症等。

2. 常染色体隐性遗传　特点是：父母不一定发病，但都是致病基因的携带者（杂合体），患者的兄弟姐妹中，约有 1/4 的人患病，男女发病的机会均等。常见的有：白化病、先天性鱼鳞病、着色干皮病、先天性卟啉症等。

3. 性联遗传　特点是：隔代遗传，女患者所生儿子全部发病，女性患者的父亲为有症状的患者。常见的有：性联遗传性鱼鳞病、先天性角化不良、弥漫性体部血管角化瘤、萎缩性毛孔角化症等。

4. 多基因遗传　特点是：遗传特征不是决定于一对基因，而是由几对基因所决定的遗传方式，受环境因素影响较大。常见的有：脂溢性皮炎、寻常痤疮、红斑狼疮、银屑病、多毛症、斑秃、白癜风等。这类疾病多发生在面部，有损容性，给患者造成很大的心灵创伤。

年龄对皮肤的影响

婴儿角质层厚度比成人薄 30%，表皮层比成人薄 20%～30%，真皮的总厚度也比成人低。婴儿的细胞更新速度快，这可能是婴儿皮肤较成人皮肤相比伤口愈合能力更强的原因。尽管黑素细胞的密度与成人相仿，但婴幼儿黑素的合成较少。在儿童真皮层中，胶原蛋白以 III 型为主，而成人真皮中的胶原蛋白主要为 I 型。绝大多数弹力纤维是在出生后形成的，直到 3 岁左右才达到完全的成人结构，所以婴幼儿皮肤弹性差。刚出生时婴儿的汗腺密度（手臂 977/cm^2）比成人高（手臂 114～241/cm^2）。刚出生的新生儿，体内受母体雄性激素的作用皮脂腺体积偏大且活动旺盛，但几周内大小和活力都迅速减弱。

直到进入青春期后，性激素分泌明显增多，人体第二性征开始发育，皮脂腺才开始分泌旺盛，此时就容易出现了粉刺、痘痘、毛囊炎、汗腺炎等青春期特有的皮肤病。因此，这个年龄段的皮肤护理主要是加强皮肤的清洁、控油及保湿和防晒。青春期角质形成细胞增生活跃，真皮胶原纤维也开始增多，并由细弱变为致密，因此，这个时期的皮肤状况最好，皮肤显得坚固、柔韧、光滑和红润。

随着年龄增长，新陈代谢减慢，组织蛋白质总合成量下降70%，真皮中新生胶原纤维减少，结果使胶原老化。30多岁后，面部开始出现皱纹及走向衰老的一系列变化，女性尤其明显，表皮明显变薄、萎缩。此外，天然保湿因子、神经酰胺等含量下降，透明质酸含量下降，皮肤含水量降低，变得干燥，皮肤充盈度及弹性也随之下降，眼角、前额等处开始出现皱纹。建议此时应加强锁水保湿，并坚持使用防晒霜，使用功能性化妆品，如含有抗氧化剂的精华素等。抗氧化剂包括：大豆异黄酮、绿茶提取物、石榴提取物等，能增加皮肤抵抗活性氧基团的能力。此外，外用维A酸、维生素C、果酸等护肤品能够促进皮肤的新陈代谢，刺激真皮成纤维细胞的活性，促进真皮胶原的合成，从而能有效地预防且治疗皮肤的自然老化与光老化。

年龄在40～50岁的人群，皮肤老化已不可避免，表皮细胞的更替速度变慢，导致角质层堆积，皮肤显得粗糙晦暗，创伤后修复时间延长，晒黑后修复时间也显著延长。黑素细胞的数目每10年减少8%～20%，因此黑色素产生也相应减少，所以皮肤对于紫外线的防护作用下降，此时易患光源性的皮肤癌前病和皮肤癌。

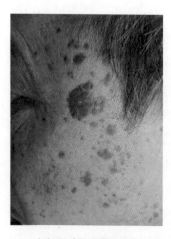

老年斑（脂溢性角化）

进入50岁以后，男女两性都免不了要面临更年期的问题，尤以女性更突出。此时，皮肤水分非常容易蒸发，加之荷尔蒙分泌不足，皮肤变得干燥，甚至变薄，与20岁相比较，厚度大概相差20%以上，不可不慎。再加上脂肪储存不均以及日晒的结果，老年性皮肤病自然接踵而至，比如说以下几种常见的老年性皮肤病，也许你周围就见到过很多。

1. 老年斑和老年疣　皮肤科称之为脂溢性角化，是这一年龄段最常见的皮肤改变，40岁以上人群的患病率为50%，与日晒关系较大，因此常发生于面部、手背及光照部位，皮肤白皙及累积照光量多者尤其明显。老年斑一般不高出皮肤，而老年疣是高出皮面，有时还有表层细胞脱落。老年斑、老年疣基本都是良性的，一般不会恶变，它的出现除了影响美观，更重要的意义就是提醒你：你的皮肤已经有比较明显的老化改变了，应该要注意啦！治疗上，可使用二氧化碳（CO_2）激光、冷冻，或强脉冲光治疗。

2. 老年性点状白斑　这个很好理解，就是表现为散在的点状白斑，但很多人来就诊的原因是怕自己得了白癜风，它和白癜风的区别在于：①形状比较规则，绝大多数为圆形和椭圆形，直径大都不超过1.0cm，而白癜风形状多不规则，面积上一般都有增大趋势；②可

老年性点状白斑

为淡白色或瓷白色，边界清楚，随年龄增长逐渐增多，而白癜风与年龄增长无明显关系，很多常常都是幼年就发病了。

3. 老年性血管瘤　我们皮肤科又形象地称之为樱桃色血管瘤，大概有针头至绿豆大，樱桃一样的鲜红色、有光泽，摸上去比较光滑、柔软，用手按压会褪色，一般没有症状，很多人担心自己是不是得了什么怪病，其实不然，这个跟上面两种老年性皮肤病一样，对身体也没有大的影响，治疗上可采用强脉冲光、激光等治疗。

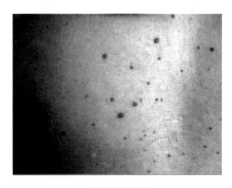

老年性血管瘤

以上两个年龄段，皮肤脆弱，应避免使用刺激性大的洁肤产品。针对皮肤干燥和瘙痒，应加强皮肤的补水，使用强效的保湿霜、精华素。使用抗氧化剂或者

其他营养霜，为皮肤补充脂质，增强细胞抗击氧自由基的能力。一些换肤治疗，如果酸、水杨酸、强脉冲光、激光、光动力治疗，能有效地去除色斑，改善皮肤颜色和质地，促进真皮胶原蛋白的合成和重排，从而改善皱纹。

男女皮肤的差异

在大多数人眼中，男性是比较强大的，女性是比较温文柔弱的，差别很多。网络上有人从生活中的细微事情中，对男性和女性之间的差异进行了六个方面的总结：

（1）每当早晨起床的时候，女性会花大把时间一步一个脚印地来解决自己的事，而男性几乎十几分钟完成，简单、方便、快捷。

（2）女性整理头发的费用与时间数倍于男性。

（3）女性购物多注重物品的外表美观问题，而男性则是注重物品性能、配置、价格、材质等问题。

（4）女性出行常因为目的不同而频繁换包及着装，而男性是越简单越好，多半是靠双肩包走南闯北的。

（5）如果碰上打架男性数分钟后可握手言欢，女性之间则可没有如此容易缓解。

（6）天气寒冷：恋爱期间的男性会说多穿点衣服之类的关心的话，而女性则会说天气冷了要买新衣服了。

既然生活中有这么多差别，男女皮肤方面是不是也有多方面的不同呢？

（1）同样的结构，相对来说，女性的角质层比男性薄，所以人们常说男人脸皮厚、女人脸皮薄易害羞脸红是有理可循的。女性皮肤比男性更敏感，情绪激动、兴奋时，女性比男性更容易脸红。

（2）男性的皮肤较粗厚，粗厚的皮肤结实，女性的皮肤较细柔，细柔的皮肤娇嫩，因此，女性皮肤比男性皮肤更易受损伤。

（3）男性皮肤油脂分泌多，女性油脂分泌少，油脂多的皮肤易黏污物，尤其是脂溶性有机物质和许多微生物积蓄，容易诱发炎症和感染。

（4）男性毛多、毛孔大，细菌、真菌、病毒等可以长驱直入，引发感染，女性毛少，毛孔小，感染机会相应少一些。

（5）男性皮肤的黑素含量，特别是面部等暴露部位一般高于女性，由于黑素有光保护功能，因而男性的日晒伤发病率低于女性。基于以上生理及心理因素的考虑，女性皮肤比男性皮肤更需要光保护，也就是出门更需要打太阳伞、戴宽檐帽、使用防晒剂，所以，男性朋友也就不要总是嫌弃女性矫情了，因为女性皮肤天生就不如男性的抗晒！

（6）男性的皮肤血管收缩与舒张调节机制似乎比女性的效率高一点，加之女性小胖手比较多，这就是为什么男性的冻疮发病率低于女性的原因。

此外，男性的性征特点之一就是有胡须。胡须生长在口、鼻周围及两腮区，如果刮胡须时不慎刮破较容易继发感染。医学上我们把鼻周围的区域叫"危险三角"，如果面部或口鼻周围区域发生丹毒或毛囊炎，千万不能过度挤压，以免导致感染沿面部血管蔓延至脑内，引起颅内感染，重者甚至危及生命。

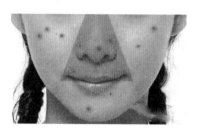

面部"危险三角区"

男女皮肤性质、结构有差异，护肤用品也须严格区分哦！

雌激素对皮肤的影响

首先，雌激素为女性所特有，它对女性健康的作用不言而喻，包括性器官的成熟发育、结婚生子、维系心血管的健康、维系运动系统的健康等。对皮肤而言，雌激素同样有着不可替代的重要作用。

雌激素可促进角质形成细胞增殖并抑制其凋亡，增强皮肤屏障功能；可增加真皮胶原含量和稳定性、抑制胶原降解，促进真皮弹力纤维合成、增粗，使排列更加有序；雌激素可促进真皮透明质酸产生，提高真皮含水量，降低老年性皮肤干燥的发生。

女性随着年龄增长，35 岁后即出现雌激素水平逐年下降，特别是绝经后雌激素的低水平加速了皮肤老化，因为雌激素水平低对加速皮肤变薄和胶原含量减少具有促进作用，终使皮肤萎缩，还可以使弹力纤维减少、基质含水量下降，故皮肤弹性降低，下颌松弛、皱纹加深。如果将血浆中游离雌二醇的浓度增加，则可以减少皱纹的产生，临床有报道，应用雌激素的绝经后女性皱纹减少。但反过来的例子是如果绝经期后皮肤突然又变得越来越好、水嫩光滑，反而要注意妇科肿瘤的发生；特别是加上有阴道出血的话，更应该警惕是否有子宫内膜癌了。因为这样的患者体内雌激素的水平已经高于绝经期的水平了。

有研究表明，绝经后雌激素水平变化也影响黑素细胞功能，雌激素可增加酪氨酸酶活性，刺激黑素生成。但也有研究认为，雌激素与雄激素的相互作用或许对调节黑素细胞的生理功能具有重要作用。

其次，雄激素源性脱发是女性最常见的脱发，尤其易累及绝经后女性，除遗传因素外，也表明雌激素和（或）雄激素对毛发发生有影响。应用雌激素可以增加生长期的毛囊数量，而减少休止期毛囊的数量。

植物雌激素具有弱效雌激素样作用，大量研究表明植物雌激素可延缓皮肤老化。局部应用雌激素治疗皮肤老化安全性较高，但必须掌握合适的应用面积、部位、激素浓度及持续用药时间等因素。因此，雌激素干预延缓女性皮肤老化虽有较大临床应用价值，但尚需进一步观察与研究。

第2节 紫外线——岁月的"刀刃"

太阳——离不开，也伤不起！

从小我们就知道"万物生长靠太阳"，人、动物、植物的生存都离不开太阳，但殊不知太阳却是一把"双刃剑"。

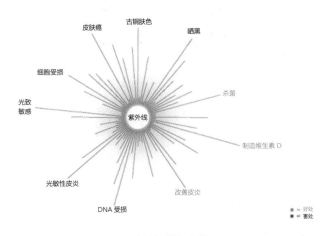

阳光的好处与害处

90%的皮肤老化，是由于阳光中的紫外线造成的

皮肤衰老的原因，除了内源性老化即机体自身细胞的衰老，更主要的因素是外源性老化，这其中又以阳光中紫外线照射影响最大，因此，皮肤的外源性老化被称为"光老化"。诚然，内源性老化的过程是不可避免的，我们只能遵循机体皮肤的自然代谢规律，保持良好的生活作息时间，再辅以皮肤防晒品、保健品和保养品，从而达到减慢皮肤老化的目的。

下图是一名69岁的长途卡车司机，在开了28年卡车之后，他的左半边脸比右半边整整老了20岁不止！这是由于他长期坐在车内，左半边脸比右半边脸受到更多的紫外线照射，形成了"半脸老化症"。

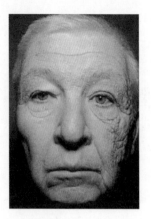

一名长途卡车司机，在开了 28 年卡车之后，
出现了"半脸老化症"

太阳光中除了可见光、红外线，还有大约 1% 的紫外线（UV）。根据波长及其生物效应的不同，一般分为三个波段：长波黑斑紫外线（UVA，波长 320～400nm）、中波红斑紫外线（UVB，波长 280～320nm）、短波灭菌紫外线（UVC，波长 200～280nm），波长越短对皮肤的危害越大。波长为 280nm 以下的 UVC 通常能被臭氧层吸收，极少辐射到地面，而 UVA 和 UVB 则是造成皮肤损伤的最主要成分。其中 UVA 约占 99%，UVB 约占 1%。

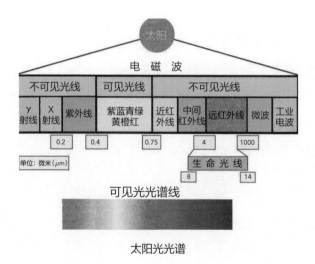

紫外线、可见光、红外线都能伤害皮肤吗？

答案是肯定的。紫外线是皮肤所有外源性致衰老因素中作用最大的、累积性最强的，可见光、红外线对皮肤的损害作用不同于紫外线，后者主要引起光化学反应和光免疫学反应，而可见光、红外线照射所产生的反应是由于分子振动和温度升高造成氧化损伤所引起的，下面我将一一阐述。

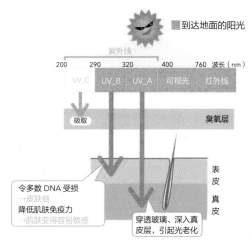

紫外线光谱

紫外线会对皮肤的伤害

各波段紫外线对皮肤的主要损伤作用主要包括：晒红、晒黑、光老化、各种光线性皮肤病、皮肤癌等。详细概括为以下五项。

1. 红斑 属急性光毒性反应，主要由中波红斑紫外线引起。常常伴发蜕皮、灼痛，也会导致色素沉着。防晒值 SPF 就是根据日光紫外线（UV）照射后出现红斑的时间计算的。UVB 主要引起表皮损伤，UVA 引起真皮深层损伤，包括血管、各种细胞和胶原蛋白纤维的损伤。敏感肌表皮薄，更容易受到 UV 损伤。紫外线会加重炎症反应，所以有痘、皮肤损伤、有痘印的人，晒后皮肤恢复得很慢。

2. 发黑 术语叫作黑化，主要由长波紫外线引起。黑素细胞受到紫外线照射后会加速分泌黑色素，再输送到表皮细胞中，黑色素细胞自身体积也会变大，如此一来，皮肤就会发黑。**有的人会即时晒黑，有的人是迟发性晒黑。**黑色素的作用是吸收和屏蔽紫外线的，所以黑化本质上是皮肤天然的自我保护机制。不注意防晒的人，很难实现美白哦。

3. 皮肤老化　UVA 是引起光老化的主要波长。UVA 可以直达肌肤的真皮层，导致胶原和弹性蛋白分解变性，年轻的皮肤中胶原蛋白纤维粗壮，条理清晰，年老了就变成一团糟、弹性下降、水分流失、自由基伤害更严重，粗糙黯淡起皱。

4. 光敏性反应　本质上这仅仅是部分人对紫外线敏感度高，接触后发生急性反应，若摄食大量光敏性食物，其中的光敏成分与细胞中受体结合，会致严重的光毒性反应。

5. 光源性致癌　大量长期的紫外线照射可以引起皮肤细胞基因 DNA 的突变，并且修复不好。这种突变可以使皮肤细胞恶性转化成癌细胞，包括鳞状细胞癌、基底细胞癌和恶性程度很高的恶性黑素瘤等。日光性角化病就是日光照射过度有关的一种癌前病变。前面我们提到过，皮肤白的人不仅皮肤老化快，皮肤肿瘤的发生率也高于深肤色的人。

紫外线对皮肤具有很强的杀伤力，易造成细胞变性坏死、加速老化，这便是岁月的"刀刃"，因此抗衰老的第一步就是要做好防晒。否则，随着岁月的流逝，斑点、皱纹和松弛很快就会来拜访。

红外线对皮肤的伤害

红外线引起的热辐射对皮肤的穿透力超过紫外线。其辐射量的 25% ~ 65% 能到达表皮和真皮，8% ~ 17% 能到达皮下组织。红外线通过其热辐射效应使皮肤温度升高、毛细血管扩张、充血，增加表皮水分蒸发等，从而直接对皮肤造成不良影响。其主要表现为红色丘疹、皮肤过早衰老和色素紊乱。

红外线还能够增强紫外线对皮肤的损害作用、加速皮肤衰老过程。在同样能量的紫外线强度下，使用同样的防晒产品，在户外自然阳光下所测到的 SPF 值

（防晒系数）明显低于在实验室人工光源下所测得的防晒效能，这就是由于在自然阳光下皮肤受到紫外线和红外线的双重作用而引起的。

第3节　雾霾、PM2.5——全民公敌

是雾还是霾，傻傻分不清——雾比霾湿气重，霾比雾更厚重

除了我们所熟知的可见光、紫外线和红外线以外，环境污染已在破坏城市居民皮肤的来源中排名第三。不知你们对城市皮肤病又了解多少呢？

PM2.5

提到城市皮肤病，大家可能会联想到许多：城市快节奏的生活、繁重的工作压力、不规律的作息规律等会致使皮肤代谢功能紊乱而发生皮肤疾病。不可否认，这些因素确实会加速皮肤的衰老；但也许，在城市生活的你却是拥有一份轻松的工作，注重养生甚至会定期做皮肤保养，近来却也感觉皮肤容易出油、长痘、起皮、过敏，好像肤色暗淡许多，即使经常去美容院做护理也没法做回原来那个皮肤细腻、光滑、白皙的自己了，爱美的你怎么可以接受！

在工业和交通业飞速发展的今天，我们的肌肤不可避免地要接触到空气中各类有害物质，雾霾天气的持续，便是环境污染的表现之一。雾霾，是指空气中因悬浮着大量微粒而形成的混浊形象。随着空气质量的恶化，阴霾天气现象出现增多，危害加重。我国不少地区把阴霾天气现象并入雾一起作为灾害性天气预警预报，统称为"雾霾天气"。

霾与雾的区别在于发生霾时相对湿度不大，而雾中的相对湿度是饱和的（如有大量凝结核存在时，相对湿度不一定达到100%就可能出现饱和），一般相对湿度小于80%时的大气混浊视野模糊导致的能见度恶化是霾造成的，相对湿度大于

90% 时的大气混浊视野模糊导致的能见度恶化是雾造成的，相对湿度介于 80% ~ 90% 之间时的大气混浊视野模糊导致的能见度恶化是霾和雾的混合物共同造成的，但其主要成分是霾。

霾的厚度比较厚，可达 1 ~ 3km。霾粒子的分布比较均匀，而且灰霾粒子的尺度比较小，0.001 ~ 10μm，平均直径大约在 1 ~ 2μm，肉眼看不到空中飘浮的颗粒物。由于灰尘、硫酸、硝酸等粒子组成的霾，其散射波长较长的光多，因而霾看起来呈黄色或橙灰色。例如，我国中西部的一些新兴城市由于雾霾过于严重，夏季夜空上几乎看不到星亮，成了继老牌工业城市伦敦之后的一堆"新雾都"。

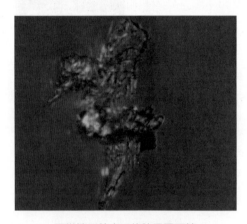

显微镜下放大千倍的雾霾颗粒

显微镜下的雾霾颗粒

空气中这些细小的霾颗粒到底是什么样子呢？显微摄影师、天文摄影师、科普作家张超放出了一组照片，展现了通过显微镜将霾颗粒放大 1000 倍后的样子。在显微镜下，从微观角度上看，霾颗粒的形状各异，有复合体，有生物颗粒，有矿物质的，看上去令人触目惊心。

雾霾是怎样伤害皮肤的呢——罪魁祸首 PM2.5

雾霾对皮肤的损伤主要来自于其中的 PM2.5，PM2.5 是指环境空气中直径小于或等于 2.5 微米（μm）的颗粒物，也称细颗粒物。细颗粒物的化学成分主要包括有机碳（OC）、元素碳（EC）、硝酸盐、硫酸盐、铵盐、钠盐（Na^+）和铅（Pb）、铜（Cu）等；主要由工业生产、日常发电、汽车尾气排放等过程中排放的残留物构成。

PM2.5 作为检测标准最早由美国人提出，如今已经成为国际上公认的衡量空气污染程度的一个重要参数。2011 年 1 月 1 日我国环保部发布的《环境空气 PM10 和 PM2.5 的测定　重量法》开始实施，现在 PM2.5 已经纳入各省市强制监测范畴，要求随时进行检测。

虽然细颗粒物只是地球大气成分中含量很少的组分，但是由于细颗粒物具有粒径小，比表面积大，易附带有毒、有害物质（如重金属、致病微生物等）、能较长时间停留于大气中、输送距离远等特点，因而会对人体产生严重的不良影响，下面主要谈谈其对皮肤的伤害。

PM2.5 是如何伤害皮肤的？

许多朋友也许都有这样的经历，商场新买的衣服如果没有清洗或者清洗得不够彻底，第一次穿上去会感到接触处干痒、发红等不适，因为衣服在生产、运输和销售的过程中会黏附环境中的一些粉尘和微生物，这些物质直接对皮肤造成潜在的刺激和伤害。同理，PM2.5 作为一种细颗粒物质，当接触到皮肤后，无机和有机成分会进入角质层深处，甚至毛孔；同时，PM2.5 损伤肺部，也会间接使得毛孔的排泄功能下降；因此不仅会使皮肤变得暗沉粗糙，还会导致皮炎、湿疹、皮肤过敏等症状的出现。

1. 堵塞毛孔，导致粉刺、痘痘　毛孔的主要功能之一就是排泄皮脂腺的分泌物，PM2.5 由于体积小、黏附能力强，很容易侵袭到角质层深处，从而增加进入毛孔的机会。组成 PM2.5 的硫酸盐、硝酸盐等化学物，加上石油、粉尘等成分较复杂的颗粒物，在通过毛孔进入肌肤后，长时间积累就会堵塞毛孔、皮脂腺导管、毛囊，影响皮肤正常的新陈代谢，诱发黑头、粉刺、痘痘的产生；长期毛孔堵塞，会导致皮肤发炎，出现多种皮炎症状；同时阻碍皮肤对于水分和化妆品中营养成分的吸收及利用，甚至使得部分化妆品成分成为堵塞毛孔等组织、影响皮肤正常新陈代谢的"帮凶"。

2. 诱发光化学反应　皮肤是人体暴露在空气中时间最长、面积最大的器官，最容易受空气中各种物质的影响。空气中的 PM2.5 来源较多，成分复杂，许多都是造成皮肤光化学反应的光敏剂。比如 PM2.5 中的硫酸盐，在大气中经日光照射后，容易形成气溶胶，破坏皮肤表面的细胞结构；硫酸盐还会与环境中的金属离子镍结合，形成的硫酸镍会造成皮肤过敏，过敏率高达 24%。

3. 刺激皮肤，导致多种皮肤疾病的出现　皮肤作为一种抵抗外界刺激的屏障，也是非常脆弱的。PM2.5 颗粒物具有很强的吸附性，会吸附各种病原体、重金属、花粉等有害物质，当这些物质黏附在皮肤表面时，会对皮肤造成刺激，容易致使感染、皮炎、湿疹、荨麻疹等皮肤疾病的发生。

PM2.5 是如何伤害皮肤的？

1. 堵塞毛孔，导致粉刺、痘痘
2. 诱发光化学反应，造成皮肤过敏
3. 刺激皮肤，导致感染、皮炎、湿疹、荨麻疹等皮肤疾病

采取什么样的措施应对 PM2.5 对皮肤的伤害？

"面若中秋之色，色如春晓之花"相信是许多忙碌在城市各行各业的爱美人士所追求的肌肤的理想状态。皮肤问题既是健康问题，更是"面子"问题，因此雾霾天要保护好自己的皮肤，保住"面子"，为自己的形象加分。

1. 室内空气净化　阴霾天不能不开窗，也不能盲目开窗，因为弄不好就会接触更多污染空气。最好选择中午阳光最强的时候开 10～20 分钟窗户。冬天，房间里比较干燥，可用空气加湿器来提高湿润度。及时进行清洁工作，勤在阳光下晾晒寝具，外界空气质量良好时注意通风透气以减少细菌等病原微生物的滋生，尽量不在室内饲养猫狗等宠物，室内避免摆放易产生花粉的植物。

2. 外出保护好口鼻　雾霾严重时外出注意保护好口鼻，首选戴口罩。口罩阻尘效率的高低是以其对微细粉尘，尤其对 2.5μm 以下的呼吸性粉尘的阻隔效率为标准。应该选择空气过滤式口罩，这种口罩的滤材部分有用于防尘的过滤棉以及

防毒用的化学过滤盒等。纱布口罩的阻尘原理是机械式过滤，只能过滤阻隔大颗粒，小于 2.5μm 的粉尘，还是会从纱布的网眼中穿过去直接入肺泡。而雾霾防尘口罩，其滤料为活性炭纤维毡垫或无纺布，那些小于 2.5μm 的呼吸性粉尘在穿过此种滤料的过程中被阻断。

3. 适当运动——雾霾天怎么运动　众所周知，运动可以加速新陈代谢，调节内分泌，增强机体的免疫力，改善和保持体形。运动带给皮肤的好处你知道有哪些吗？

适量的运动可促使皮肤中数以万计的细小血管张开，长期坚持还能逐步增加输送氧气的红细胞的数量，保证皮肤细胞的营养，这对皮肤非常有益；同时，通过运动能提高皮肤的温度，在运动的过程中体内产生大量热量，这时血液会加速流动，把体内的多余热量带到身体的表面散发出去，热量产生越多，皮肤的血流量便越大，也难怪运动过后，我们总是面颊红润、气色超好呢！

现在提倡如果一整天都是阴霾，建议当天取消户外锻炼，因为雾霾中聚积着大量污染物，就是好天气时晨练最好也是在太阳出来以后再进行。因为晨练时人体需要的氧气量增加，人的呼吸加深、加速，自然会更多地吸入寂静了一夜的、飘浮在空气中的有害物质。这些可吸入性颗粒物进入人体后会刺激呼吸道黏膜，进而损伤肺部，导致人体呼吸系统疾病，那些可吸入的小小颗粒、二氧化硫等污染物正是哮喘、慢性支气管炎的主要诱发因素。此外，晨练前要注意适当喝点开水，补充水分。患有感冒时抵抗力下降，更不宜在雾霾中活动，以免加重病情。锻炼方式不宜过于激烈，以快走的方式为最好。

4. 保持皮肤清洁，及时补水保湿　皮炎、湿疹、荨麻疹等疾病的出现主要是皮肤表面受到 PM2.5 颗粒物的伤害，屏障功能受损所导致，而皮肤本身有很强的自我修复功能，所以雾霾天气要尽量保持皮肤清洁，一是为了减少与 PM2.5 颗粒物的接触时间，二是保证皮肤屏障功能可以慢慢恢复。

如果在严重雾霾天，我们不妨在晚上使用清洁力略强的洁面产品，仔细清洁暴露在户外空气中的面部皮肤，清洁后及时补水保湿；秋冬季节天气干燥，可换用霜剂增加保湿效果。尽量选择不含防腐剂或香料成分的清洁保湿产品；补水保湿也要避免使用成分不明的产品，以成分简单者为佳。同时我们也要注意，皮肤的清洁工作固然重要，但是过度清洁会人为地破坏皮肤，使皮肤变得干燥脆弱。

5. 正确使用药物以减轻皮肤病症状 虽然同样诊断为 PM2.5 相关性皮肤病，但是不同的细颗粒成分会对皮肤造成不同类型的伤害，进行治疗时还应辨证施治。

（1）如果局部尚无明显糜烂、渗液的皮炎湿疹可以外用含类固醇激素的药物，当皮损有所好转后尽快减少剂量，大范围时应及时就诊；

（2）荨麻疹时可以使用抗组胺药口服，症状减轻后，就可减少药物的使用；

（3）光化学反应引起的皮肤敏感泛红，如不严重，在做好防晒隔离工作的前提下一个星期左右可自愈，如形成水疱、糜烂或溃疡等严重症状时，可口服氯雷他定（开瑞坦）、苯海拉明、抗组胺药及类固醇激素类药物。

空气质量的优劣关系到每个人的健康，我们是雾霾受害者的同时在不知不觉中成为了雾霾的制造者，但是我们也能为减少雾霾尽一份力。在越来越提倡健康、环保的当下，我们可以通过绿色出行、戒烟、少吃烧烤食品、拒买环境污染严重的厂家生产的商品等方式逐渐控制 PM2.5 细颗粒物的排放，让我们的皮肤可以在蓝色的天空下，清新的空气中自由地"呼吸"！

如何应对 PM2.5 对皮肤的伤害？

1. 净化室内空气

2. 外出保护好口鼻

3. 适当运动

4. 保持皮肤清洁，及时补水保湿

5. 正确使用药物以减轻皮肤病症状

第4节 病从口入，不可乱吃

"吃对食物就能使皮肤变好"，这是一件多么美妙的事情！既满足了"吃货"们的口福，又达到了爱美的目的，一举两得，岂不爽哉！所以，很多人就开始盲目尝试，要不然就忘了自己是过敏体质，有意无意地接触到了让自己过敏的食物，实际上，有些东西不管多好，特殊体质的人就是碰不得！还有一些人则是一时贪口、大量食入，以为多多益善，殊不知，却忘了一句经验之谈——"病从口入"。

1. 芒果皮炎

很多人都知道芒果是极具营养价值的，富含维生素，尤其是维生素 A 原含量占水果之首位，所以，能润泽皮肤、明目护眼。因此，从食疗的角度来说，是女子的美容佳果。但是，值得注意的是，芒果不是人人都能吃的，又或者说，也不是任何时候都能吃的。

笔者记得有一个初夏的早晨，刚来到门诊，就见到一个 25 岁左右的女孩，戴着口罩，焦急地候

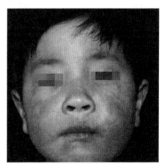

芒果皮炎

在诊室门口，一见我就马上跟进来，坐下，摘掉了口罩。只见她口周一圈都是红的，以唇为中心向周围扩展开来，上到鼻孔以下，下到下颌周围，境界清楚，边缘不规则，上面有密集的小丘疹、丘疱疹、少许的鳞屑。她说总是在用手挠或者用舌头舔，所以就越发显得红了。她一个劲儿地唉声叹气，说这两天可受折磨了，就是前两天早上吃了一个芒果，开始只是唇周围一点点小疹子，也就没在意，没想到居然越来越多、越来越红，又热又痒，跟有蚂蚁在上面爬一样，很不

舒服，都两天了还没见好。看到她的疹子，再听完她的主诉，我已经基本明确了，这就是典型的"芒果皮炎"。

这种皮炎与食用芒果有关，一般发生在接触到芒果而又未及时用水清洗的部位，也就是会引起口周皮炎，有些甚至可累及四肢、躯干甚至会阴部，可能是间接接触所致。因为芒果中除了富含糖、蛋白质、胡萝卜素和各种维生素外，还含有单或二羟基苯，为一种多带烷基侧链的酚类、儿茶酚或间苯二酚的烷基衍生物，这是一种常见的过敏原，生漆中就因为含有该抗原而常引起过敏。另外，不完全成熟的芒果还含有醛酸，主要是乙醛酸，是带有一个醛基的有机酸，对皮肤黏膜有一定刺激作用，所以有时进食芒果会在唇舌或口咽部产生灼热刺痛感。也就是说，芒果中的这些物质，既可以直接刺激皮肤，也可以引起过敏反应。

小姑娘还是有些困惑，她说自己起初也怀疑是芒果引起的，但是她以前也吃过芒果，可从来没有出现过类似的情况。笔者跟她解释道，不同品种或成熟度的芒果含有单或二羟基苯或乙醛酸的浓度不同，加之其接触皮肤黏膜的时间长短不同，这些都可以解释为什么不同情况下食用芒果会有不同的表现。因此，我叮嘱她如果下次还想吃芒果，最好选用成熟的、以前未发生过过敏的品种，不要贪多，且食用后应及时清洗接触部位。

2. 大量食用和接触柠檬引起的光感性皮炎 柠檬，相信爱美女士们都很熟悉，它是世界上最有药用价值的水果之一，含有丰富的维生素 C。经常喝柠檬水，可以达到美白护肤的功效。此外，柠檬还具有很强的抗氧化作用，能够抑制色素沉着、延缓皮肤衰老，因此，是美容界不可或缺的重要成员。但是，凡事都有两面性，柠檬中富含的维生素 C 可以美白、淡化晒斑，但同时它却又是一种光敏性水果，食用不当，反而会加重日光的损伤效应。

某年五一劳动节假日期间，小娟好不容易从繁重的工作之中得以解放，便和一众好友报了个旅行团，相约游山玩水。为免变黑，她除了常规使用防晒霜外，还使用了民间配方介绍的具有美白功效的柠檬，外出时不仅携带柠檬水随时饮用，晚上还用自制的柠檬面膜敷脸。可是，没想到才两天的功夫，脸居然又红又肿、发胀，连眼睛都快睁不开了，她不得已提前结束了假期，赶回了南京，直奔我的门诊。

一见面，她就苦苦抱怨，说自己运气怎么这么差，好不容易放几天假，就这样浪费了，还白搭了给旅行社的钱，自己更是遭罪了。笔者看到她的情况，很明显看出是"植物 - 日光性皮炎"，

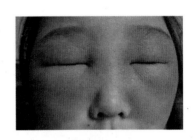

光感性皮炎

这是由于少数光敏体质的患者，在过多食用或直接接触光敏性食物——柠檬，加之长时间日晒引起的光感性反应。这与个人体质、光敏性食物和长时间日晒三者同时作用有关。这类皮疹一般都以面部和手背等暴露部位为主，表现为局部皮肤红肿、丘疹、水疱、血疱甚至坏死等。

什么是光敏性食物？

所谓的光敏性食物，就是具有光敏感性，食用后，在高能量紫外线的作用下，会加重其对皮肤的损伤，所以蔬菜、水果也不是随便吃的。一些含叶绿素高的蔬菜和野菜（灰菜、苦菜、荠菜等）都属于光敏性食物。

常见的光敏性食物

常见光敏性物质	
蔬菜	灰菜、紫云英、雪菜、莴苣、茴香、苋菜、荠菜、芹菜、萝卜叶、菠菜、荞麦、香菜、红花草、油菜、芥菜等
水果	无花果、柑橘、柠檬、芒果、菠萝等
海鲜	螺类、虾类、蟹类、蚌类等
中药	白芷、竺黄、荆芥、防风、沙参、补骨脂等
西药	磺胺药、阿司匹林、水杨酸钠、四环素、扑尔敏（氯苯那敏）、利眠宁（氯氮䓬）、口服避孕药、雌激素等

常见光敏性食物

当然，不是进食这些食物就一定会发生光敏性皮炎，主要还是个人的特殊体质起着决定性作用。光敏体质的人，如果不注意防晒，又不小心食用了大量光敏性食物，才有可能发生像小娟这样的情况，这同时也是需要一定的累积量才可以发生的，也就是说当我们需要进行户外项目时，最好避免或者少摄入这些食物或药物，而如果食用，则最好避免长时间日光暴晒，同时做好光防护工作。

第 5 节　护肤不当反伤肤——洗脸、化妆品、激素外用药使用的误区

谁是导致敏感性皮肤的罪魁祸首？

不知道从啥时候起，洗脸从一件小事，变成了一项声势浩大的"工程"。放眼一望，洗个脸要 30 分钟的妹子比比皆是，不仅洗脸步骤多、道具多得令人眼花缭乱，更有堪称"洗脸狂魔"的妹子涂了又洗洗了又涂，简直停不下来……

许多美容产品的广告里都喜欢把角质层称为"死皮"，告诉你去"死皮"后皮肤会宛若新生，又白又嫩。但事实上，死皮的"大名"叫做角质层，就是我们第一章一开始提到的皮肤的第一道防线，它是皮肤屏障的重要组成部分，85%的保湿功能依靠角质层，如果去除过多，皮肤就会感觉异常干燥，而且会大大增加皮肤的敏感性。

其他会导致皮肤变敏感的原因还有过度的美容和化妆、面部外用含激素的药膏和护肤品等。

脸皮"厚"好？洗脸太多也有错？

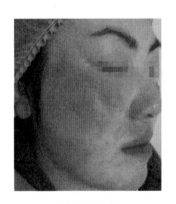

敏感性皮肤

经常有打扮新潮、气质优雅的妹子们跑来问我："为什么我这么注意清洁，皮肤还是会发红、有红血丝？""为啥我的脸一遇到刮风就又疼又痒？"这时我就会仔细询问她们的洗脸与护肤方法，不难发现，这种敏感性皮肤大多都是过度洗脸惹的祸。

洗脸并没有错，正常洗脸能够保持面部清洁卫生，但过度清洁就不好了。

你是否存在以下洗脸误区？

1. 每天用洗面奶洗脸 3~5 次，尤其是夏天，脸上一感到有油就洗

皮脂的分泌也是受中枢神经系统调控的，所以不能脸上一有油，就把它洗得光光的，因为皮肤表面的皮脂含量信息能够传递给中枢大脑皮层，中枢神经系统进行信息整合分析后认为皮肤表面的"油脂量"已够，故下达指令抑制皮脂腺分泌，而过度的清洁会使皮脂丧失，反而促进皮脂腺分泌更多的油脂以致形成恶性循环，油脂不断分泌出来就会使得皮肤越来越油，毛孔也越来越大！

因此，**对油性皮肤患者也建议使用温和的清洁方式，不要过多使用碱性强的洗面奶或洁面皂，并注意清洗后的油水平衡和保湿护理。**

2. 经常更换洗面奶

如果对正在使用的洗面奶感觉良好最好不要经常更换，因为皮肤对每种洁面产品都有一个适应的过程，同一品牌的洁面产品 pH 比较恒定，频繁更换容易导致皮肤短暂的刺痛、脱皮或缺水。

3. 同时使用多种洁面产品

清洁性产品可破坏皮肤蛋白及角质细胞间脂质，使天然保湿因子流失，透皮水分丢失增加，皮肤 pH 值及敏感性增加。随意混用多种洁面产品，会使这些副作用累加，皮肤无法适应，容易导致缺水、干燥、失去光泽，造成不应有的伤害。

4. 每天都用磨砂膏或者"洗脸神器"去角质

磨砂膏等去角质产品虽然去污效果明显，但却是使用物理的方法使表皮的角质层发生移位、脱落，对皮肤屏障损害较大。皮肤的角质形成细胞从基底层走到最上面一层，到最后脱落，至少需要 28 ~ 30 天，这并不是一个短暂的过程。如果每天去角质、过度使用"洗脸神器"，旧的角质层被除去，新的角质层尚未长好，乍看起来皮肤光滑细嫩，却埋下了隐患，相当于我们人为地撤退了工作在一线的"勇士"，而后方"援军"尚未到达，角质层处于剥脱状态，长此以往，角质层越洗越薄，根本经不起任何微弱的刺激，便使正常皮肤转型成了敏感肌肤。

此外，为了尽快"抢修前线"，角质形成细胞会代偿性地分化加快，保量的同时就难以"保质"，更新的角质层细胞排列紊乱、细胞间脂质疏松、不均匀，更加快了皮肤老化。

> **4 个洗脸误区须避免！**

形容皮肤屏障保水功能的一个专业名词叫"经皮水分丢失"（transepidermal water loss，TEWL），也就是皮肤损失的水分，如果 TEWL 值增大，皮肤自身的含水量就会减少，皮肤就会干燥、脱屑，感觉瘙痒，表面病菌也易残留。特应性皮炎，也就是常发生于婴儿期的儿童湿疹（遗传过敏性湿疹），还有一些轻型的银屑病，当代最先进的治疗理念主要就是保湿与修复屏障，只要皮肤屏障功能完好，肌肤就有足够的能力去抵抗外界的侵害。

因此，我个人的建议是应根据季节、气候、皮肤状态慎重选择。敏感性皮肤不宜使用；干性皮肤每月使用 1 次，且按摩时轻重要适度，以免造成皮肤损伤；油性皮肤每周左右使用 1 次；中性或混合性皮肤每 2 ~ 3 周使用 1 次。一般只在较油或较粗糙的"T"字部位使用，两颊视肌肤状况而定，眼周尽量少用。

脸皮还是"厚"点好！

洗脸的目的，是为了清除肌肤不需要的物质，清除阻碍皮肤呼吸、新陈代谢的屏障，同时又尽量不破坏肌肤原有的结构，尤其是皮肤的天然屏障——皮脂膜。保持皮脂膜正常的厚度与成分，才能更好地发挥其屏障、锁水、润泽皮肤的作用，最大程度地延缓皮肤衰老，更好地发挥皮肤自我净化及维持内环境的稳定。

当清洁过度时，不仅仅去除了表面的灰尘、老化角质、微生物等，也破坏了正常的皮脂膜、角质层，也就是破坏了皮肤屏障功能，继而引起皮肤水分丢失增加，使皮肤变得干燥粗糙，不好看也就算了，还变得脆弱不堪，使得有害微生物、外界化学、物理、生物因素容易入侵或刺激，尤其是容易受到紫外线伤害，使用产品时感到刺痛等。真皮层中的血管很容易因为这些刺激而扩张，当血管弹性不足或刺激过强时，就可能破裂。血液中的红细胞就会从破裂的血管中溢出，血铁红素也会变成血铁黄素，成为炎症后色素沉着的一部分，扩张的血管即为脸上经常出现的红血丝。

所以在这里，真心对所有爱美的朋友们说一句：脸皮，还是"厚"一点好！

洗脸的十字路口，稍不慎就会误入歧途

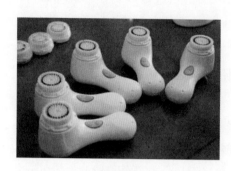

洗脸神器

所谓"洗脸神器",其实只有清洁功能哦！

"洗脸神器"真有那么神吗？

这几年美容风气盛行，点开网页、打开电视，可以看到各种家用美容仪器的广告，其中讨论最热烈的一项产品非"洗脸神器"莫属。不仅电视美容节目介绍，还有明星、博主等名人"加持"，甚至能够在商场化妆品专区看到其身影，可见其火爆程度。

目前市面上的"洗脸神器"基本上分两种：声波震荡、旋转刷头，都是使用物理动能原理，利用极细的刷毛高速运转作用于皮肤以进行清洁，让表浅的开口型粉刺比较容易松脱，所以"洗脸神器"的功能主要是清洁。

那广告上说的减少细纹、缩小毛孔呢？作为皮肤科医生，我才不信呢，因为它无法促进胶原蛋白增加，当然也无法减少细纹产生。

由于表浅的开口型粉刺较易松脱，视觉上觉得黑头粉刺完整去除，毛孔缩小，但实际上要达到毛孔有效缩小，最好还是靠果酸类护理，或者机械式的点阵激光。

很多人爱美心切，看到广告上蛊惑人心的说辞，也不管自身皮肤条件适不适合，就立刻购入使用，往往得到的效果和预期大相径庭。实际上，"洗脸神器"非必要品，任何事物都是物极必反，大多数人都不需要使用清洁力度这么强的神器，如果本身皮肤条件已经够好了，有人人称羡的"卵肌"，就无需多此一举了；此外，干性肌肤，本无粉刺与痤疮困扰者，或者原本肌肤敏感者、接受过多次酸类换肤者，就更不必"雪上加霜"了。

化妆品：皮肤不能承受之重

我们爷爷奶奶那一辈，当时连温饱问题都难以解决，拥有一盒雪花膏就不错了，更别说什么化妆品了，那简直就是奢侈品，只有大户人家享用的份，所以他们只要洗掉外界自然环境留下的痕迹就足矣。

如今，人们生活水平大幅提高，"仓廪实而知礼节"，化妆已经成为很多女性的每日功课，不仅仅可以增加自信，更是对别人的尊重。于是乎，各种粉底液、隔离霜、腮红、眼线膏、BB霜、CC霜等便顺势流行开来，使得我们皮肤上的敌人已经不仅仅局限于自然的粉尘，更多的是人为的附加物。它们阻拦了皮肤的正常新陈代谢，当正常需要排泄掉的物质不能脱落时，闭塞在皮肤内，也会带来不良后果。所以，我们的洗脸任务也自然比我们的奶奶们更加艰巨了。

现在化妆品的种类越来越多，化妆品中的添加成分也数之不尽，有带来功效的一面，但也会带来诸多不良反应，如化妆品刺激性接触性皮炎、化妆品过敏性接触性皮炎、化妆品光敏感性皮炎等。

原发性刺激反应和接触性致敏反应最容易引起过敏的是香料、防腐剂、重金属。一般首次接触致敏化妆品后，需经4～5日以上的潜伏期才发生，发生机制我们在前面的朗格汉斯细胞相关内容中专门给予了讲解。

化妆品光感性皮炎即化妆品中的某些物质属光感性物质，具过敏体质的人外擦后，经日光照晒后，光感性物质发生某些化学变化成为半抗原，再与皮肤组织中蛋白质结合成全抗原，刺激机体产生IV型变态反应。香料、防腐剂、染料、唇膏以及口红中的荧光物质，防晒化妆品中的遮光剂，都是可以引起光感性皮炎的可疑致敏原。

以上化妆品中添加的过敏原如香料、防腐剂等，是很多化妆品中都有的，只要添加量适宜，也是化妆品相关法规允许范围内的，除了个别过敏体质者外，对大多数人是不会有多大损伤的。而且，这些成分大多会标注在成分表中，所以，如果你知道自己对什么过敏，下次只要不用含这种成分的化妆品就可以了。但我们最怕的就是使用了被偷偷添加了"荧光剂"或者激素等成分的化妆品，对使用者而言这种伤害就是存在和发生了，无论你是否是过敏体质，都不会幸免。因此，我们更要学会鉴别这种"阴招"，我们要谨记：**宣称能迅速美白、快速除皱等具有神奇疗效的化妆品基本不值得信任。**

一招教你识破"鬼脸面膜"

在使用过某些品牌的美白面膜之后，肌肤瞬间就焕亮起来，但你绝对不知道，造成这种现象的主要原因并不是产品本身的功效，而是其中加入了一些二氧化钛、荧光增白剂导致的。加入荧光剂的美白面膜，又称"鬼脸面膜"，使用后皮肤在紫外光线的反射下会显得很白，但是如果你一旦停用，皮肤表面残留的荧光剂洗去后就会恢复原样了。

不管是天然的还是人工合成的荧光剂都会对人体产生一定危害，特别是人工合成的荧光增白剂，有一定的风险，容易迁移到角质层、血液里，引起基因突变，可能会致癌，也有可能导致人体排斥，使人过敏。

洗涤剂中对荧光剂已经有了添加上限，护肤品还没有相关的要求。毕竟荧光剂没有护肤功能，在进入皮肤后很难被代谢掉，所以，应该尽量选择没有荧光剂的产品更为放心。

本书第一章第 1 节里我就提到过可以用专业的 Visia 皮肤检测仪来检查我们使用的是否含有荧光剂的面膜，当然，这样或许比较麻烦，不可能买一种面膜敷上后去医院检测，一般想到去检测的时候，恐怕已经是问题暴露的时候了，那么，有没有一种可以自己在家用的、比较简单易行的方法来检测呢？也许，你可以试试验钞笔。买一只验钞笔，在完全黑暗的情况下照射在面膜上：如果呈现蓝色或蓝绿色的光（如左图），那就是添加了荧光剂的。

验钞笔下添加了荧光剂的面膜

含荧光剂的"鬼脸面膜"，会对皮肤造成伤害！

同样的，有一些面膜开始使用效果极佳，使用后皮肤水润，好像短时间内年轻了 10 岁，毛孔和痘痘全都不见了，但停止使用后脸上甚至出现红斑、水肿等症状，也很有可能是其中含有的激素在作祟，在皮肤科外用激素即外用糖皮质激素，2007 年，原卫生部发布的《化妆品卫生规范》中，就明确规定在化妆品里禁止添加激素。一般来说，只要是通过国家权威卫生检测部门检测合格的产品，绝不含激素。因此，**我们一定要多加留心这些短期内有"奇效"又让我们"欲罢不能"的化妆品。**

带"松"的外用药几乎都是激素，不能滥用

激素在皮肤科的使用途径，除了被不良商家偷偷添加到化妆品中以外，还有一种导致使用泛滥的情况就是某些皮肤病患者自己乱用外用药。

激素的适应证广泛，因其具有强大的免疫抑制和抗炎作用，对皮疹的效果特别好，缓解红、热、痒、肿等症状常可立竿见影，往往用于治疗急性皮炎，是皮肤科最常用的外用药物。因此，很多人皮肤一旦有问题，自己购药时都会倾向于激素类而不自知，或者被一些宣称"面部皮炎特效药"的广告忽悠而不幸中招。因此，大家需要擦亮眼睛，更要了解激素外用药的作用、危害及正确使用方法。

激素包括内用和外用两种，很多药名里都是带有一个"松"字的，因为皮质激素类药物英文即 corticoid，音译过来就是"可的松"，像氢化可的松、地塞米松、泼尼松（强的松）等，还有外用药氟轻松（肤轻松）、糠酸莫米松乳膏（艾洛松）等。有些由于我们常常直接称呼其商品名，大家可能就不是很清楚了，像媒体上经常出现的皮炎平，学名是复方醋酸地塞米松乳膏；恩肤霜（丙酸氯倍他索），也是激素类外用药，还有新适确得（卤米松／三氯生乳膏）等，还有些是名字里有"奈德"的，也是激素类，如地奈德乳膏、哈西奈德溶液等。

根据激素药效强弱，一般常用的有以下几种：

超强效：

丙酸氯倍他索：特美肤、恩肤霜、皮康王

卤米松：适确得、新适确得

倍氯美松：无极膏

强效：

氟轻松（肤轻松）：仙乃乐、肤轻松软膏

哈西奈德（氯氟舒松）：乐肤液、肤乐霜

倍他米松戊酸酯、倍他米松新霉素乳膏、倍他米松乳膏

糠酸莫米松：艾洛松

丙酸氟替卡松：克廷肤

中效：

曲安奈德：派瑞松、康纳乐霜、皮康霜

丁酸氢化可的松：尤卓尔

弱效：

地塞米松（氟美松）、醋酸地塞米松：皮炎平、复方地塞米松乳膏

氢化可的松：氢化可的松软膏

一般来说，小面积外用激素乳膏是比较微量的，是对局部组织的炎症、过敏反应等起作用，是短效、小剂量的，基本没有全身系统的危害。但面部、乳房、腋下、腹股沟及外阴部等皮肤薄嫩处使用激素还是需要多加注意的。

激素一定要遵医嘱才能使用！

面部使用激素需要注意什么？

多选择弱效激素，剂型上多选用霜膏剂。一般急性皮疹不超过 3 天，慢性皮疹不超过 7 ~ 10 天。

如连续使用强效激素 2 ~ 3 周即可出现对激素的依赖，停用后就会出现"反跳现象"，即原来的"皮炎"再发或加重，再用激素治疗又有效果，正是由于这种依赖性的存在，我们常称激素为"皮肤鸦片"。而患者因使用激素次数增多、时间加长，依赖性就越强，导致皮炎反复发生，这时候就发展成了"激素依赖性

皮炎"了。以上所列举的第 2、3 代含氟的激素应用较广、效力较强，是引起面部激素依赖性皮炎的主要激素类制剂。

长期使用激素的主要危害就是：①可抑制角质层脂质合成，使皮肤屏障受到损害，使皮肤干燥。②抑制表皮的增生和分化，使皮肤萎缩、变薄。③降低角质形成细胞间的黏合度，使皮肤容易脱屑。④增加血管的张力，导致毛细血管扩张，出现红血丝。⑤激素还有免疫抑制作用，会增加局部感染的可能性，导致诸如毛囊炎的发生、痤疮的加重。在以上多种因素的综合作用下，最终皮肤会变得外观上"光亮薄红"，看似面若桃花，实则内在里"敏感脆弱"，稍微有点刺激就会发红、发痒、灼热，甚至疼痛，而此时，我们往往会再次求救于激素，形成恶性循环。

第3章

维生素家族

——皮肤的强大后盾

刘诗诗主演的电视剧《女医明妃传》里就奉行"食药同源"，大力推行"药膳"，虽然剧中用食物治病医人在现在看来有些夸张，但其对中医中药及食疗的科普还是起到了不小的作用。

现在，"食疗"这一说还是很盛行，这一点专门研究养生的人应该懂得比我要多，我也就不班门弄斧了，这里，我不说哪些中药护肤或者说教大家做哪些药膳可以保持青春靓丽，只是略提一下维生素类饮食在护肤方面的必要性。

拥有健康美丽的皮肤，不仅需要蛋白质、脂肪等营养素，亦不可缺少维生素。研究发现，维生素类物质对于促进皮肤的新陈代谢、延缓皮肤衰老有特别功效，维生素的种类非常多，在化妆品中应用广泛的有维生素 A、C、E 和 B 族等，下文我们来逐一做介绍。

维生素类别	化学名称	作用
维生素 A（健美维生素）	视黄醇	抗衰老，促进表皮合成，改变和调节胶原的合成，增强皮肤黏膜免疫功能
维生素 B_1		影响神经系统，对于皮炎、湿疹等能起到辅助治疗的作用
维生素 B_2		是人体氧化还原系统的重要组成部分，帮助皮肤抵抗日光损害，保护皮肤
维生素 B_3	烟酰胺	预防光免疫抑制作用和光致癌性，预防光老化产生的真皮胶原蛋白的丢失，降低痤疮的严重程度，增强皮肤屏障功能

续表

维生素类别	化学名称	作用
维生素 B₅	泛醇	促进细胞再生，增加皮肤的含水能力，促进伤口愈合
维生素 C	抗坏血酸	美白、抗氧化、促进皮肤胶原合成、预防光老化
维生素 E	生育酚	滋润，抗氧化

维生素可以这样分类：

维生素 A——健美维生素　　　　维生素 B——美丽肌肤捍卫者

维生素 C——嫩白维生素　　　　维生素 A——年轻维生素

你知道是为什么吗？

第1节　健美维生素——维生素 A

几年前，我在门诊看过一个16岁的小女孩，因四肢皮肤干燥、皲裂前来就诊，查体可见患者周身皮肤干燥、粗糙，四肢伸侧可见圆锥形毛囊角化性丘疹。除此之外，她妈妈还告诉我，小女孩每到傍晚眼睛就不灵光，看东西模模糊糊的，总是嚷嚷着不要看书，家长起初以为是孩子故意找借口，后来带去眼科检查，发现确实有角膜干燥和软化。女孩爱美，觉得羞于见人，对生活和学习都造成了巨大的影响。

现在人们生活水平提高了，维生素 A 缺乏症已不多见，但这个小女孩表现却很典型，所以我印象深刻，当时就给她开了维生素 A 口服，并同时嘱咐她不要偏食。因为维生素 A 是脂溶性的，虽然很多植物性食物如胡萝卜、菠菜等都富含维生素 A，但真正被人体吸收的却很少，要和食用油一起吃的时候才会吸收，所以某些常常吃素的人可能会缺乏，而动物性食物中所含的维生素 A 可以直接被人体吸收利用，效率还更高，常见的有动物肝脏、奶、奶制品（未脱脂奶）及禽蛋等。

一个月后，小女孩开开心心地过来复诊，说病症都奇迹般地消失了，这"维生素 A"实在是神药！

其实，维生素 A 并不是什么神药，但却是人体不可缺少的营养素。

维生素 A 有哪些"神奇"的作用？

1. 促进表皮合成 维生素 A 是一种皮肤"正常化"调节剂，是底层细胞正常再生所必需的元素，可以通过皮肤吸收，活化皮肤细胞，促进细胞的新陈代谢，产生更多的表皮蛋白，形成较厚的表皮，改进皮肤阻隔层的功能。

2. 改变和调节胶原的合成 有助于保持皮肤柔软和丰满，使皮肤光滑细腻和预防皮肤癌。

3. 增强皮肤黏膜免疫功能 维生素 A 可参与糖蛋白合成，具有强化皮肤和黏膜的作用，有促进机体生长、保持皮肤柔滑、使皮肤免受细菌感染的作用，对灼伤、头皮屑、干性皮肤有辅助治疗功能。同时，维生素 A 可以改善细胞壁的稳定性，减少空气污染物质对皮肤的侵害。

4. 辅助眼睛暗适应能力 缺乏维生素 A 可引起角膜软化或溃疡，眼睛干燥，易患视力减退和夜盲症。

5. 维生素 A 也可以加入护肤品中 一般化妆品中常用视黄醇丙酸酯、视黄醇醋酸酯。维生素 A 也在滋润、调理和延缓衰老类的护肤品中被采用，用于处理粉刺和皱纹有很好的临床效果。

对于一个健康美丽的机体来说，明亮的双眼、匀称的身材、光滑的皮肤都是缺一不可的，维生素 A 在这其中都发挥着重要的作用，所以我们称之为健美维生素。

当维生素 A 不足时，人体会发生哪些变化？

1. 糖蛋白合成中间体减少，皮肤细胞分裂加快，细胞未分化成熟就到达皮肤表面，出现角质代谢异常；

2. 皮下组织的细胞死亡脱落，堵塞毛孔，油脂无法到达皮肤表面，导致皮肤粗糙，干燥脱屑，没有光滑感，影响美观，特别是胳膊肘、膝盖、臀部的皮肤；

3. 长此以往，毛孔被死去的细胞堵塞而扩大，油脂分泌过多，形成白色或黑色粉刺、痤疮等；

4. 由于皮肤油脂分泌减少、干燥、角质代谢异常，屏障功能减弱，易患痤疮、湿疹，易受感染；

5. 还可出现眼部症状，表现为结膜干燥、变厚、角化和角膜浑浊等。

第 2 节 美丽肌肤捍卫者——维生素 B 家族

皮肤科最多见的疾病就是普通老百姓常常称呼的"湿疹""皮炎"，其中很多都与 B 族维生素有关，包括维生素 B_1、B_2、B_3、B_5、B_6、H（biotin）和泛醇等，这类维生素有保持皮肤美丽的功效，对皮肤代谢影响很大。

在很多皮肤病的治疗中，你都会见到维生素 B 家族的影子。比如说，以下几种常见的皮肤病。

1. 带状疱疹 字面上理解，就是在皮肤表面"呈条带状分布的一簇簇疱疹"，民间称为"蜘蛛疮"或"缠腰火丹"。这是由于带状疱疹病毒沿着神经轴索下行，在感染的神经支配区域的皮肤内产生水疱。

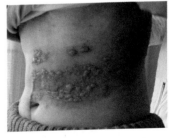

带状疱疹

带状疱疹病毒有两个特点：即亲皮肤性与亲神经性。通常我们肉眼只能看到皮肤表面的这些疱疹，但其实是体内的神经已经发生了炎症，故会有神经痛。这种疼痛有时候让人很难忍受，特别是年纪大的人，常常夜不能寐，甚至到了打"杜冷丁"（哌替啶）控制疼痛的地步。而我们在治疗带状疱疹的原则就是：抗病毒、止痛、消炎、防治其他并发症，这个时候选用的营养神经的维生素当然是维生素 B 家族的了，特别是维生素 B_1 和维生素 B_{12}。

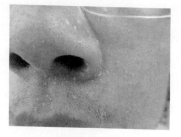

脂溢性皮炎

2. 脂溢性皮炎　这个病是很多青壮年人常有的，特别是正值青春期的男男女女们。他们头发油腻、面部出油、夹杂片状红斑，尤其是鼻翼两侧，上面有皮肤鳞屑，常伴瘙痒。治疗脂溢性皮炎常选用维生素 B_6 辅助治疗效果更好。

口角炎

3. 唇炎、口角炎　这个很常见，尤其是偏食的孩子，爱舔嘴唇的小孩也好发。一些大人也有唇炎，冬天特别明显，干燥脱皮、皲裂，就算随身携带润唇膏也只能缓解一时，让人头痛不已。其实在治疗本病时，维生素 B_2 常常是我们重要的一味处方。

B 族维生素对皮肤有哪些作用？

1. 维生素 B_1 对于皮炎、湿疹等能起到辅助治疗的作用　在皮肤科经常会遇到带状疱疹的患者，前面已经提到，治疗的早期，也就是 7～10 天内，需要抗病毒，但后期主要就是营养神经治疗，这时，补充维生素 B_1、B_{12} 则是必需的，可以减轻神经炎症，促进神经修复，减少后遗神经痛的发生。

维生素 B_1 广泛存在于天然食物中，但各种食物中含量存在明显差异，且不同的储存条件、烹调及加工方法都会对维生素 B_1 的含量变化产生影响。最为丰富的食物来源为葵花籽、花生、大豆粉、瘦猪肉；其次为小麦粉、小米、玉米、大米等谷物；鱼类、蔬菜和水果中含量较少。但是，随着生活条件越来越好，我们吃的越来越精细，大部分人吃的是精白米面，豆类在主食中占的比例也越来越小；同时由于中国居民的饮食习惯，肉类食品所占比例也较低。这些原因都会造成维生素 B_1 的缺乏，所以，太精细的饮食反而是不健康的，应该食用碾磨度不太精细的谷物，也就是粗粮。

2. 维生素 B_2 是人体氧化还原系统的重要组成部分　维生素 B_2 直接参与糖、蛋白质及脂肪的代谢，保护皮肤黏膜组织上皮正常生长，使皮肤健美，帮助皮肤抵抗日光的损害。

维生素 B_2 在动物肝脏中含量最多。缺乏维生素 B_2 时，皮肤对日光比较敏感，容易出现日光性皮炎，被日光晒久了，脸部发红发痒，在鼻子周围有粉状物出现。会引起皮肤的炎症，如口角炎、唇炎、舌炎、脂溢性皮炎、酒渣鼻及阴囊皮炎等。对于容易皮肤粗糙的人使用含有维生素 B_2 的护肤品有较好的预防作用，比如对口角容易发炎和头皮屑较多的患者，我们会嘱其口服维生素 B_2、B_6。

3. 维生素 B_3 能够预防光老化和光致癌　维生素 B_3 也称为烟酸，或维生素 PP。烟酸在人体内转化为烟酰胺，烟酰胺能够预防光免疫抑制作用和光致癌性，预防伴随光老化而产生的真皮胶原蛋白的丢失。

外用烟酰胺可以增强皮肤屏障功能，增加其有效组分，特别是一些关键的蛋白质和脂质，如神经酰胺等；提高真皮胶原合成，改善老化的皮肤外观；同时还能减少皮脂分泌、缩小毛孔、改善色素沉着和红斑，降低痤疮的严重程度。

烟酰胺化学性质稳定，容易组方，低浓度外用不会对面部皮肤产生刺激，因此是一种理想的化妆品成分。近年来，我们在细胞生物学研究中也得到了烟酰胺抗氧化、抗光损伤的作用结果。

4. 维生素 B_5 能活化上皮细胞，有明显的消炎、保湿效果　维生素 B_5，也称为泛醇，经皮肤吸收后可渗入到皮肤深层。泛醇作为泛酸的前驱体，在皮肤的生理过程中起着重要的作用。

泛醇较广泛地用于各类化妆品中，含有泛醇的化妆品能活化上皮细胞，有明显的消炎、保湿效果，有助于伤口的愈合，如烧伤、干裂、角膜损伤、溃疡、化脓性皮肤病和过敏性皮炎。在美国和欧洲皮肤药剂市场中，泛醇已经成为较主要的成分，它有助于舒缓瘙痒，促进上皮形成，治愈皮肤损伤，对湿疹、日光晒伤、虫叮、婴儿尿布疹都有一定的疗效，是一种渗透性很好的皮肤润湿剂。

5. 维生素 B$_6$ 可防治皮肤粗糙、粉刺、日光晒伤、止痒和晒黑　维生素 B$_6$ 能与氨基酸发生作用，和维生素 B$_2$ 的用途比较相似，与皮肤健康有密切关系，可用于防治皮肤粗糙、粉刺、日光晒伤、止痒和阳光晒黑，也可用于防治脂溢性皮肤炎症、痤疮、干性脂溢性皮炎湿疹皮肤变化，通常在肉类、全麦食品、绿叶蔬菜中含量最多，缺乏时会引起脱发、嘴角及眼角皲裂。维生素 B$_6$ 改性成吡多素三棕榈酸酯的形式用于化妆品，可以控制皮肤的油性。

6. 维生素 B$_{12}$ 能参与脂肪和糖的代谢，对带状疱疹、神经性皮炎、扁平苔藓、瘙痒症等有辅助治疗作用。

7. 维生素 H 能促进皮肤新陈代谢，改善皮肤粗糙　维生素 H 又称生物素（biotin），能预防皮肤脂溢性皮炎、粉刺等，人体缺乏时会引起皮炎和毛发脱落。维生素 H 可直接用于治疗相关的皮肤疾病，已经有维生素 H 用于化妆品的一些专利，可进一步开展维生素 H 应用于护肤的研究。

第 3 节　嫩白维生素——维生素 C

门诊经常遇到有黄褐斑、皮肤色素沉着、黑变病等"变黑"的患者，这时候，我们必备的药物就是维生素 C。维生素 C 是日常皮肤保养和护理中最为大家所熟知的，那么，维生素 C 究竟有多大的力量呢？

维生素 C 促进胶原蛋白的合成

皮肤真皮层 75% 由胶原蛋白组成，其生长、修复和营养都离不开胶原蛋白。胶原蛋白使细胞变得丰满，从而使肌肤充盈，保持皮肤弹性与润泽，维持皮肤细腻光滑。在胶原蛋白合成时，需要多种羟化酶。维生素 C 是这些羟化酶维持活性所必需的辅助因素之一，从而促进结构组织的胶原蛋白生成，帮助衰老受损皮肤修补和再生。

当维生素 C 缺乏时，胶原蛋白等细胞间质的合成发生障碍，会发生创面、溃疡不易愈合等。所以，对于很多易发生口腔溃疡的患者，在溃疡发作时常给予维生素 C 0.1 ~ 0.2g，一日 3 次及复合维生素 B 每次 1 片，一日 3 次。

维生素 C 促进铁的吸收

要保持皮肤光泽红润，需要供给充足的血液，补血常常首先需要补铁，但很多时候，我们虽然补了铁，却可能是无用的铁，也就是难以吸收的三价铁（Fe^{3+}）。而维生素 C 能使 Fe^{3+} 还原为易于吸收的二价铁（Fe^{2+}），从而促进铁的吸收。所以维生素 C 是治疗贫血的重要辅助药物。

如果缺乏维生素 C，铁的吸收便会不足。会出现皮肤干燥、头发没有光泽、指甲容易折断等问题；缺铁还会导致食欲减退、心慌气短、头昏眼花等，并对注意力和耐力也会产生负面影响。

维生素 C 可对抗紫外线损伤，减缓皮肤衰老

自由基（free radical），这个名词对现代人来说已经不陌生了，它是一类极不稳定的化学物质，人体内自由基的产生有两方面：一是环境中的高温、辐射、光解、化学物质等导致共价键断裂产生的外源性自由基；二是体内各种代谢反应产生的内源性自由基。其中，内源性自由基是人体自由基的主要来源。随着年龄的增长，自由基在人体内过量增多，可攻击细胞膜、蛋白质、核酸而造成氧化性损伤，这是皮肤老化的主要原因。

维生素 C 可以有效清除这些自由基，减少人体对日光晒伤的反应，增加人体对紫外线、可见光或红外线引起的红斑反应，这主要是通过清除这几种光源诱导产生的自由基来实现的。所以，当你进行户外运动的时候，不妨在那段时间多补

充点维生素 C。

自由基的清除对减缓皮肤的衰老进程、减少皱纹很有帮助。也就是说，维生素 C 可以改善皮肤结构，让你的皮肤显得更加娇嫩和年轻！

维生素 C 具有美白作用

维生素 C 对皮肤具有美白作用，主要表现在能与黑色素反应，并抑制黑色素的形成。从前面的基础知识已经了解到，在皮肤的表皮与真皮交界处有一层黑色素细胞，能分泌影响肤色的黑色素。当黑色素细胞形成黑色素的功能亢进时，颜面就会出现色素沉着症，最常见的有雀斑、老年斑、黄褐斑和黑变病等。在治疗这些疾病时，为减少色素沉着，保持皮肤的白皙，我们必不可少的一项美白用药就是维生素 C。维生素 C 不仅能还原黑色素，还能参与体内酪氨酸的代谢，减少黑色素生成，还能与黑色素作用，淡化、减少黑色素沉积等，多管齐下，从而强效发挥美白功能。

维生素 C 能增强皮肤屏障功能

局部外用维生素 C 能够增加皮肤表面几种特殊脂质的合成，也就是说，维生素 C 不仅能增加皮肤的保湿功能，还能增强皮肤的屏障功能。

合理补充维生素 C

我们的皮肤是遭受环境中自由基损害最多的器官，这些自由基来自于日光、污染和烟雾，这种接触进一步减少了皮肤中维生素 C 的水平，暴露于城市污染中 1/100 000 的臭氧下可使表皮中维生素 C 含量降低 55%。

事实上，除了人类和一些灵长类动物，所有的动物都能自身产生所需的维生素 C。一只 59kg 的山羊一天能合成 13g 维生素 C，几乎是美国食品药物管理局（FDA）要求的 200 倍，其他的动物自身产生的维生素 C 数量不仅是人类摄取量的几百倍，在应激状态下甚至达正常状况下所产生的十几倍。遗憾的是，人类不具备这种能力。就正常人而言，每天补充 100mg 维生素 C 即可，但在人体内产生的维生素 C 却不能满足需求，必须从食品中获得补充。含维生素 C 较多的食品有西红柿、辣椒、黄瓜、柑橘、鲜枣、草莓等新鲜蔬菜和水果。

所谓过犹不及，尽管维生素 C 对于人体作用很大，但服用量过多，经临床验证仍可产生一些不良反应，如：维生素 C 可在体内部分转化为草酸，显著增加尿液中草酸盐或尿酸盐的排泄而形成结石，因此，痛风、肾结石患者应慎用维生素C；研究表明，处于生长期的儿童长期服用过量维生素 C 容易患骨骼病；长期大量服用维生素 C 可使血栓发生率明显增加，同时也影响血小板的结构和功能；维生素 C 可破坏食物中的维生素 B 而致维生素 B 的缺乏。

皮肤的状况是身体健康的一面镜子。因此，我们在日常生活中要合理补充维生素 C，以便拥有健康美丽的皮肤。

局部外用维生素 C 是能显著增加皮肤中维生素 C 含量的最有效方法

不过，摄入人体的维生素 C 仅有 7% 左右可达到皮肤，所以口服对于全身健康的意义大于局部肌肤美白。2016 年在酷暑炎夏的南京，《扬子晚报》记者对我进行了采访，主要是针对近来盛行口服的"美白丸"如何神奇美白的问题。当我的答复在《扬子晚报》"生命周刊"栏目刊出后，很多读者方如梦初醒：吃美白丸"白成闪电"是不可能的！局部外用维生素 C 才是能显著增加皮肤中维生素 C含量的最有效方法，在皮肤中的含量是同等量口服的 20 ~ 40 倍。

但是，要使维生素 C 经皮吸收达到最佳状态并且发挥它的最大功效，掌握精确的配方是极其重要的。维生素 C 在低酸度（pH3.5）的情况下可优先被皮肤吸收，选择适当和复杂的乳化剂作为其载体，可以防止维生素 C 被降解。与维生素 C 相比，亲脂性或者更加稳定的维生素 C 衍生物，如棕榈酸酯、琥珀酸酯等可以更有效地发挥作用，这些酯类需要首先经过水解，转化为维生素 C，才能形成有效的抗氧化剂，故而可能不会对表皮的角质层产生作用。一般来说，20% 的左旋维生素 C 是最佳选择。

第 4 节　年轻维生素——维生素 E

各种形式的维生素 E 都具有防护紫外线诱导的急性炎症反应，如红斑、"日光晒伤"、过度的色素沉着（日晒黑）以及防护紫外线诱导的皮肤癌症。需要注意的是，口服大剂量的维生素 C 和维生素 E 能够防护紫外线诱导产生的红斑，而单独服用任何一种都是无效的。

维生素 E 还有明显的逆转光老化作用，曾有一名 48 岁的妇女在每天局部外用 5% 的维生素 E 4 个月后，眼眶周围的皱纹明显减少。

年轻是人生中最可宝贵的东西，所以几乎每个经历着或拥有过的人都在追求和渴望着那段年轻的岁月。保持年轻的方法有很多种，今天，我就来向大家介绍一下年轻维生素——维生素 E 的相关知识。

皮肤美容

维生素 E 可促进血管的血液循环，维持结缔组织的弹性；有助于维持皮肤细胞的正常新陈代谢，保护皮肤黏膜，从而使皮肤健康，肤色鲜亮，充满活力；维生素 E 可防止面部类脂褐色素的积累，促进末端血管的血液循环，保证皮肤细胞充分的营养，从而使得肤色鲜亮，充满活力。

头发保养和治疗

维生素 E 可改善头发毛囊的微循环，使得头发营养充足，并在一定程度上使头发再生。

抗氧化

维生素 E 也是体内主要的抗氧化剂之一，其抗氧化剂活性可保持细胞膜的稳定从而避免被氧自由基破坏，此外，维生素 E 还可促进蛋白质的合成、调节血小板的黏附力和聚集的作用。

护肤品中的维生素 E

正如我们前面说过的，维生素 C 局部外用效果更显著，维生素 E 也是如此，局部外用可使皮肤中含量增加 10.6 倍，可在皮肤形成一个维生素的储存库。

在某些研究护肤品吸收的实验中发现，其中维生素 E 的生物活性成分经过 6 ~ 24 小时的局部应用后，可以在真皮层明显见到。维生素 E 和维生素 A 联合使用可改善皮肤老化情况，同时可以提高皮肤的锁水、抗自由基功能，具有调节表皮细胞生长和调节角化的作用。在紫外线照射之前外用维生素 E，可以明显减少急性皮肤反应，如红斑、水肿、日光晒伤细胞的形成等。

10 年前我们团队的研究生就用纳米级材料包裹的维生素 E 进行了兔子皮肤透皮吸收的研究试验，发现纳米 - 维生素 E 亚微粒能有效透过角质形成细胞的细胞膜，增强细胞抵抗紫外线的能力。

什么食物富含维生素 E

许多食物中富含维生素 E，多食用富含维生素 E 的天然食物，更有助于人体对维生素 E 的吸收和利用。富含维生素 E 的食物包括：小麦胚芽（含量最丰富）、坚果（如葵花籽、花生、杏仁、榛子、胡桃等）、瘦肉、奶制品、蛋类、芝麻、玉米、橄榄、山茶油、大豆、菠菜、甘蓝、番薯、山药、菠菜、莴苣、卷心菜等绿叶蔬菜和鱼肝油等。

富含维生素 E 的食物

如何才能使吃进去的维生素 E 有效发挥作用

口服吸收的维生素总是不能在皮肤达到足够的数量，不仅如此，绿色蔬菜经过烹饪后维生素 E 的损失率可高达 60% 以上，坚果和谷物在加工的过程中维生素 E 的含量也会大量损失，所以我们应该尽量减少对这些食物的加工。植物油是很好的维生素来源，可多用植物油代替动物油来烹饪食物。

每日服用 100～300mg 剂量的维生素 E，可起到滋润皮肤、延缓衰老、预防老年性疾病的作用。每日服用 200～800mg 剂量的维生素 E，可有效减少放、化疗副作用。市售的维生素 E 胶囊多为维生素 E 醋酸酯，性质游离的维生素 E 稳定，由于携带方便，被许多爱美人士称为"随身的不老丹"。辅助治疗免疫性疾病，预防流产、治疗不孕等。

青年是生命之晨，是日之黎明，充满了纯净、幻想及和谐；人们对年轻岁月的追求，是因为心中总是对生活充满着期待和信心。挽留青春的方式有很多种，除了注重日常保养外，我希望读者朋友们可以保持年轻时的人生态度和年轻的精神面貌，让我们的面容和心灵都不会被岁月侵蚀！

第4章

补水润肤
——洗、补、促、导、保

人人都羡慕吹弹可破的肌肤，能拥有这样的肌肤，即使素颜也依然很美。这种娇嫩的肌肤似乎从未受过紫外线和灰尘的侵袭，像剥了壳的熟鸡蛋般光滑剔透、水润饱满。

《红楼梦》中，宝玉就曾说过，女人是水做的。这句话其实是有科学依据的。不仅是女人，男人同样需要水的滋养，才不会出现各种肌肤问题。

水分是美丽肌肤的第一要素，美白、防晒、控油等都应是在补水保湿的基础上配合完成的。以前人们普遍将内分泌失调等因素视为肌肤衰老的根本原因，但是最新研究表明**缺水才是肌肤衰老的元凶**。当肌肤表层即角质层的水分达到 15%～25%，表明含水充足，此时皮肤不但会柔软光滑没有细纹，手感上也会充满弹性。但随着年龄的增长和不良的生活方式，角质层水分逐渐流失，当含量低于 10% 时，皮肤就会出现干燥、细纹、紧绷、粗糙及脱屑等。因此，天生丽质固然重要，后天的补水保湿也是必不可少的。

第1节　正确洗脸（洗）——温水、温和、温柔

清洁——护肤第一步

补水润肤是保养皮肤的关键步骤，就像保养车子一样，打蜡也好、重装也好，不管你要怎么保养你的皮肤，首先你要有一个干净的基底，所以，清洁是护肤的第一步。做好了清洁，才可以在此基础之上进行更多的雕琢和加工，反之，清洁工作没有到位或者过了位，都是护肤的大忌，一切后续工作无疑都是多余的，甚至是雪上加霜。

清洁，通俗来说就是指日常生活中的洗脸、洗脚、洗头和洗澡。我们每天在

外奔波，头脸是直接暴露在外的，外界的灰尘、污垢、病菌等，与自身产生的皮脂等都堆积在脸上。所以，洗脸自然也就成了护肤的第一步。但保养好皮肤就像培育一块试验田一样，一要保护好种子们生长的环境，二要清除田里多余的杂草。这里的种子就是皮肤基底生发层的"角质形成细胞"，它可是要经过一个月才能完成一个圆满的生长周期。但正如前面提到的，现代人在这方面不是认识不足，而是洁面过度，或是说做过了头！

虽然现在大家的洁面工作越做越精致到位，但是，相关的"面子问题"却有增无减，这严重提示了"种子"生存的环境遭到了破坏，皮肤屏障受损后所带来的潮红、菲薄、光亮、发烫问题——即红苹果样敏感肌肤日趋增多，有时我的半天门诊里竟有 1/3 的患者都是这样的"红脸蛋"。就像我们现在的粗粮越来越珍贵，取而代之的是磨得精细的粳米，可却会给我们带来了更多的"糙皮病"患者。

鉴于此，**关于洗脸，我认为需做到三个"温"，即"温水、温和、温柔"。**

用温水洗脸：34～38℃最好

1. 洁面用水应该选择不含或仅含少量可溶性钙盐、镁盐、性质温和的"软水"，如自来水、蒸馏水等。

2. 避免用过热的水洗脸，水温在 34～38℃最好，这个温度最有助于毛孔扩张，清洁偏油性皮肤相对较为彻底。

3. 每天早晚两次洗脸是适合大多数人的频率，每次时间不宜过长，1～3 分钟即可。

用温和的洗面奶：最适合自己的就是最给力的

1. 使用频率　洗面奶视情况而用，不一定每一次洗脸都要使用洗面奶。如果在室内工作，或处于居家休闲的环境又没有什么污染的，完全没有必要天天用。

而经常皮肤敏感的人群则可以选择几天不用洗面奶洗脸或者一段时间只用清水洗脸，这样可以让皮肤休养生息，有个喘息的机会。

2. 使用量　洗面奶并不是用量越多就洗得越干净，多了会对皮肤产生刺激，少了则不能彻底清洁肌肤。一般取直径约 1 厘米的即可，做到起泡量能覆盖全脸且不会滴落，洁面完没有干涩感是最适宜的。

3. 不同肤质不同选择　中性、干性、敏感性皮肤的人群均应选择含有温和配方的柔和洗面奶，敏感性皮肤可选用医学护肤品（功效性护肤品）系列。一般来说，奶油状洗面奶含有油相成分，适用于干性皮肤。油性皮肤人群应使用控油兼具保湿功效的洗面奶，勿过多使用强碱性洗面奶或洁面皂。碱性虽能控油，但碱性越大去油的作用就越强，太强的去油作用会使得皮肤发干，可能会通过反馈作用刺激皮肤表面的油脂分泌更加旺盛。水晶状透明产品不含油相成分，如配方调理适当，可满足绝大多数消费者使用。

4. 如何判断洗面奶碱性强弱　泡沫异常多的洗面奶往往含阴离子表面活性剂成分较多，碱性较大，pH 也较高，刺激性较大，不宜选用。一般说来使用后觉得脸部非常干的基本就是碱性比较强的，而觉得没有干涩感和干燥感的一般就是碱性弱一些的。

用温柔的方式洗脸：洗脸要学会温柔的按摩

洗脸动作：避开眼眶，轻柔画圈

洁面时首先用清水润湿面部，取少量产品置于掌心，然后将洗面奶揉成泡泡，重点对 T 区进行清洁。用打圈的方式轻轻按摩肌肤，来回约 10 次，然后用温水洗净，特别要注意发际是否有洗面奶还未洗去，最后用毛巾轻擦掉水就行了。注意双手不要过度用力，否则时间一长，容易使皮肤松弛。

洁面时一定不要用力搓洗，当过度用力清洗时，皮肤表面重要的脂质物就会随之而丢失，皮肤自身的屏障作用就会减弱，危害极大。强力搓洗过的皮肤不但留不住水分，而且对涂在脸上的任何膏霜都可能难以耐受。此外，强力搓擦还可刺激黑素细胞酪氨酸酶活性，增加黑素生成，促进颧骨处色斑的形成。

特殊人群，特殊对待

有些姑娘面部有皮肤病，比如粉刺、痘痘、脓疱、脱屑伴瘙痒等症状，这该如何洗脸呢？

> ### 洗脸的要点——"温水、温和、温柔"
>
> 1. 水温在 34～38℃，1～3 分钟
> 2. 不使用碱性过强的洗面奶
> 3. 不要过度用力，否则会使皮肤松弛或加黑

1. 如果情况比较严重，可用凉的纯净水或者硼酸水浸润纱布后敷在脸上 5～10 分钟，每天敷 2～3 次。冷敷后，使用性质温和、成分单一、无刺激的润肤剂，如舒敏化妆系列产品来改善皮肤的干燥和紧绷感。

2. 双手掌轻轻拍打面部，以减轻局部的瘙痒感。

3. 切勿上下摩擦，千万不要用手挤压脸上那些小疙瘩，不要去撕脱片状的脱屑，否则只会加重皮肤损伤，导致皮肤病迁延不愈。

洗脸工具：毛巾、海绵足矣

多数人用手来做清洁工具就足够了，但前提是手部要清洁卫生。毛巾也是很好的清洁工具，但是要定期消毒，如果很少晾晒、长期不见阳光又总是保持在湿润状态，那么细菌真菌也会繁殖增加，这样很容易使皮肤发生问题。洗面海绵清洁能力较前两者强，它比较柔软，不太会伤到皮肤，加之又多孔有摩擦力，特别适合去黑头、轻度去角质。而现在市面上价钱较高的洗脸刷，其清洁能力更强，要注意过度清洁的问题。需要强清洁作用的，比如角质层较厚者、油性皮肤者、浓妆需要卸妆者，建议一周使用 2 次或者更少。而敏感肌者因为皮肤屏障已经受损，此类强清洁类用品还是少用或者不用为好。

面子清洁问题解决了，我们再来谈谈全身的清洁问题，也就是洗澡。其实，洗澡和洗脸、洗手道理都是一样的。夏天，因为天气热、出汗多，每天一次在所难免，但很多爱干净的人，冬天也是每天一次，沐浴液用的也不少，其实大可不

必。**冬天洗澡，一周两次即可，40～50 岁以上的人群不需要每次都用沐浴露，洗后要全身涂抹润肤剂。**

门诊常常见到很多"冬季瘙痒症"的患者，一到秋冬天就全身皮肤瘙痒、干燥、脱屑，一问病史，这类患者常常有一个典型的特点，就是洗澡太勤。秋冬季，我们皮肤油脂分泌本来就减少，如果再每天热水＋沐浴露淋浴，往往导致皮肤皮脂膜和水分丢失更多，特别容易发生瘙痒症及乏脂性湿疹等。对于这类患者，我们需要千叮万嘱：天冷季节少洗点澡，还要在浴后趁身体微湿包含水分时，立即搽用保湿滋润的身体乳液。对于那些皮肤干燥、脱屑、瘙痒的老年人我还开处方嘱其用医院里的开塞露加入大盆温水中，最后从头到脚浇下来，并让这种带"甘油"的水滴在皮肤上自然收干，对干燥、瘙痒的皮肤疗效很不错。

第 2 节　补——水、乳、霜，还是面膜、精华液？

补水，是一个很重要，同时也是一个最基础的美容概念。它是指通过一些方法，比如通过使用保养品或饮食调节等手段来维持身体水分和肌肤含水量，尤其是面部肌肤表皮层的含水量。现今环境污染、温度变化、精神压力以及年龄增长

带来的皮肤衰老和新陈代谢变缓都会造成皮肤水分的流失，导致皮肤缺水，出现皮肤粗糙、黯淡、皱纹和色斑等一系列肌肤问题。所以，皮肤美容重要的一步就是补水，在保养的过程中，我们需要与许多补水产品打交道，那么对于五花八门、分类繁多的各式产品，大家又了解多少呢？现在我们就来细数各种类型的补水产品吧。

化妆水

化妆水是紧肤水、爽肤水和柔肤水的统称。它们都具有补充水分、清洁、保护皮肤屏障、平衡皮肤酸碱性的功效，三者都是强力补水武器，但侧重点有所不同。

化妆水

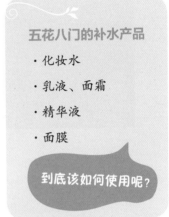

五花八门的补水产品

· 化妆水

· 乳液、面霜

· 精华液

· 面膜

到底该如何使用呢？

紧肤水：细致毛孔，有效平衡油脂分泌，更加适用于油性皮肤；

爽肤水：清爽、不油腻，更加适用于中性皮肤，也可以在炎热的夏季使用；

柔肤水：相较另外两种"水"更滋润，更加适用于干性皮肤，也适合在干燥缺水的冬季使用。

乳液、面霜

乳液和面霜具有强大的锁水功能，同时含有多种营养因子，是滋润与营养肌肤不可或缺的保养品。那么乳剂和霜剂是如何区分，又有什么作用呢？从专业角度来说，油和水在乳化剂作用下，根据含油和水比例的不同，形成水包油型（乳剂）和油包水型（霜剂），从字面意义上理解，就是：前者含水多，后者含油多。

1. 乳液

乳液最大的特点就是含水量高，可以瞬间滋润肌肤，为干燥肌肤补充水分。它可以为皮肤构建一层水润的皮脂膜防止水分流失，起到极佳的保湿效果。因此，与单纯补水型的化妆水相比，乳液更起到了保湿的作用，更适合在干燥季节使用。

乳液

面霜

2. 面霜

面霜可分为日霜与晚霜，本质上与乳液区别不大，霜体的形态变化只是一个工艺问题。**日霜**一般具有保湿、修护、抗皱、紧肤等特点，但是与晚霜最大的区别还在于大部分日霜产品具有防紫外线和隔离的作用，所以适合白天出门前使用。**晚霜**由于是针对夜晚睡眠时的肌肤状态所设计，所以滋养度比日霜高，能迅速修护疲惫肌肤，营养成分被肌肤充分吸收，让柔细、滑嫩感的年轻肌肤重新回归。

3. 乳液与面霜应该怎么选择呢？

应该根据季节、肤质选择，切勿盲目跟风。

（1）乳液比较轻盈，质地比较清爽，皮肤感触时不是很黏，保湿效果一般，但适合夏天或者中性、混合性和油性肤质使用。

（2）面霜质地一般比较厚重、滋润效果非常显著，更有利于锁水保湿，适合干燥的秋冬季节使用或者干性、中性皮肤使用。

精华液

与面霜、乳液相比，精华液的分子结构更小，浓度更高，作用层面更深，是在皮肤的真皮层发挥功能，所以两者是不能相互替代的，另外，精华液不能单独使用，必须配合化妆水、乳液、晚霜等产品使用。

精华液是浓缩的高营养物质，有微量元素、胶原蛋白、血清等，分子非常小，能深入到真皮层，有防衰老、抗皱、保湿、美白、去斑等作用，功效强大、效果显著，所以，精华液一直以其神奇的功效与昂贵的价格著称。冬季，肌肤含水量明显降低，自身流失与干燥空气带走的水分让肌肤倍感缺水，保湿精华的使用会使肌肤缺水症状得到有效缓解。

精华液

面膜

面膜基本可以分为四种：面贴型、冻胶型、泥膏型、撕拉型。

面贴型（即最常见的面膜）、冻胶型（如睡眠面膜）面膜，就是利用医学上常用的封包疗法，其覆盖在脸部的短暂时间，暂时隔离外界的空气与污染，使得局部形成一个密封环境，提高面部温度，使得皮肤的毛孔扩张，促进汗腺分泌与新陈代谢，使

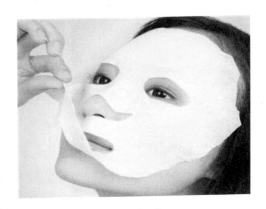

面贴型面膜

皮肤的含氧量上升，有利于排除表皮细胞新陈代谢的产物和累积的油脂类物质，同时面膜中的大量水分渗入表皮的角质层，角质层处于高度水合状态，皮肤渗透性增强，从而促进面膜中的其他有效成分吸收。面贴型面膜每周建议使用2～3次，过多使用面膜会使皮肤补水过度、角质层中的油分丢失，角质细胞间的连接松散，甚至让你变为敏感受损肌肤。

泥膏型、撕拉型面膜是以清洁为主要功能的面膜。泥膏型面膜中常常加入了物理粉体，其可以增强吸油作用而起到清洁效果；撕拉型面膜则是通过在皮肤表

胶冻型面膜

泥膏型面膜

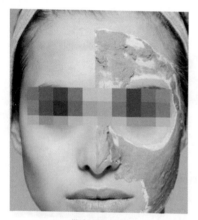

撕拉型面膜

面形成胶膜，在撕掉时黏取附着在皮肤表面的脏物、无活性的角质细胞从而达到清洁的效果。撕拉型面膜建议较少使用，需要使用者1～4周用一次即可。如用膏状面膜，敏感肌肤最好选用油包水型，可有效防护面膜中的刺激原，敷完面膜后还需保湿锁水。

做面膜之前应当做好清洁，切忌每天敷或者敷的时间过长。当然，如果是特殊情况下救急，任何时候都可以使用，比如晒伤后及时修复，激光光子、水光、微针的治疗之后，都可以增加面膜的使用频率，以促进创面修复，此时建议使用专业的医用级面膜，安全有效。

补水常见的几个误区

误区一：补水就是保湿

补水和保湿其实不是同一概念。补水是提高角质层细胞含水量，直接补充肌肤角质层所需的水分，从而改善肌肤细胞的微循环，使肌肤变得滋润。而保湿则是锁住肌肤的水分，防止肌肤水分流失，无法根本解决肌肤缺水问题。所以，对待干燥缺水的肌肤仅仅保湿是不够的，我们要做的是先补水、再保湿，保证"入大于出"才是真正的补水之道。

许多女性因为偷懒，只使用化妆水或面霜其中的一种，殊不知两者缺一不可。在这里化妆水主要功效为补水，面霜则是起到保湿的作用。很多人皮肤出现干燥、脱屑、紧绷就认为皮肤缺水，所以每天强力补水，甚至天天做面膜。其实皮肤出现这样的状况是因为皮肤屏障受损，皮肤的天然保湿成分流失，导致水分流失过快。这时候只要适当的补水，同时用一些含有油分的、具有修复作用的产品进行修复保湿，肌肤缺水问题就能很快得到解决。

误区二：油性皮肤不需要补水

油性皮肤常常被贴上油脂分泌旺盛、油光满面、毛孔粗大等标签，有些人认为油性皮肤不需要补水。其实不然，面部肌肤大量出油，很大一部分原因是由于皮肤没有达到完美的水油平衡状态。油性皮肤缺水，往往会不停地分泌油脂来"锁水"，若油脂分泌过于旺盛，水分的流失也是相当严重的，更需要补水。油性皮肤同样缺水，坚持定期给肌肤做深层高效补水保湿，让细胞"喝足"水分达到完美水油平衡状态。

误区三：面膜天天敷，每天敷到干

面膜能够迅速补充肌肤水分，可以说是补水的一把"利器"。它可以满足基础护肤品提供不了的营养要求，在短时间内激发肌肤的最大活力。但是面膜不是用的越多越好，每天敷面膜会造成肌肤负担，反而容易使肌肤变得敏感、脆弱。面膜时间通常为 20 分钟左右即可，千万别贪心认为面膜上的精华还没干，想多吸收一会，或者敷面膜直接入睡。敷的时间过长，皮肤不仅不能吸收面膜中的养分，反而会使已经干涸的面膜"倒打一耙"——重新反吸收肌肤原有的水分，令皮肤又变得干燥起来。

误区四：夏天不需要补水

夏季肌肤比较油腻，很多女性认为夏季不需要补水，或者只是选用一些喷雾来做基础护理。其实这远远不够，因为随着年龄的增长，肌肤会开始老化，锁水功能会逐渐减弱，所以不仅仅在冬天，夏季时补水保湿也相当重要。

补水的诀窍

·先补水、再保湿，才是真正的补水之道

·油性皮肤更需要补水

·敷面膜时间需适当控制，过度会造成反吸收肌肤水分

·夏天也需要补水

补水，你需要知道

1. 早晨补水很重要　很多人只在晚上做补水工作，其实最好的补水时间是在清晨。因为人在睡眠期间，皮肤会蒸发掉约 200 毫升水分，早上起床时肌肤处于生理缺水的状态，此时做补水工作是最好的。洁面之前可以涂一层保湿乳液，这样更有利于肌肤的活跃，也更容易被唤醒和充分调动，以等待下一步更好地吸收养分。

2. 爽肤水的正确打开方式　"啪啪啪啪"，我常常听到有人这样暴力地把爽肤水往脸上拍，拍打真能帮助肌肤吸收吗？

很遗憾地告诉你，不能，这些都是你在想当然。

我们的皮肤表面是亲脂性的，而爽肤水是亲水性的，不易被皮肤吸收，即使拍打得再重，也不会有太多助益，就像油和水是不相容的，无论我们再怎么用力搅拌，油最后还是会浮在水面上。此外，如果手不够干净的话，还会造成二次污染。

我们使用爽肤水的目的是让皮肤表面充满水分，不至于因空气干燥导致皮肤水分过多丢失。那么，爽肤水的正确使用方式是什么呢？

（1）用足够量的爽肤水浸润化妆棉，确保正反两面都充分浸润；

（2）以轻轻拍打的方式让爽肤水渗进皮肤；

（3）想把鼻翼等边角地带照顾到，化妆棉显然比手指更好控制；

（4）用双手包覆脸部，确保爽肤水被吸收而不是被蒸发；

（5）涂抹乳液则由脸部易干燥的脸颊或眼睛四周开始涂抹，沿肌肉走向轻轻抹开。

3. 细胞最爱美容觉　夜晚是肌肤新陈代谢的最佳时段，此时皮肤血管完全开放，血液可充分到达皮肤。皮肤在血液的供应下，进行自身的修复和新生，能起到预防和延缓衰老的作用，所以说睡觉是最好的美容灵药绝不为过！在睡觉前，使用霜状的保湿产品或是深层保湿产品，再配合一些保湿按摩产品，那就更完美了！

4. 多饮水，吃补水的水果　要想拥有水嫩健康肌肤，饮食也是需要特别注意的。多喝水质好的温凉开水，减少饮料，特别是碳酸型饮料的摄入。现代人为求方便和口感吃许多脱水加工的食物或者添加各种食品添加剂的饮料。殊不知，这些食物、饮料的摄入可直接影响水分的吸收，使机体渐渐处于缺水状态。久而久之，皮肤失去光泽，缺乏弹性。另外，在平时的生活中，应注意偏向性地多摄入对皮肤有营养的食物。猕猴桃富含维生素C，早晚各吃一个猕猴桃还可促进血液循环，为皮肤输送营养提供帮助。另外，维生素A可使皮肤富有弹性，延缓松弛，动物肝脏、乳制品类含有大量维生素A，所以平时多摄入动物肝脏和牛奶也对皮肤保养很有帮助。

第3节　促——让水分更容易吸收的小窍门

本书的第一章第4节里就提到了皮肤的吸收功能，所以本节里说的"促"，实际上就是促进护肤品的"透皮吸收"。也就是让护肤品通过皮肤的层层阻碍，最终被我们的皮肤吸收，到达各种有效成分作用的靶位，从而物尽其用。我们知道，皮肤主要通过三种途径进行吸收：①角质层（主要途径）；②毛囊皮脂腺；③汗管口。完整的皮肤只吸收很少量的水分，主要透过角质层细胞胞膜进入体内。我们也知道了影响皮肤吸收的因素，因此，我们应该从以下几方面入手来促进皮肤水分吸收，使其得到充分的利用：①增强角质层细胞的通透性；②增强角质层的水合程度；③选择适当的补水剂型；④提高皮肤表面温度；⑤提高环境湿度；⑥使皮肤保持充血状态。以下，我们就从具体的措施上来说明如何通过上述途径促进水分吸收。

洁面，促进水分吸收的前提

只有把肌肤表层的油污、皮脂和老化的角质除去后，扫除表层水分吸收阻碍物，肌肤才能在有限的时间内充分地"喝饱水"，变得水水润润，保证每天早晚洗脸的同时，每月一次的去角质也是促进水分吸收的必杀技，但是去角质过于频繁会破坏皮肤天然屏障，得不偿失。除此之外，洁面时水温控制也是至关重要的，环境温度升高可使皮肤血管扩张、血流速度增加，加快已透入组织内的物质弥散，从而使皮肤吸收能力提高。表皮温度每提升 1℃，护肤品的吸收率就提高 3～4 倍。但是水温过高又会破坏皮肤屏障，因此，水温保持在 34～38℃比较合适，既能保证皮肤不容易受损，同时更有助于毛孔的打开，促进营养成分的吸收。

蒸脸，面部保养的一个重要手段

蒸脸不仅可以加速皮肤内的血液循环，增强肌肤的新陈代谢，也能通过适当的高温舒畅毛孔，吸收大量水分子。当皮肤充血、血流增速时，经过表皮到真皮的物质很快即被移去，所以皮肤表面与深层之间的物质浓度差大，物质易于透入。值得注意的是，蒸脸时间长短和频度的掌握对蒸脸效果非常关键，一般 10～15 分钟即可，每周一次也是最适宜的周期。

正确涂抹和按摩

正确的手势和方法，可以使补水事半功倍，首先两颊的肌肤要采用提拉的方式涂抹，因为毛孔生长的方向是向下的，所以由下往上的手势更容易促进水分的吸收；接下来将保湿型化妆水配合化妆棉一起使用，从太阳穴至鼻翼两侧来回按压，帮助吸收。此外，按摩也是提高护肤品吸收最好的办法之一，可以提升表皮温度、使皮肤充血。

选择适当的补水剂型

剂型对物质吸收有明显影响，不同剂型的同种物质，使皮肤的吸收率差距加大，如粉剂和水溶液中的药物很难吸收，霜剂可被少量吸收，软膏和硬膏可促进吸收。因此，为了更多地补充水分，我们可以根据环境和自身皮肤特质选择霜剂、膏状化妆品来补水。

如何促进面膜液的吸收

皮肤在使用面膜的过程中渗透性增高，外界物质更容易渗入皮肤内部。皮肤角质层的水合程度越高，皮肤的吸收能力就越强。面膜就是利用了封包原理，阻止局部汗液和水分的蒸发，从而提高了角质层的水合程度。因此，同样多的水分通过面膜封包的方法比单纯抹在脸上的吸收系数高约 100 倍。

1. 热敷按摩促吸收：冬天可以将面膜未拆封前先放在温水里浸泡一段时间，然后敷在脸上，不仅不会感到冰凉，同时由于其温度升高，也进一步促进了面膜液的吸收。也可先以热毛巾湿敷在脸部 3 分钟，然后在面部各处按摩 3 ~ 5 分钟，促进血液循环，以利于面膜营养成分的吸收。

2. 在空调房间内敷面膜时，为了防止片状面膜中的水分精华蒸发，在面膜上覆盖一层保鲜膜可以有效地牢牢锁住面膜中的精华，使其乖乖地跑进肌肤里层，但切记时间不宜过长，肌肤也是要呼吸新鲜空气的。

3. 在使用涂抹式面膜时为了保证补水效果，我们常常会将其适当涂抹得厚一点；而按摩膏类的面膜需配合正确合理的按摩手法才能达到补水目的。

4. 除了上述所讲的注意事项外，合理正确地把握敷面膜的时长也是非常关键的。多数面膜的使用时间在 15 ~ 20 分钟，切忌使用过长时间。长时间的封包作用会形成过度水合，使皮肤屏障结构变得松散、脆弱，同时多数面膜在体温加热下会逐渐变干，变干后面膜纸相对于皮肤成为高渗透压环境，会使得皮肤中的水分反过来进入面膜中。

举个简单的例子，如果将手长时间浸泡在水中，手部皮肤会粗糙出现皱褶，长此以往，手部不再细腻光滑。敏感性肌肤更应当减少敷面膜的时间，因为面膜的封包作用下使得吸收效率大大增强，可能导致面膜中的防腐剂、香精等对肌肤的刺激增强。

第4节　导——水光注射和纳米微晶片技术

水光注射是在微电脑的控制下利用特制注射工具通过负压系统将皮肤吸起，准确无误地在真皮层 0.8 ~ 1.5mm 深度下补充肌肤所需营养物如小分子的透明质酸和其他活性营养成分（肉毒杆菌毒素、维生素类、氨甲环酸、谷胱甘肽等）等，能够达到补充水分、减轻皱纹、紧肤提升、淡化色斑、缩小毛孔、平衡油脂分泌等效果，效果快而持久。

人的皮肤就好比一块奶油蛋糕，真皮如同蛋糕胚，而表皮就是最上面的一层奶油。真皮主要包括各种纤维以及纤维之间的基质。透明质酸就是真皮中含量最多的基质之一，约为 15g，可以锁住大于自身体积 500 倍以上的水分，若真皮基质中的透明质酸减少，皮肤的保水功能减弱，就会使皮肤变得干燥、无光泽、弹性降低、出现皱纹等。

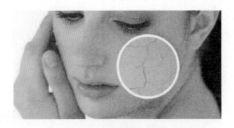
皮肤干燥、无光泽

水光注射

此时，若能合理地应用透明质酸，可以使肌肤重新水润起来。但是，普通涂抹润肤品仅能吸收 0.3%，只能给予皮肤上部的角质部分微量的水分保养，无法深层供给肌肤水分。

水光针安全吗？

我们的皮肤中本身就存在透明质酸，从这一点可以说明玻尿酸的安全性很高，具有无免疫反应产生、可被生物体分解吸收的优点，当然具体还要取决于所选用的产品优劣。水光注射用的是全世界最细的针头，31g 针头，针越细，入针就

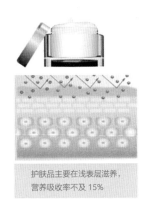

护肤品主要在浅表层滋养，营养吸收率不及 15%

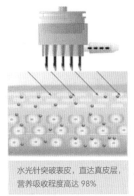

水光针突破表皮，直达真皮层，营养吸收程度高达 98%

越不痛，刺痛感是可以忍受的，可以全脸操作。做完之后部分人脸上会微微渗出血，先敷面膜，然后涂抹消炎修复的产品，3 ~ 7 天左右就可恢复到较好的状态。

水光针有什么作用？

作用	注射成分
补水保湿、淡化细纹	玻尿酸
收缩毛孔、改善细纹	玻尿酸 + 肉毒杆菌毒素
美白祛斑、提亮肤色	玻尿酸 + 氨甲环酸 + 维生素 C + 谷胱甘肽等
嫩肤紧致、年轻化	玻尿酸 + 高浓度血小板血浆（prp）

1. 补水保湿、淡化细纹 玻尿酸平铺于面部，相当于在真皮层敷了一张高效补水面膜，有效改善皮肤干燥、细纹等问题。一般来说，1 个月注射一次玻尿酸，3 次后就会有比较明显的效果，可以维持 1 年左右。

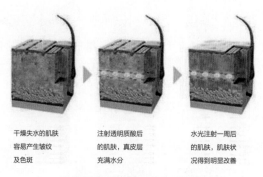

干燥失水的肌肤　　注射透明质酸后　　水光注射一周后
容易产生皱纹　　　的肌肤，真皮层　　的肌肤，肌肤状
及色斑　　　　　　充满水分　　　　　况得到明显改善

注射透明质酸前后的皮肤状态

2. 控油缩毛孔　在注射玻尿酸的同时加入肉毒杆菌毒素（俗称"肉毒素"），则可以在玻尿酸补水的基础上增加肉毒素的作用，能够有效收缩毛孔、改善细纹、控制皮脂分泌，使皮肤更加细腻紧致。

3. 美白祛斑、提亮肤色　水光针里加入氨甲环酸、谷胱甘肽等，还能有效改善暗黄肤色，有显著的美白、祛斑作用。

4. 嫩肤紧致、年轻化　水光注射还可以刺激皮下胶原蛋白新生，促进局部血液循环，达到自然紧肤提升的功效。此外，还可以加入高浓度血小板血浆（prp），即 platelet（血小板）、rich（丰富）、plasma（血浆），是指有丰富的生长因子，能够诱导皮肤产生更多的胶原蛋白，从而更深层次地帮助皮肤实现年轻化，达到美白嫩肤的目的。

适宜人群

水光治疗是面部基础补水治疗的高端项目，适用人群广泛。除面部大面积存在感染的顾客外，均可进行治疗。皮肤健康人群中，水光针更适合皮肤干燥、暗黄、水油失衡的人群。但所加成分质量的优劣及皮肤原有屏障的好坏将对终期治疗效果有重要影响，提示操作者与受术者双方要相互配合。切忌发生医美安全隐患之事。

注射后管理：

1. 注射后会有红肿、皮丘等现象，一般会在 2～3 天内消失。

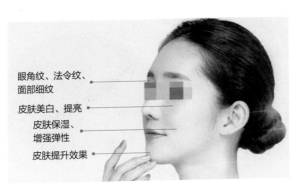

眼角纹、法令纹、
面部细纹

皮肤美白、提亮

皮肤保湿、
增强弹性

皮肤提升效果

面部注射部位图

2. 注射当天不可进行其他手术，如需进行应提前咨询。

3. 注射后 12 小时后再洗脸，洗脸时要轻柔。

4. 近期内尽量避免桑拿、运动等出汗发热的活动（根据年龄不同时间为 3 ～ 5 天），特别是皮肤免疫有缺陷的患者（如糖尿病体癣、单纯疱疹、湿疹等）一周要避免此类运动。

5. 吸烟、饮酒等会影响治疗效果。

6. 治疗后第三天建议化淡妆，第五天可以正常化妆。

7. 使用术后专用护肤品，可以提高注射效果。

8. 治疗后避免强光照射，做好防晒工作。

纳米微晶片技术

与水光针的导入不同，纳米微晶片技术是利用纳米微晶片材料的一种透皮给药技术，是根据人体皮肤结构开发的纳米级导入专用工具：其针尖触点小于 80nm（相当于头发丝直径的千分之一）、高度 120 ～ 500μm 等多个规格，确保其能够穿透皮肤最坚韧的表面角质层，有效打开皮肤渗透通道，使营养成分的吸收提高 10 ～ 20 倍。更重要的是，小于 200μm 的针尖不会接触到真皮层和丰富的皮下神经，一般不会产生痛感和创伤，而且通道 20 分钟就会关闭，所以皮肤表面完全不留痕迹，非常安全。

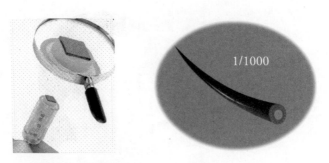

纳米微晶片：其针尖触点小于 80nm，相当于头发丝直径的千分之一

目前，纳米微晶片配合氨甲环酸治疗黄褐斑、纳米微晶片导入生长因子治疗脱发及纳米微晶片术等已得到了广泛应用。

自 2014 年 5 月以来，我们团队将纳米微晶片促渗技术应用于皮肤科多种疾病及美容操作，获得了事半功倍的效果，同时其安全性也毋庸置疑。

1. 用纳米微晶片促进外涂麻药的作用，增快麻药的起效时间，为减轻患者激光术中的疼痛提高了工作效率。

2. 利用纳米微晶片导入谷胱甘肽及左旋维生素 C 对色素增加性疾病，如黄褐斑及激光术后色素沉着等。

3. 纳米微晶片导入玻尿酸或透明质酸，用于面部补水及日常养护，可使皮肤水润、有光泽。

4. 纳米微晶片导入生长因子及胶原蛋白，减轻皮肤皱纹、抗衰老。

5. 纳米微晶片导入治疗痤疮。

第 5 节　保——如何保住肌肤水分

护理产品成分在皮肤保湿中各司其职

通常我们选择皮肤护理产品往往在意的是价格和品牌，而并没有真正意义上去了解甚至关注所包含的成分。作为保湿类产品，现阶段光看前几位的主要成分

已经不足以体现产品的优越性，事实上整体配方能够大幅度影响最终效果。这就是为什么透明质酸原液并不能让干燥的皮肤水润饱满起来的原因。接下来就让我们来看一下保湿类护肤品中常见成分以及它们各自的保湿功效。

《中国皮肤清洁指南》中指出：修复皮肤屏障的保湿护肤品应具备以下 3 种基本原料：①吸湿剂原料包括甘油、尿素等，能够从环境中吸收水分，补充从角质层散发丢失的水分。②封闭剂原料如凡士林、牛油果油等，能在皮肤表面形成疏水性的薄层油膜，有加固皮肤屏障的作用。③添加与表皮、真皮成分相同或相似的"仿生"原料，具有修复皮肤屏障的作用，如天然保湿因子、青刺果油、神经酰胺、透明质酸等。

吸湿剂	**从环境中吸收水分，补充角质层丢失的水分**，如甘油、尿素等
封闭剂	在皮肤表面形成疏水性的薄层油膜，加固皮肤屏障，如**凡士林、牛油果油**等
优质保湿剂	与表皮、真皮成分相同或相似的"仿生"原料，能修复皮肤屏障，如**天然保湿因子、青刺果油、神经酰胺、透明质酸**等

虽然都是保湿剂，但并不是各种都可以随意用，是根据不同肤质来选择的，各有利弊。

分类	代表	特点	缺点
防止水分蒸发的油脂保湿	凡士林、芦荟、牛油果油、脂肪酸	矿脂不被皮肤吸收，在皮肤上形成保湿屏障，使皮肤的水分不易蒸发散失	**过于油腻**，对于偏油性皮肤的年轻人则不适合，会阻塞毛孔而引起粉刺和痤疮等
吸取外界水分的吸湿保湿	甘油、尿素、丁二醇、山梨糖、丙二醇	具有自周围环境吸取水分的功能，因此在相对湿度高的条件下，对皮肤的保湿效果很好	但是在相对湿度很低，寒冷干燥、多风的气候，不但对皮肤没有好处，反而**会从皮肤内层吸取水分**，而使皮肤更干燥

续表

分类	代表	特点	缺点
结合水分作用的水分保湿	透明质酸、胶原质、弹力素	亲水性，会形成一个网状结构，将游离水结合在它的网内而不易蒸发散失，达到保湿效果	属于比较高级的保湿成分，不会从空气或周围环境吸取水分，也不会阻塞毛孔，亲水而不油腻，使用很清爽；适合各类肤质、各种气候

常见、有效的保湿成分

1. 甘油

在化妆品所有的成分中，排在保湿剂第一位的是甘油，是一种廉价而质优的保湿剂，绝大部分护肤品中都有添加。且甘油分子小，在水中溶解度较大，添加量可在 5% ~ 15% 之间。

作为多元醇类的一种，甘油具有从周围环境吸收水分的功能，但单纯使用甘油，其吸水的能力是相对有限的。单纯将甘油作为保湿的护肤品，只能保证在湿度相对高的条件下，效果尚可，而在湿度低的环境，比如寒冷的冬天或干燥多风的气候下，对肌肤不但不能起到保湿的作用，反而会从皮肤内层吸取水分，使皮肤更干燥。甘油与其他高分子型保湿剂共用时，可以让保湿效果更出色。目前稍微高档一些的保湿产品，都会使用复合保湿剂配方。

2. 透明质酸

之前我们已经介绍过透明质酸的强大保湿作用，其应用于皮肤表面后，吸水效果可逐渐超过角质层的水合度，在短时间里能让角质水分充盈。因此，应称其为"增湿剂"更确切，在保湿的同时又是良好的透皮吸收促进剂。

透明质酸的价格高，保湿性能好，算是面膜产品中必备的保湿成分了。

在湿度相对较低的环境中，外用透明质酸可以在肌肤表层形成薄膜进而从环境中吸收水分，将其锁在表皮上，少部分渗透入真皮的透明质酸，可以从真皮中吸收水分并上传至表皮，达到"由内而外"的保湿效果。

NMF （NMF）与皮肤自身保湿成分相同，吸湿性不等，但可调节皮肤酸碱值，维持角质层正常代谢。主要的成分有氨基酸（如精氨酸、谷氨酰胺、组氨酸、瓜氨酸）、吡咯烷酮羧酸、乳酸钠、尿素等。这些原料价格不算高，且亲肤性佳，在刺激反应上风险较低，多用于各种护肤品中。

补水之后最关键的一步即为锁水，油脂类保湿成分就扮演了这样的角色。皮肤干燥缺水，必须先想办法补充水源，使角质层维持在高水合状态。而保持高含水状态的最佳方式就是锁住这些容易流失的水分子。护肤品中的油脂成分可以有效地帮助锁住水分，担任"看管"的角色。我们熟知的凡士林本身无法被皮肤吸收，但会在皮肤上形成一道保湿屏障，使皮肤的水分不易蒸发散失，也不易被冲洗或抹掉，因此有较好的保湿效果。

保湿，你需要知道

1. 洁面也需要选择一款具有保湿成分的产品　选择一款具有补水保湿作用功能的产品进行皮肤清洁能为后续的工作起到事半功倍的作用。例如，含有胶原蛋白的洗面奶能促进皮肤新陈代谢的同时，还为皮肤增加一层保护屏障，防止脸部表皮水分的丢失和外界的污染物大量渗入，从而保护了娇嫩的皮肤不受有害因素侵袭。

2. 补水不能仅靠外搽水　有时皮肤外的水分在蒸发的同时，会将皮肤内水分带走，造成皮肤更为干燥。所以，用完水或者喷雾后，千万别忘了要擦乳液和面霜以保住皮肤内水分。

3. 乳液和面霜具有强大的锁水功能，可以瞬间滋润肌肤　它可以为皮肤构建一层水润的皮脂膜防止水分流失，达到保湿效果。尤其适合秋冬干燥季节使用。

保湿的诀窍

· 洁面时也要注意保湿

· 补水时要兼顾保湿

· 涂抹护肤品要趁皮肤滋润时进行

4. 涂抹日、晚霜要趁皮肤滋润未干时 这样做在夏季 ~~保~~ 湿度，秋冬季可用高油脂的保湿产品，尤其是干性皮肤，~~性皮肤可~~ 控油保湿型。

第 6 节　如何选择护肤品

买护肤品之前，先要读读成分表

根据国家质量检验检疫总局和国家标准化管理委员会发布的《消费品使用说明化妆品通用标签》的规定，从 2010 年 6 月 17 日起，所有在中国境内生产和进口报检的化妆品都需要在产品包装上明确标注产品配方中使用的**所有成分**的名称。当我们皮肤科专家每次参加国家 FDA 评审化妆品时，就是需要同许多化妆品领域相关的专家一道，对每个申报的化妆品逐字逐项审核包装标签上的功效成分及其配方等。

关于成分表，你需要知道

1. 排位越靠前，表明这个成分在该化妆品中占的比重越大

解读护肤品成分表

· 如何看出起主要作用的成分？

· 防腐剂和酒精有那么可怕吗？

· 一些陌生的成分都有哪些作用？

听骆丹教授给您娓娓道来……

全成分标识的成分表中，成分名称是按照加入量由多到少排列的。例如，水是化妆品中最常使用的媒介，在许多情况下是含量最多的成分，所以它一般在成分列表的第一位。其他常用溶剂如乙醇（酒精）、甘油、丁二醇等，也排在较前位置，它们的作用除了基本的保湿以外，更多的作用是帮助溶解化妆品中的有效成分。

很多人看到护肤品成分表中带有

"乙醇"（即酒精）二字就会从心理上抵触。但其实酒精是一种常用的溶剂，一些不溶于水的成分必须借助酒精才能充分溶解，只要浓度适中，酒精并不会对肌肤造成刺激，还可以收敛炎症，提升保养品的渗透效果。当然，敏感肌肤、对酒精过敏的人要慎用。

2. 两个重要的"参照物"——防腐剂和胶质成分

防腐剂（苯氧乙醇、山梨酸钾、羟苯甲酯、多元醇类等）和胶质成分（卡波姆、黄原胶等）在配方中的浓度绝对不会超过 1%，也就是说，如果排在这些成分之后，那么其作用基本可以忽略，对肌肤的改善效果微乎其微。

3. 防腐剂是避免不了的

由于化妆品中水含量非常多，其原料如油脂、氨基酸等容易受微生物污染，尤其是面膜对生产环境的要求非常高，因此，化妆品几乎无法完全不使用防腐剂。根据《化妆品卫生规范》规定，有 56 种防腐剂用于化妆品是安全的；另一些防腐剂可能存在安全隐患，但在法规规定的使用浓度下，经多年事实证明也是很安全的。

4. 香精、香料 统一以香精标注在全成分表中，色素则以着色剂的编号或者中文名称标注。

5. 保湿类 透明质酸、甘油、丁二醇、神经酰胺、牛油果树、矿油、尿囊素、矿物元素等。

6. 美白类 维生素 C 及其衍生物、烟酰胺、曲酸、氨甲环酸、光果甘草提取物、熊果苷等。

7. 防晒类 《化妆品卫生规范》规定中，限用 28 种防晒成分。这些成分是为滤除某些紫外线所带来的有害作用而在防晒化妆品中加入的物质。这些防晒剂在规范规定的限量和使用条件下，能起到防护紫外线辐射的作用。一些比较容易引起过敏问题的成分需要在标签中标识出来，比如含有二苯酮 -3 的防晒产品，需要明确标出"含二苯酮 -3"，方便对这种成分敏感的消费者选择。

8. 抗衰老 视黄醇及其衍生物、烟酰胺、胜肽、氨基酸肽、玻色因、神经酰胺、大豆异黄酮、酚类等。

9. 祛痘类　羟基酸、水杨酸、辛酰水杨酸、过氧苯甲酰、杜鹃花酸、葡萄糖酸辛、烟酰胺等。

10. 舒缓镇静类　积雪草苷、神经酰胺、没药醇、卵磷脂、牛油果油、洋甘菊提取物、芦荟汁、甾醇等。

11. 质地浓稠不代表营养丰富　面膜液浓稠并不能和高营养画等号，很多时候是因添加胶质才实现的视觉假象，如卡波姆、黄原胶、羟乙基纤维素、丙烯酸（酯）类等，这些成分能营造比较浓郁的质地外观和清爽的使用感，但事实上对肌肤无益也无害。

越贵的化妆品越好吗？

下表是某化妆品公司对外公布的 2014 年度财务报表。

	2013		2014	
	€m	%sales	€m	%sales
Sales 销售额	**22,124.2**	**100%**	**22,532.0**	**100%**
Cost of sales 销售成本	*-6,379.4*	*28.8%*	*-6,500.7*	*28.9%*
Gross profit 毛利	**15,744.8**	**71.2%**	**16,031.3**	**71.1%**
R&D expenses 研发费用	*-748.3*	*3.4%*	*-760.6*	*3.4%*
Advertising and promotion expenses 广告与推广费用	*-6,621.7*	*29.9%*	*-6,558.9*	*29.1%*
Selling, general and administrative expenses 管理及行政费用	*-4,614.4*	*20.9%*	*-4,821.1*	*21.4%*
Operating profit	**3,760.4**	**17.0%**	**3,890.7**	**17.3%**

剖析一下这个表我们不难看出：该产品最多的钱花在了广告与推广费用，达到了 29.1%，行政等管理费用 21.4%，这 2 项加起来就占据了 50.5% 的费用。也就是说，**你购买某种化妆品付出的钱，有一半都被公司用来请明星代言做广告了！**

研发费用是 3.4%，这已经是非常高的研发投入了，国内没有几家化妆品公司能超过这个投入比率。研发费用也就是公司的技术投入，很多产品宣称含有高技术与新成分，这些相当于我们研究部门的实验室工作一样，但我们这些经常做实验的人很清楚，实验设备、高新技术是需要耗费巨大资金的，而新技术、新产品的研发整个流程复杂、精细，周期长，更需要大量的资金、人力和精力的投入，非一朝一夕便可实现。这个研发工程可比请一个明星来说一句或者在时尚杂志上露个脸要烦琐上数十倍。如果急于求成、想短期实现利益获取，简单快速又有效的方法就是把相同的钱用于商业广告，而这，也正是上表所反映的。

销售成本占据了 28.9%，这里的销售成本包括了产品中的原料、包材、生产制造、物流运输等费用。而与最终消费者有关的只有包材和化妆品的原料，除去生产和物流费用，原材料这一部分成本在销售成本中占的费用就更低了。

因此，消费者们可以初步得出结论：**决定化妆品价格的不是产品本身的价格，而是产品品牌本身。决定护肤效果的不是化妆品价格的高低，而是功效成分及其所用的配方技术，以及产品与你本人的皮肤，加之与环境的匹配程度高低有关。**

"天然""草本""无添加"只是个噱头

"天然"表示主要是来源天然，来源于植物或动物等，并不简单代表没有人为的化学或者发酵反应。"合成"产品按定义是人为处理过的，因此是能严格控制的，更少受到它们成分变化的影响。我们常常会有一种偏见认为化学合成品是有害或是不好的，**其实天然和合成的成分都有可能具有安全隐患问题。产品的安全性还取决于其使用的量和方式。**

很多水果和蔬菜中都含有某些低剂量但在高剂量的时候能致癌的物质。为什么我们经常吃这些食物仍然是安全的，甚至是健康的呢？正是因为使用的量和方式，而不是由是否天然或合成决定的。并且有些合成的成分和一些天然成分化学结构类似或者相同，使用合成成分还更有利于对动物和植物的保护。

如何选择护肤品

选择护肤品，应以维护好皮肤屏障功能为基础，我国复旦大学一位学者对 160 例健康人皮肤屏障功能测定结果提示：①年轻人宜选用脂质较少的护肤品，40 岁以后宜选用富含脂质的护肤品，50 岁以后的皮肤更需要保湿；②中老年人和女性的皮肤相对偏碱，会妨碍皮肤屏障功能的恢复，注意皮肤弱酸性 pH 值的维持；③男女皮肤屏障功能存在差异，宜选用不同的护肤品；④皮肤在冬天较为干燥，表现为低含水量、高经皮水分丢失量、低皮脂和高 pH 值，而在夏天好转，故冬天应更加注意保湿，选用含脂质较高的护肤品，夏季时选用脂质较少的护肤品。

不同肤型，不同对待

无论是在校大学生，职场达人，还是全职太太，都在不停地寻找适合自己的护肤品，商家凭借其敏锐的嗅觉推陈出新，因此，我们总会在琳琅满目的护肤品中迷失，被其包装、成分、代言，还有各种促销活动所迷惑，而无从下手。其实，我们应首先了解自己肌肤的类型，再根据需要选择合适的护肤品。

1. 中性皮肤

皮肤特点：皮肤油脂及水分分泌均衡的弱酸性皮肤，毛孔细致，具有光泽，富有弹性。

护肤品的选择：应配合季节和环境，例如：寒冷多风时用较滋润的，潮湿炎热时用清爽些的护肤品。平常只要生活作息正常、睡眠充足、确实做好清洁工作及基本保养，足以保持皮肤的最佳状态。

2. 干性皮肤

皮肤特点：皮脂和汗分泌较少，毛孔细小而不明显，但易产生细小皱纹，毛细血管表浅易破裂，对外界刺激比较敏感，皮肤易生红斑。皮肤干燥、白皙，但缺少光泽。皮肤有类似脱屑的表现，较难化妆上粉底。

护肤品的选择：应用保湿、不含皂类的洁面品，用含滋润成分较多及保湿效果好的护肤品。

3. 油性皮肤

皮肤特点：皮脂分泌旺盛，分泌量大，毛孔粗大，皮肤粗糙，皮肤油腻光亮，尤其是前额、鼻、下巴的 T 区。但皮肤皱纹少，弹性较足。因毛孔粗大，易黏附灰尘和污物，易形成粉刺、痤疮。此类肌肤常见于青春发育期的人，对物理性、化学性及光线等因素刺激的耐受性强，不易产生过敏反应。

护肤品的选择：使用温和保湿的洗面奶；用收敛性较好的化妆水来收缩毛孔；使用清爽不油腻的护肤品。

4. 混合性皮肤

皮肤特点：中国大部分人都属于此类皮肤。混合性皮肤多见于 25 ~ 35 岁之间的人，随着压力、饮食习惯、年龄、环境的改变，一些以前是中性皮肤或油性皮肤的逐渐转变成混合性皮肤。其兼有油性皮肤和干性皮肤的特点，在面部 T 区（额、鼻、口、下颌）呈油性，其余部位呈干性。

护肤品选择：要针对不同部位进行不同的护理，选择不同的护肤品。可以用湿润的爽肤水来补充皮肤的水分，用含油较少的面膜和按摩霜来加速皮肤的新陈代谢。在干燥的季节里，整个脸部都要使用保湿乳液，尤其是两颊部位，可以着重涂抹。

5. 敏感性皮肤

皮肤特点：敏感性皮肤是一种皮肤高度不耐受的皮肤状态，易受到各种因素影响（包括季节与环境的变化）而产生刺痛、烧灼、紧绷、瘙痒等主观症状的多因素综合征，皮肤外观正常或伴有轻度的脱屑、红斑和干燥。

护肤品选择：应使用温和、无香料、无色素的医学护肤品，注意不要一次使用多个牌子的护肤品，不要经常更换皮肤已适应的产品，用一种新产品前可在不易敏感的局部先试用。例如：耳后、手臂内侧等。

敏感肌肤慎用：水杨酸、果酸、对氨基苯甲酸、较高浓度的维生素 C、维生素 A、烟酰胺都有可能引起肌肤不适，所以如果肌肤较为敏感，很容易因刺激而泛红、刺痛，那使用含有这些成分的保养品之前最好先在小面积肌肤区域内试用，确保肌肤耐受后再大面积涂抹。其中，对氨基苯甲酸是防晒剂的成分，敏感性肌肤可以用二氧化钛或是氧化锌成分的防晒品代替。

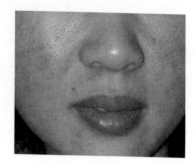

敏感性皮肤

什么是医学护肤品？

作为有 30 多年临床经验的皮肤科医生，我很希望看到能有辅助治疗皮肤病的护肤品问世。现在许多消费者，甚至部分医生并不懂得如何科学护肤。前面大篇幅提到的护肤品一般是指日用化学工业品，很多医生没有学习过相关知识，所以不敢推荐患者使用护肤品，平日只会以开外用药为主。而没有皮肤科临床医学背景的人听到医用护肤品的字眼时也是不敢贸然使用的。

"医学护肤品"是大众中比较流行的一种说法，这类护肤品在国外又称为功效性护肤品，是介于传统化妆品与药物之间的特殊化妆品，既有药品的辅助治疗作用，又有化妆品的各种优点，因此，我们又称之为"药妆"，分为清洁类、保湿类、舒缓类等多个种类，其中保湿类对修复皮肤屏障具有重要作用。其主要作用机制是增加皮肤角质层含水量及脂质成分，具有修复表皮、重建皮肤屏障及抗刺激、抗炎等功能。与普通护肤品相比，其具有**三个特点：更高的安全性、更明确的功效性**，以及经过多家临床医院对某些皮肤病进行过人体验证并证明了**有辅助治疗效果**。目前比较常用的药妆品牌多含有神经酰胺、人参皂苷、黄芩苷、天然保湿因子、烟酰胺、茶多酚提取物以及葡萄籽提取物等有效活性成分。

与传统化妆品相比，医学护肤品具有以下特点

1. 药物作用　药妆中一般含有天然成分如芦荟、马齿苋、洋甘菊、甘草提取物、α- 红没药醇、茶多酚等，对皮肤疾病具有一定的辅助治疗作用。

2. 针对性　药妆的配方是针对不同问题皮肤的发生机制而选择的活性成分，

以上列出的几种针对敏感肌肤的舒缓类成分中，芦荟具有抗炎、免疫刺激和组织愈合作用，马齿苋有"天然抗生素"之称，对金黄色葡萄球菌、大肠杆菌、病毒、真菌等都有抑制作用；还具有抗过敏、收缩皮肤毛细血管的作用；并且可以减少或消除自由基和过氧化脂质，缓解炎症因子、紫外线对皮肤细胞的损伤。

3. 安全性 药妆中不含有损害皮肤或导致皮肤过敏的物质，各种原料经过严格筛选，有效成分及安全性均经过实验和临床验证。

4. 专业性 药妆主要在药房出售，由皮肤科医生开具处方及药房专业人员针对个人皮肤状况推荐使用适合的产品。

炎症促进皮损的形成，引起皮肤屏障功能降低；而皮肤屏障功能障碍进一步导致炎症不易控制，形成恶性循环。此时，保湿类护肤品的应用对修复皮肤屏障、控制皮肤炎症具有重要的意义。

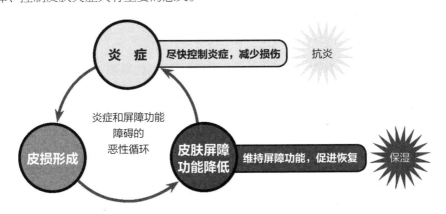

但需要注意的是：针对不同皮肤病，保湿类医用护肤品的使用方法有所不同。如处于慢性期的湿疹及特应性皮炎，我们单用保湿护肤品就可缓解干燥和瘙痒病情，但对顽固性或伴有明显皮肤损伤的患者，在保湿的基础上应积极给予药物治疗，待皮肤损伤控制后可考虑停止药物，继续用保湿护肤品以减少此类皮炎的复发。

综上所述，在选择护肤品之前，应评估自己的肌肤类型，根据类型再选择合适的护肤品。

第7节　DIY面膜能用吗？

DIY 面膜

不少人可能都算过这样一笔账，每周敷2～3次面膜，一个月大概10次，一年120次，一张面膜10块钱，那一年仅在面膜上花费的就要1200多块。如果想用更昂贵的面膜，再加上其他的护肤品、化妆品就要花费更多的钱。而且，再看看市面上的面膜里总有防腐剂、香精、表面活性剂、乳化剂、色素等，DIY面膜不是既经济又安全吗？

的确，生活中有相当多的素材都是美容圣品，这些东西都是天然环保、不含任何添加成分的，DIY面膜用以补水保湿，用得好有很好的美容效果，经济而又取材方便。比如最常见的黄瓜面膜可以达到保湿的效果，其提取物有抗氧化和美白作用，同时也在一定程度上对炎症有抑制作用，是自制面膜中不错的选择。

但是我们也要注意的是，**DIY面膜并不是绝对安全的**。

卫生问题不能保证

在我们所购买的面膜中，或多或少会含有防腐剂，其存在使得面膜在保存和使用过程中可以防止微生物的生长。如若自身皮肤屏障完整，加以正确使用，并不会对皮肤造成负担。而自制面膜大多是用一种或多种天然物质自己制成，虽然保证了成分的纯正，却往往很容易忽略"卫生"二字。任何含有水和营养的物质均是细菌滋生的良好环境。所以，蔬菜和水果通常会有细菌滋生的危险。不管是自身手部的清洁，还是材料中水果蔬菜的清洗消毒，又或者是制作面膜过程中容器的选用，都与自制面膜的安全、卫生息息相关。更有一些人可能因为贪图方便一次制作太多而将其存放后继续使用，更是不知道有多少细菌生长了。

成分不明易过敏

虽然自制面膜多是我们平常的食物或饮品，但不能排除皮肤对此过敏的现象发生。有时候我们发现酸奶过期，就选择用它做一次面膜，以为一能防止浪费，二能滋润脸部皮肤。其实，在过期的酸奶中含有大量功能衰弱的乳酸菌，虽然它作为消化食物的功能已经减弱，但是依旧可能成为皮肤的过敏原，一旦过敏，轻则局部红肿起疹、瘙痒难耐，重则使人"面目全非"，会导致肌肤状况越来越差。

有些果蔬中含有光敏性物质，这些物质被皮肤吸收后再经光照，会产生光过敏反应，导致局部红肿、瘙痒，如鲜芦荟肉和鲜芒果中的芒果肉。柠檬果皮中的柠檬精油去角质、提亮肤色的效果更好，但其光敏性也更强，所以不能直接用果皮中的精油涂抹在皮肤上，临床上也见到过常用的西红柿、黄瓜等会引起日光性皮炎。

能否吸收有待考察

怎么选取合适的材料才能保证营养能真正被肌肤吸收？即使使用的材料是营养非常丰富的，也不要对某些自制面膜抱有过高的期望，如很多水果面膜，虽然其中含有维生素等营养物质，但能被皮肤吸收的则是少之又少。因为，维生素可分为脂溶性维生素和水溶性维生素两大类，脂溶性维生素包括维生素A、D、E和维生素K，水溶性维生素包括维生素C和B族等维生素，皮肤外面有一层肉眼看不见的皮脂膜，对于外用的维生素，皮肤基本能吸收的是脂溶性的。而对于水溶性维生素，由于它对光和热具有不稳定性，因此在多数情况下，添加到护肤品中的水溶性维生素都需经过改性处理，例如维生素 C 使用其衍生物，一方面能保持稳定性，另一方面也利于皮肤的吸收。还有盛传的珍珠粉美白，珍珠的主要成分为碳酸钙，很难被肌肤直接"吸收"；而柠檬等水果含有的果酸等酸性物质还会刺激到皮肤，甚至破坏正常的皮肤屏障，对于敏感性皮肤更是百害而无一利。

此外，DIY 面膜也是面膜，和使用购买的面膜一样，也需要注意使用的时间频率。

我曾接诊过一个女性患者，45 岁左右了，在家闲着没事就想方设法"祛斑美白"，她不仅在美容院接受点"药"祛斑，还在家中自制面膜，把柠檬榨成汁，再和酸奶混匀，早中晚三次敷脸。不曾想斑没见得淡了多少，正常部位却变得瓷白，像白癜风一样，导致眶周及颧骨处色素紊乱、黑白不均。

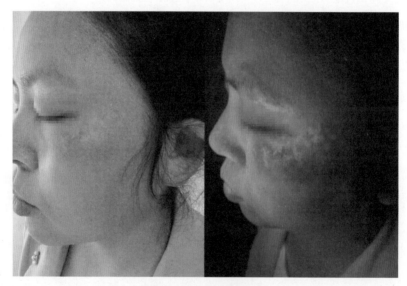

自制面膜导致色素紊乱

柠檬中多含的是右旋维生素 C，其抗氧化和美白效果比较不稳定，而且酸奶和柠檬的酸性都很强，会对皮肤起到化学剥脱性的漂白效果，她每天频繁使用，更加重了其作用。最后我让她停止外用任何美白产品及自制面膜，白斑处按照白癜风治疗，她才慢慢恢复了正常肤色。

总之，DIY面膜的使用要视自身情况而定，如果把握不好，还是去正规渠道买正规面膜来得放心，如果总是拿自己的脸当"实验田"也是不可取的。

第5章

常见"面子问题"
怎么办?

第1节　敏感肌肤怎么办——发干、发痒、红血丝，各个击破

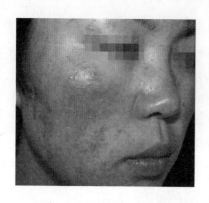

敏感肌肤患者往往不是只有一个问题，大多数都是同时存在许多问题或者由一个问题慢慢发展成更多问题。特别是在秋冬季节，皮肤屏障受损的这张脸，在冷风中刺痛的感觉实在是叫人恨得牙痒痒，但又不能施之以暴力，甚至连用个护肤品都是雪上加霜。

对照下面几点，你可以看看自己是否是敏感肌肤：

1. 面部皮肤很薄，脸经常红红的，洗脸、涂抹护肤品、吃药都得不到改善。

2. 脸部有紧绷、干燥、瘙痒、刺痛的感觉，受到水、风、冷、热等刺激就又红又痒，当使用含有酒精的护肤品时，更是会感到刺痛。

3. 皮肤破了不容易愈合，容易起红疹、风团。秋冬天容易发红皲裂，面部皮肤上经常有红血丝。

4. 皮肤干燥掉皮，使用保湿的护肤品也不能缓解。

5. 用本来不过敏的护肤品会有刺痛、瘙痒等不适感。

6. 有敏感肌肤的人常易合并玫瑰痤疮、毛囊虫皮炎等皮肤问题。

下面我们就来对照敏感肌肤常见的问题来一一解决，各个击破。

皮肤屏障受损——让肌肤休养生息，辅助用医学护肤品

敏感性皮肤患者面部皮肤油脂、水分较健康皮肤低，是多种内外因素共同作用的结果，最终都表现为皮肤屏障功能受损。因此，**敏感肌护理的重要原则是恢复皮肤的正常屏障功能。**

首先，皮肤敏感期间应停用所有不能耐受的化妆品，使皮肤有缓冲、休整的时间；过敏期过后如平时使用的是低敏性护肤品可继续使用；如果使用的不是低敏感性护肤品，应及时更换为具有镇静、消炎作用的皮肤专用保养品，然后逐渐逐个重新引入，一次只用一种产品，这样易于找到敏感的原因。

如果要用防晒霜，应尽量选用不含潜在过敏原如香精或对氨基苯甲酸的物理性防晒霜（如氧化锌和二氧化钛）。

应尽量避免使用含酒精、维A酸、水杨酸等刺激性配方的产品，而应该选用性质柔和、成分较单一的专为敏感性皮肤设计的医学护肤品，具体如何选择医学护肤品，我们在前面第4章第6节里已经做了详细介绍，可以参考。总之，对敏感性皮肤的个体应尽可能使用成分简单（不多于10种）的化妆品，并尽可能使用少含或不含致敏物和刺激物（包括皮肤感觉和血管刺激物）的产品。**需要指出的是，药妆只是辅助药物或光电治疗做好敏感肌肤的基础护理，而不能完全取代药物。**

简而言之，清洁与护肤越简单越能让皮肤好好得到休息，此外，平时还应注意以下几点：

1. 避免刺激性护肤品或成分，如醋、盐、磨砂等。避免伤害性的护肤方法，如去角质、撕拉面膜等。避免过多使用化妆品。

2. 避免各种物理刺激，如机械摩擦、冷热刺激、紫外线照射等，阳光强烈时外出要注意防晒。

3. 使用修复性产品，帮助皮肤再生，形成完整的肌肤屏障，重建皮肤的正常功能，这方面含有生长因子的面膜是不错的选择。

4. 饮食调节，避免甜食、油脂食品、肥腻食品、辛辣食品、刺激性食品。

5. 避免熬夜，保证充足的睡眠，保持乐观、轻松的心态，提高自身抵抗力。

发干、脱屑——补水、保湿

补水是提高角质层细胞含水量，直接补充肌肤角质层细胞所需的水分；保湿是在角质层外形成保湿膜，防止皮肤表面水分流失，无法根本解决肌肤缺水问题。

1. 少洗脸或暂停洗脸　如果出现上述 6 点表现的敏感肌肤应暂停洗脸，也不要用洁面乳，当可以使用洁面乳时也要选择温和保湿型，不要使用硫黄皂或者自制的食盐、醋等洗脸。

2. 先补水，后保湿　补水的成分主要含：透明质酸、多元醇、胶原蛋白、天然保湿因子、氨基酸等；保湿的成分主要含：神经酰胺、各类植物油、矿物油、合成脂、蜂蜡等。可以使用活泉水、加用乳液或面霜，具体如何选择补水保湿产品，可以参考第 6 章。

3. 多饮水，吃补水的水果　可以选择梨、甘蔗、柑橘等；避免食用刺激性食物如葱、姜、蒜、浓茶、酒类及其他容易引起过敏的食物如鱼、虾等海味。

瘙痒、丘疹——抗炎、抗过敏药物口服或外用

瘙痒、丘疹可能是有原发病基础如痤疮、玫瑰痤疮、脂溢性皮炎等，也可能是对化妆品、尘螨等过敏引起，提示肌肤处于急性炎症期，需要在保护皮肤屏障的基础上加强抗炎等对症治疗。

1. 抗炎可以用抗生素、羟氢喹、甘草酸铵等口服，羟氯喹还能够防光敏。

2. 激素依赖性皮炎可逐渐以外用钙调磷酸酶抑制剂如吡美莫司、他克莫司等替代直至撤用。

3. 痤疮可根据其轻中重度分级，选择外用、口服药或者红蓝光、光动力治疗等。但是，痤疮外用制剂均有一定的刺激作用，可加重皮肤屏障功能破坏。因此，需要配合使用医学护肤品。

4. 口服抗组胺药可以缓解皮肤过敏、瘙痒症状。

5. 敏感肌肤遇冷热、风等往往加重，故应注意防冷风、防日晒，夏季可使用物理防晒剂（含氧化锌或二氧化钛），最好是药妆品牌，质地越清爽越好。不要大量摄入光敏性食物如香菜、香菇、芹菜等。冬季出门可戴口罩。

面部潮红、皮肤薄、红血丝的治疗

首先要减少刺激、温和洗护，建议采用医学护肤品，自觉症状明显者，可适当采用放血疗法，配合使用中药面膜、红光、黄光等，待症状改善后可以激光祛除红血丝，如强脉冲光、染料激光、长脉冲1064激光等。

光电治疗

所谓光电治疗，即联合光子和射频技术。敏感肌肤表皮变薄，有的透过表皮可看到真皮毛细血管扩张。波长590～700nm的光子能够渗透到表皮的血管，对扩张的毛细血管有治疗作用。光电一体射频可穿透表皮刺激真皮胶原纤维重新排列，从而增强皮肤的耐受力和抵抗能力，比单纯的光子和单纯的射频对敏感皮肤能起到更好的作用。

激光祛红血丝要点

1. 强脉冲光最常用，安全，4～6次为一个疗程，每两次治疗之间间隔3～4周，术中仅轻微疼痛，术后无休工期。

2. 染料激光效果显著，但创伤较强脉冲光大，有2～3天的休工期，治疗1～2次可有明显效果。

3. 长脉冲1064创伤较大，对于以上两种疗效欠佳的可以选择此种激光。

4. 无论做哪种光电治疗，都要注意术前皮肤情况准备、术中观察仔细及术后认真护理：那就是保湿、修复、严格防晒。

总之，敏感肌肤患者皮肤虽然脆弱，但是只要找准病因，标本兼治，就可以治愈。但是，需要提醒大家的是：治疗的过程并非一蹴而就，因为决定其治疗时间长短最重要的是等待皮肤的自我更新修复。由于表皮通过时间较长，加上原本的损害，故恢复较慢，患者需要做好心理准备，一般至少要3～6个月以上。因此，患者应配合医师做好日常皮肤护理，切不可滥用化妆品、瞎折腾！

第 2 节　化妆品过敏怎么办？

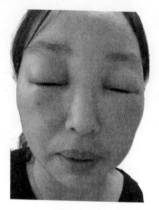

接触性皮炎

在本书第 2 章第 5 节里我们就提到了化妆品皮炎如化妆品刺激性皮炎、化妆品接触性皮炎、化妆品光敏感性皮炎、色素性化妆品皮炎、化妆品痤疮等。

其中最常见的是化妆品接触性皮炎，分为原发性刺激反应和接触性致敏反应，一般首次接触致敏化妆品后，需经 4 ~ 5 日以上的潜伏期才发生。

化妆品光感性皮炎即化妆品中的某些物质属光感性物质，具过敏体质的人外用后，经日光照晒后，光感性物质发生某些化学变化成为半抗原，与皮肤组织中蛋白质结合成全抗原，刺激机体产生 IV 型变态反应。香料、防腐剂、染料、唇膏以及口红中的荧光物质，防晒化妆品中的遮光剂，也可引起光感性皮炎。常见的有以下几种。

面膜导致的接触性皮炎

一天，一个 20 多岁的女孩来就诊，我看她顶着一头漂亮的卷发，穿着也很时尚，脸上戴着墨镜和口罩。她一坐下，我就猜测她可能是重型痤疮或者过敏。

她坐下后，我问她："哪里不好？"

她把口罩和墨镜全摘下来后，说："医生，你看我的脸，昨天还好好的，今天一早起来就变成这个样子了。"

我仔细看了看，发现她整个面部都是红的，有点水肿，眼睑都是肿的，而且摸着温度比正常皮肤温度要高。皮损虽然大片弥漫，但是界限清楚，除了脸上，颈部及身上没有什么疹子。

我就问她："你这几天有没有换新的洗脸毛巾，或者用什么新的化妆品？"

她说："毛巾倒是没有换，但昨晚我用了新的面膜，敷上去的时候就觉得有点痒痒的，我以为是正常反应，就去床上躺着，大概20分钟后就拿掉了，因为实在困得很，没有照镜子就睡了。今早一起来照镜子，吓死我了！"

据此，我基本可以诊断为化妆品接触性皮炎，就是大家说的过敏。我跟她说："你这是对你昨天用的新面膜过敏了。"

她说："那怎么办啊，您瞧我这样子，我可真不敢见人了啊！"

我说："你现在的脸就是过敏的表现，现在首先要停用那个面膜，我再给你开点抗过敏的药，再用点外用的消炎药膏。另外，你这几天脸上也不可以用洗面奶、防晒霜等化妆品，用点矿泉水保湿一下就可以了。"

化妆品过敏的原因我们在第2章第5节里已经提到过，其中致敏原比较多的是香料、防腐剂、重金属。香料包括：大花茉莉香精、新国际香精、晚香玉A型香精、白玫瑰香精、紫丁香精、桂花香精等。防腐剂包括：咪唑烷基脲、对羟基苯甲酸酯、布罗波尔、甲醛等。重金属主要是指一些带有剥脱、美白性质的铅、汞含量超标的化妆品。

染发剂过敏

有一次在门诊看到一位老爷子，双眼睑和嘴巴肿得跟电影《东成西就》里面的梁朝伟一样，面部也有对称分布的水肿性红斑，境界清楚。

刚进门就抱怨："我就用老伴的洗发水洗了个头，结果脸和头皮就又红又肿、痒得很呀！"

"洗发水是不是新换的或者改用其他牌子了？"

他否认了，这时我看到他的挂号单上面的年龄是70岁，但老人家头发却乌黑发亮，我问他是不是才染的发，他点头称是。

他说是三天前才染的，后来嫌染发剂的气味有点刺鼻，昨天就洗了个头。这时我就有理由诊断为染发剂皮炎了。

但老爷子还是有点怀疑，他没好气地说："我只染了头发呀，怎么脸上都起疹子呢？"

　　染发时虽然只有头发、头皮接触染发剂，但洗头时水会带着残留的染发剂，顺势流到口周，这些部位自然也就因接触到了染发剂而发生了皮疹，如果是淋浴洗澡的话，甚至会波及躯干、四肢，都可能发皮疹。

　　对于所用的化妆品过敏，发生后第一件事就是停用致敏的化妆品，并将残留在皮肤的化妆品清洗干净。染发者最好剃除沾有染发剂的毛发，这在男士们容易做到，而要求女性朋友剃头就会令她们感到为难了，同时医师要告知患者在皮肤损害严重期间尽量不要用热盐水、热肥皂水等刺激和清洗。

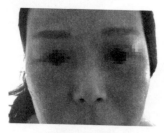
染发剂过敏

　　上面提到的面膜、染发剂等化妆品过敏，轻者可不用药，仅停用致敏化妆品并短期内避免对过敏部位进行搔抓及刺激即可自愈。肿胀发热、瘙痒可以用冷生理盐水或冰水浸透毛巾湿敷，如肿胀严重甚至水疱、破溃、渗液较多的，应该及时去医院就诊，不同情况不同处理：①轻者可口服抗组胺药（如氯苯那敏、氯雷他定等）及维生素 C，光滑皮肤上只有红肿、水疱，无破溃时可使用炉甘石洗剂、吡美莫司乳膏（爱宁达）等；②有破溃、少许渗液时使用氧化锌油，但毛发处是不能用炉甘石洗剂或者氧化锌油的，因为这种制剂里的粉会与毛发黏在一起；③病情重且发展快的要短期用些皮质类固醇激素，包括外用以及内服。

皮肤斑贴试验，预先判断自己是否过敏

　　为了防止化妆品过敏的发生，尤其是过敏体质者，建议在使用新化妆品前，自己进行一次简单的斑贴试验。同样的原理，我们在购买前，可以选取一点这种化妆品涂在耳后或者前臂屈侧，2～3天后观察皮肤反应，如果毫发无损，就说明对它不过敏，可以放心购买，如果有反应，那就果断弃之。

　　医院里做的斑贴试验也叫变应原检测试验，是检测接触过敏原的经典试验。

通常做一次可检测 40 余种过敏原。当然，我们不希望是化妆品已经过敏后才来判断是不是它过敏，更重要的是预防，以便于挑选不过敏的化妆品。

进行斑贴试验的注意事项：

1. 皮炎急性期不宜做斑贴试验，患者应在皮炎完全消退 2 周后做斑贴试验。

2. 必须嘱咐受试者，如果贴敷部位发生强烈反应，可随时去掉斑贴试验物。

3. 患者受试前 2 周及受试期间不要内服皮质类固醇激素（泼尼松每日 15mg 即可抑制斑贴试验反应），试验前两天及受试期间最好停用抗组胺类药物。

4. 斑贴试验期间不宜洗澡、饮酒及搔抓斑贴试验部位。

5. 应保持斑贴试验物在皮肤上 48 小时，尽量不要过早地去除斑贴试验物，试验部位要有标记，胶带粘贴一定要密闭，以避免出现假阳性结果。必要时（如高度怀疑对该变应原过敏而 72 小时呈阴性者），在斑贴后第 7 天再进行第三次观察或重复试验。

6. 进行过敏原斑贴过筛试验的同时，不应忽视对患者实际接触的可疑致敏物质进行斑贴试验。

7. 如果是要检测所用的染发剂、洗发剂、沐浴液过敏的话，千万要注意用原液与稀释原液的问题，因为这几种物质都是使用者要冲洗干净的。

通常我们在购买化妆品时要慎重，仔细检查产品的外包装。正规化妆品的外包装上应标有卫生许可证号、生产许可证号及生产厂家的执行标准号，判定所购化妆品的性质、成分及用途是否适合自己再进行购买。同时，要保存好发票、包装、说明书，以便在受到伤害时利于维权。

值得一提的是，并不是大牌的化妆品就不会过敏，过敏是个人体质决定的，是你体内的朗格汉斯细胞（在表皮里的抗原递呈细胞）对其中的某种成分"有意见"，因此，如果你的皮肤容易过敏，当然成分越简单越好，这时候可以考虑"医学护肤品"，具体我们在第 4 章第 6 节里已经详细介绍过了。某某化妆品过敏的最后诊断一般是由各省市医院化妆品不良反应诊断机构根据患者的临床表现及斑贴试验结果综合而定。

第 3 节　面部毛囊虫皮炎怎么办？

小芳今年 28 岁，第一次来我门诊时，满脸油光，油脂分泌旺盛，面颊、鼻翼两侧潮红，还有散在脱屑，鼻翼有不少脓疱。她常常光顾美容院，都说是痤疮，做过很多青春痘的护肤疗程，也到过几家医院、诊所就诊，就是不见脸上皮肤好转。

我认为这些持久不退的红斑看起来不只是痤疮那么单纯，就让她去查个螨虫，20 分钟后结果出来了，果然如我所想，鼻部脓疱查出来有螨虫（毛囊蠕形螨）！

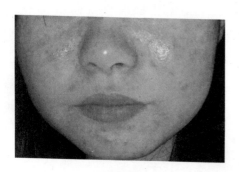
毛囊虫皮炎

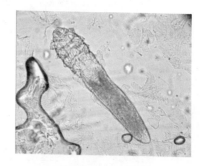
毛囊蠕形螨

小芳拿到报告后，很不能理解，她满脸疑惑地告诉我，她非常爱干净，平时十分注意自己的清洁，还常常做深层清洁，也会用去角质产品，怎么还可能会有毛囊蠕形螨？

这里的螨虫是指蠕形螨，毛囊蠕形螨又称毛囊虫，是一种寄生于多种哺乳动物的永久性寄生虫，如寄生在人身上的话，则是寄生在人的毛囊和皮脂腺管腔中，一般不引起症状。当虫体繁殖增多，会让皮脂腺肿胀增生，如果加上虫体的代谢产物和死虫崩解物的刺激，可使局部发生炎症反应，万一继发细菌感染，会使炎症加重。所以，这一类寄生虫在人体皮脂腺和毛囊引起的慢性炎症称为毛囊虫病或脂螨病。

要怎么知道自己是不是有毛囊虫呢？检查方法如下：在毛囊口或脓疱处挤压出一些皮脂，或者以有弹性的不锈钢刀片稍加力，刮出一点皮脂在载玻片上，滴加液状石蜡或甘油，再以盖玻片轻压一下，使皮脂变薄，放到低倍镜下即可查看是否有活的毛囊虫。

毛囊虫是一种寄生虫，光靠一般的清洁是无法彻底解决问题的，深层清洁也只能去除表面的老旧角质与减少皮肤油脂，制造不利于毛囊虫生长的环境。小芳的问题在于她常常使用去角质和深层清洁产品，以前还会涂一些痤疮外用药，皮肤屏障破坏得比较厉害，使得皮肤不能起到抵御微生物的作用，皮肤已经在发炎的状态下，失去保护功能的皮肤只有越来越脆弱，越来越糟！

面部皮肤查出有毛囊虫该怎么办？

这时就需要科学的治疗及护理了，最好去医院皮肤科就诊，在医生的指导下进行"除螨"工作。

1. 养成良好的卫生习惯，毛巾、衣物、寝具定期更换清洗，保持面部皮肤清洁。可以适度使用深层清洁产品，1～2周一次即可，避免过度破坏皮肤屏障，使用清爽、成分简单的护肤品；饮食方面，忌辛辣刺激油腻食物。还要做好防晒，减少对面部毛细血管的刺激。

2. 皮损轻者局部可用甲硝唑霜搽，每日1～2次。或者用5%过氧苯甲酰酯洗剂，每日2次。皮损重者可配合口服甲硝唑，每次0.2～0.4g，1日3次，连用15天后再复诊。之后继续另一个疗程。如果皮肤有继发细菌感染的话，可增加米诺环素等药物。

3. 这种病有时需要与面部脂溢性皮炎、痤疮等鉴别。

第 4 节　毛孔粗大怎么办?

　　每个姑娘都希望有白净细腻的肌肤,可是很多人偏偏就是脸上的毛孔粗大!

　　毛孔粗大,可能与遗传、毛囊皮脂腺分泌旺盛、激素水平、维生素 A 缺乏、挑痘不当、紫外线照射及皮肤自然老化等因素有关。

毛孔粗大的主要原因

　　1. 面部油脂分泌旺盛　前面我们已经介绍过,毛孔里的皮脂腺专门产生油性皮脂,在显微镜下看,皮脂腺如一串串的葡萄,里边一个挨着一个地排列着细胞,个个挺着大肚子,肚子里装的是油滴,油越积越多,于是就冒了出来。青春期一到,皮脂腺受到雄激素的催促而活跃起来,大量产油,而且比平时更稠更黏。所以,很多人称其为"大油田"。

　　2. 护肤不当　平时使用油腻的护肤品或过多使用粉底,堵塞毛孔,导致毛孔粗大。此外,挤痘痘、挤黑头、过度刺激等暴力行为都会导致毛孔粗大。

　　3. 自然衰老　衰老时,皮肤组织的老化与萎缩,细胞数量的绝对减少等,都已经不足以支撑周围的毛孔,此时毛孔自然就向外扩张而显得变大了。

　　皮肤每天都在进行新陈代谢,这些代谢物不被清洁掉而长时间存留于皮肤

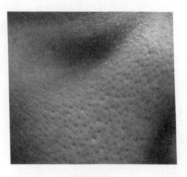

毛孔粗大

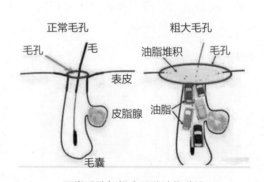

正常毛孔与粗大毛孔油脂分泌

上，是会造成不良后果的。同时，我们生活在空气中，尤其现在城市里雾霾天多，环境差，空气中的灰尘会沉降于皮肤表面，大量的细菌、病毒、真菌、寄生虫等也附着于此；丰富的油脂及其他代谢物，使得皮肤成为这些微生物良好的培养基，从而使得毛孔粗大、粉刺、痘痘等问题频发，而这类患者的通病就是爱折腾、用手挤或者用粉刺针挑，这些外来的刺激和污染会加重原有的皮肤问题，甚至引发炎症或感染。我的门诊中这样的患者不胜枚举，只是程度轻重不同而已。

只做深层清洁或者使用缩毛孔的护肤品很难彻底改变毛孔粗大

1. 过度清洁会造成毛孔"越洗越油""越洗越大"的恶性循环。我们在第2章第5节里就有说明，作为全身神经—内分泌系统调控的一部分，皮肤分泌油脂也受中枢神经系统的调控。因为皮肤局部的负反馈调节，过度清洁后反而使皮脂腺分泌速度增快、产生更多的油脂，这样洗脸后没过多久又会觉得脸部很油，最终变成"大油田"，毛孔也越来越粗大。因此，对于油脂分泌旺盛的皮肤，我们的建议是：**适度清洁，莫要过度清洁！**

2. 收缩毛孔的化妆品成分主要有醇类（酒精、变性乙醇、丙醇）、酸类（水杨酸、果酸 - 羟基乙酸）、酶类及植物萃取物等。醇类能抑制油脂的分泌，酸类能抑制毛囊口的角化，酶类能分解角蛋白，植物萃取物如金盏梅、金缕梅、薰衣草、茶树等一般具有收敛、抗氧化等作用。此外，防晒及抗衰老护肤品也有一定的预防作用。一般来说，化妆品的收敛作用有限，加之在面部的停留时间也短，因此，只能起到暂时收敛毛孔作用，并不能彻底纠正皮肤的状态，因而并不是毛孔粗大的良好解决方法。因此，**对于很多收缩毛孔作用的护肤品，可能并不能抱太多期望，只是作为辅助；而一些光电治疗、果酸、水杨酸、维A酸有助于改善油脂分泌及毛孔粗大。**

需要注意的是，遮瑕类的化妆品虽然可以暂时遮盖粗大的毛孔，但封闭的毛孔使得其内部处于更加缺氧的状态，厌氧菌们就活跃起来，这反而为它们创造了更好的繁殖条件，相当于饮鸩止渴，因此，我们还是尽量让毛孔透气为好。

试试医学美容——射频、激光、光子、水光针、果酸

1. 强脉冲光 适合青春期偶尔冒痘痘的患者。强脉冲光又称光子嫩肤，能直接作用于皮脂腺，抑制皮脂腺过度分泌，抑制痤疮杆菌，减少皮肤炎症反应，促进上皮正常角化，改善毛孔堵塞现象。此外，还可以提亮肤色、改善皮肤质地，具有一定的"嫩肤"效应。

2. 微剥脱的点阵射频和非剥脱点阵激光 适合 35 岁左右的初老肌肤。能刺激真皮内的成纤维细胞，合成新的胶原蛋白、弹力蛋白以及透明质酸，让皮肤更加充盈，紧实，达到提拉紧致的效果，毛孔自然就变小或消失了。

3. 水杨酸与果酸换肤 适用于伴有粉刺、痘印的患者。用适当略高浓度的果酸及水杨酸进行皮肤角质的剥脱作用，促使老化角质层脱落，加速角质细胞及少部分上层表皮细胞的更新速度，能改善毛孔粗大。

4. 肉毒素注射 真皮内注射肉毒素具有减少皮脂分泌和缩小毛孔的作用，做水光针治疗的时候添加肉毒素 25 ~ 50U，对改善油性皮肤和毛孔粗大效果颇为显著。

5. 光动力疗法 **适合于伴有中重度痤疮的患者。**光动力疗法中，光敏剂与微生物分泌的卟啉类物质发生作用，在红光的作用下，吸收光能转化成单线态氧等活性氧物质，可导致痤疮丙酸杆菌灭活，也可减少皮脂腺分泌，达到减少出油、收缩毛孔的目的。

最后提醒大家，**良好的生活习惯非常重要。**相信大家都有体会，晚睡后第二天的面孔都会特别的油腻。所以，规律生活、早睡早起、饮食清淡，是保证我拥有清爽皮肤的前提哦！

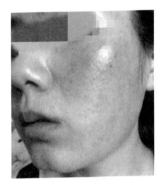

第5节 激素依赖性皮炎怎么办？

一般而言，面部激素依赖性皮炎的产生、炎性反应及毛细血管扩张程度等与激素使用的时间、频率、激素的效力有关。如连续使用强效激素2周左右即可出现对激素的依赖，停用后出现反跳现象。使用激素的次数愈多、时间愈长、效力愈强就愈容易发生该病。含氟的激素效力较强，有的甚至在1~2周即可引起激素依赖性皮炎，如果患者原来就是敏感肌肤的或者原来就有屏障受损的，或者天生就容易"红脸"的话，发生的时间会更短，皮肤修复和改善也就更难。

有一天早晨，我在出门诊，一位衣着时尚的长发美女踩着高跟鞋噔噔噔走进来，还没坐稳当就匆忙地掏出手机递到我面前，是一张美女的自拍。

"患者自己没来吗？"我很疑惑地问道。

这时她才将脸上那副能遮住半张脸的墨镜拿掉，露出整张脸，她的皮肤很白，但和下颌、下颌线以及脖子有明显的分界线，两个脸颊红得发亮，表面有点细细的皮屑。

美女撇着嘴说："骆主任，我这脸和以前真是没法比，最近这两三个月我的皮肤特别敏感，只要一进空调房或者一晒太阳，脸就特别容易红，最近还长了好多小红点点，脱皮也很厉害，而且现在搽什么都感觉刺痛还痒，皮肤干得很，您说我该怎么办呢？"

我这才恍然大悟——原来手机里的美女就是患者本人，照片里她的皮肤白白嫩嫩的，几近完美。如果不是她这么说，我真没认出来！

这位美女是白领，没事就爱折腾"面子"，每个礼拜都去美容院做护理。近三个月来面部反复红斑伴脱屑、皮肤菲薄、毛细血管扩张，自觉局部有疼痛瘙痒

以及紧绷感，而且遇热或外用护肤品后症状加重。

虽然她否认近一个月来外用了激素，但以前却长期使用各种不明成分的护肤品及过度护理，并且有"立竿见影"的好效果。我严重怀疑这些成分里可能真正含有激素。为了进行美容、增白、嫩肤，很多年轻女性常常轻信广告而误用含激素的制剂，有人甚至将其当作化妆品使用多日；而有些人尽管知道外用激素制剂会引起不良反应，因为已经产生了对激素的依赖，为了控制反弹，仍继续间歇地使用。

这使我回忆起多年前的一件事，一次夜班值班，消化科的护工梅梅特地跑来找我，说她的脸特别容易敏感，医院里的口罩都不能戴，动不动就发红发痒，后来在朋友的介绍下去了一个美容会所做了3个疗程的护理，开始效果特别好，但是只要一段时间不去，脸就会变回原样，又红又脱皮，都不敢照镜子了。

我问她："你知道他们给你用的什么护肤品吗？有没有激素？"

她想了想，然后点点头："嗯嗯，会有的吧？要不然怎么会好得那么快？噢，想起来了，有一次，我在做护理房间的纸篓里看见了'地塞米松注射液'的空瓶，心里就怀疑：这也不是医院，怎么会用这个药呢？我非常气愤地质问了他们，还找他们理论了半天，想想这些我肠子都悔青了。"

其实，这个"地塞米松"就是激素，有些不规范、不道德的美容院都会给顾客用一些掺了激素的护肤品，短时间内会让你的皮肤白白嫩嫩，跟剥了壳的鸡蛋似的，让客户喜不自胜，光顾频频。时间长了依旧是会破坏皮肤屏障，不仅仅使皮肤变得十分敏感脆弱，而且一旦停用则会使症状加重，形成对激素的依赖，造成病态恶性循环。

根据眼前美女的表现和我的经验判断，我认为她应该是：敏感肌肤、激素依赖性皮炎。

　　长期外用激素是导致激素依赖性皮炎的直接原因，滥用激素、误用激素和对激素的依赖一直在我们身边发生，在这里再次提醒大家注意。我们在第2章第5节里对外用激素的不良后果详细列出了五大点，这里就不赘述了。

回忆一下使用激素的五大危害

· 抑制角质层脂质合成，使皮肤屏障受到损害，使皮肤干燥

· 抑制表皮的增生和分化，使皮肤萎缩、变薄

· 降低角质形成细胞间的黏合度，使皮肤容易脱屑

· 增加血管的张力，导致毛细血管扩张，出现红血丝

· 激素有免疫抑制作用，会增加局部感染的可能性，导致诸如毛囊炎的发生、痤疮的加重

激素依赖性皮炎的治疗，一般有如下几点：

1. 克服应用糖皮质激素的心理依赖。

2. 停用一切糖皮质激素外用制剂或者改用药效较弱的糖皮质激素。

3. 选用具有保湿锁水、补充天然保湿因子和细胞间脂质成分的医学护肤品，增加角质层的含水量，恢复表皮屏障功能。

4. 外用非激素类免疫调节剂如他克莫司、吡美莫司乳膏，口服抗组胺药、非激素类抗炎药等进行抗炎抗过敏。

5. 若有继发细菌、真菌感染时合并外用抗生素等进行抗感染治疗。

6. 选择性使用具有光调作用的光电设备。

第
6
章

特殊的"面子问题"

——青春痘

"青春痘"，乍听起来，似乎很"洋气"，这可是青春的标志啊，虽说不太美，但是，没有青春痘的青春又何尝不是种遗憾呢？没有得过青春痘，又怎会理解到：终于到了开始在乎"颜值"的年纪里，却只能每天对着镜子数痘痘？！唉，真不知道每天被自己帅醒是一种什么样的感觉？

每天门诊来看痤疮的年轻人可是真不少，印象最深的当数一个部队的帅小伙子，挺拔的身姿，一身深绿色军装，这背影应该迷倒了不少女生吧。但终究没有完美这一说法，小伙子的脸上大大小小有着不同炎症程度的痘痘，我常形容这种有多种皮疹的痤疮患者感觉就像跟开了"水果店"一样，属于中重度痤疮。

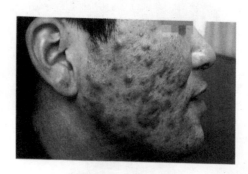

重型痤疮：结节、囊肿

痤疮，俗称青春痘，临床从轻到重可表现为粉刺、丘疹、结节、囊肿与瘢痕等。据临床统计，80%～90%的青少年患过不同程度的痤疮。痤疮在青春期过后往往能自然减轻和痊愈，但也有少数人一直到四五十岁仍然有痤疮。

什么是痤疮？痤疮的发病机制是什么？

痤疮是毛囊皮脂腺的一种慢性炎症反应，毛囊皮脂腺发炎了会出现该病变。发病因素有四点：①家族遗传的影响；②雄性激素分泌增高；③皮脂腺分泌增多；④痤疮丙酸杆菌感染以及毛囊皮脂腺周围炎症分子参与，最后导致我们临床上看到的从粉刺到丘疹、到脓疱，甚至到囊肿、瘢痕等一系列的皮肤表现。

痤疮的最佳治疗时机?

青年人的痤疮发病率比较高,并且有一个相对固定的发病率。因此,痤疮的治疗也是一件较长时期的事情。一般来说,**治疗得越早,就能控制得相对好一些**,有些人无所谓,认为这只是青春期的病,不进行治疗,任其发展,又不注意护理,可能会从粉刺、炎性丘疹发展到结节、囊肿等等一系列严重皮疹,最为严重的就是遗留的凹凸不平的瘢痕,到这时候就比较头疼了。很多人在找工作、毕业分配、谈恋爱的时候会因"伤痕累累"的脸面感到忧虑,才开始寻医问药治疗痤疮。

有句广告语说:只要青春不要痘。但真实的情况往往是:我们迎来青春的时候,也迎来了痘痘;当我们告别痘痘的时候,青春也所剩无多了。你更喜欢哪个?

在此,郑重告知各位青少年患者及其家长:**有了痘痘一定要及时治疗,不要任其发展,更不要随意用手去抠或者挤,这样反而会越来越严重,导致痘痘变多或者伴发局部感染。**

当然,青春期后有些炎症也会慢慢消退,但是,**由于没有及时有效治疗,会留有较多的痘印、痘坑,这些青春的"痕迹"是很难在短时间内消失的,特别是一些严重的痘痘,会残留痘坑,不会自己修复,就像橘子皮或者月球表面一样。**

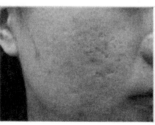

痘坑

所以,家长和青少年们还是要正确对待痘痘,去正规的皮肤科及时有效地治疗方是良策。尤其是在备战中考、高考这种好比"西天取经"的艰难路上,孩子们本来学习负担就重,饮食、作息欠规律,很多孩子会处于亚健康状态,再加上痘痘

的困扰更平添了份心理负担，还会影响孩子的性格形成，真正是得不偿失。毕竟，谁不希望自己的孩子可以美美地、健健康康地成长呢？

青春是一场不平常的旅行，充满挑战和考验，就让我们一起科学战"痘"吧！

第 1 节　为什么皮肤会冒油、长痘痘？

毛孔里的皮脂腺主要负责分泌油脂，在显微镜下看，皮脂腺如一串串的葡萄，里边一个挨着一个地排列着细胞，个个挺着大肚子，肚子里装的是油滴，油越积越多，于是就冒了出来。长痤疮，大多是由于这些"小油壶"功能过盛的缘故。

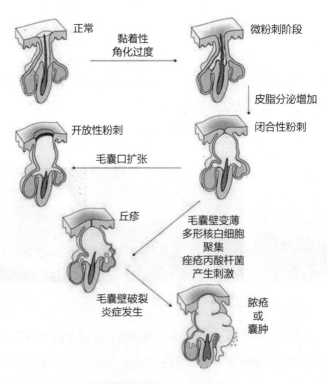

痤疮的形成过程

皮脂腺密度最大的地方是脸，其次是胸、背。青春期一到，皮脂腺受到雄激素的影响而活跃起来，大量产油。皮脂腺内的油脂，是借道毛囊口往外分泌，再加上青春期的皮肤角化旺盛、上皮细胞容易脱落，以致把毛囊口堵塞。

只要出口欠通，油脂堆积在皮脂腺内，慢慢就会鼓起一个个肉色或白色的小颗颗、小疹子，这是**白头粉刺**，我们又称之为闭合性粉刺。用手轻轻一挤，会有皮脂样的东西冒出。就像我们的河道堵塞、泥沙淤积一样，时间一长水质难免会变坏。因此，久而久之，这些白头粉刺里的堆积物被空气氧化，就不再"清纯"，而是变成了**黑头粉刺**，此时又称开放性粉刺。

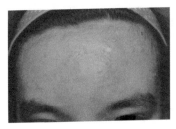 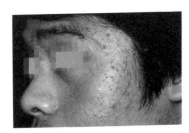

白头粉刺　　　　　　　　　　　　　黑头粉刺

粉刺为痤疮的早期表现，在上述堆积物质的滋养下，原本定植于皮肤的一些正常细菌开始异常繁殖，诱导皮肤产生炎症，于是形成了红色的**丘疹**，顶端可有米粒至绿豆大小的**脓疱**。如果堵塞物继续堆积，皮脂腺破裂导致局部炎症加剧，并破坏真皮组织，则会形成**结节、囊肿**，最终愈合后留下炎症后色素沉着和瘢痕，也就是大家常说的**痘印和痘坑**。

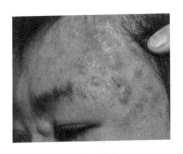 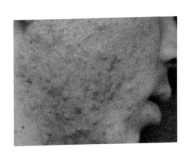

丘疹、脓疱　　　　　　　　　　　　结节、囊肿

长久以来，皮肤科医生根据痤疮皮损性质和严重程度分为 3 度和 4 级：轻度（I 级）：仅有粉刺；中度（II 级）：粉刺＋炎性丘疹；中度（III 级）：粉刺＋炎性丘疹＋脓疱；重度（IV 级）：粉刺＋炎性丘疹＋脓疱＋结节、囊肿。

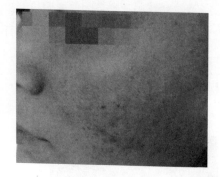

轻度痤疮

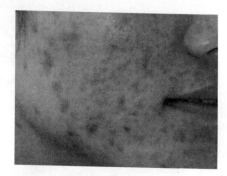

中度痤疮

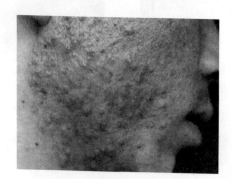

重度痤疮

哪些人易中招？

1. 正值青春期发育的人。

2. 父亲、母亲有青春痘病史，且自己也是严重油性皮肤的人。

3. 喜吃甜食、荤食、油炸和辛辣食物的人。

4. 经常熬夜、睡眠质量差的人。

5. 因为工作性质而经常与煤焦油、矿物油等化工原料接触的人。

6. 经常在湿热环境中工作的人。

7. 常有月经不调的人。

8. 经常用劣质化妆品，特别是粉质化妆品使用过多的人。

关于痘痘，你应该知道——

1. 油腻食物不会直接引起痤疮，但是油性化妆品或长时间处在油腻的工作环境（厨房）会加重已有痤疮。

2. 辛辣食物不会直接引起痤疮，但是可能加重，具体原因不明。

3. 心理压力不会直接造成痤疮，但是会加重已有痤疮。

4. 吸烟容易引起痤疮。

5. 经常洗脸并不能预防或控制痤疮，过度清洁甚至可能加重病情。

6. 及时治疗，不仅可以加快恢复，也可以减少痘印和痘疤的产生。

不同程度的痤疮及痤疮瘢痕如何治疗？

根据皮损的类型和严重程度不同，目前有一套系统和规范的治疗方法。包括内服药、外用药、物理治疗（各种激光、光动力等）、化学治疗（果酸换肤）等。其总的原则是：长期性、综合性和个体化治疗。

1. 单纯毛孔粗大可以使用强脉冲光；皮脂溢出过多者也可用肉毒素水光注射，同时维生素 B_6 口服。

2. 轻度痤疮，主要以粉刺为主，可以使用果酸换肤。也可以外用药为主，在整个面部（避开眼部周围）使用维 A 酸乳膏是一个较好的选择。

3. 炎性丘疹、脓疱型，可以维 A 酸或者果酸换肤为主，同时口服维生素 B_6、异维 A 酸和丹参酮胶囊等，也可以使用红蓝光抗炎治疗。外用药则应在外用维 A 酸类药物的基础上，在丘疹和脓疱局部应用抗菌药物，如夫西地酸等。如果再严重，可以加抗生素的内用药（如多西环素等）。

4. 囊肿结节较为明显的患者，我们可以用一些激素和抗生素局部注射来消炎、减少瘢痕的生成。现在大家比较强调用光动力治疗，对于严重性结节、囊肿型皮损有很大的改进和控制作用。

5. 痘坑，点阵激光起到剥脱、磨削的作用，具有很好的疗效。

6. 痤疮的综合治疗中，中医中药也不失为一个好办法。

国内外维 A 酸类药物都被列为治疗痤疮的一线药物。外用维 A 酸类药物可以减少皮肤过度角化，去除堵塞于毛孔的角栓，使皮脂排出通畅，同时还有淡化色斑作用，是痤疮治疗的基石，对于各阶段、各类型痤疮都有很好的治疗作用。

但外用维 A 酸类的缺点是起效时间长（需要 1 个月以上），最常见的不良反应是局部刺激症状：发红，有灼烧感。一般几天后会逐渐适应、减轻。最初外用量要小，薄薄涂上即可。若反应持续加重，则应停用。此外，不能用于眼睑部位。由于其具有光敏性，因此每晚一次使用。而内用维 A 酸类药物时，要注意该药连用后的几种副作用及避孕，防止胎儿畸形。

过氧化苯甲酰凝胶（班赛）是治疗丘疹脓疱性痤疮的常用药。它对痤疮丙酸杆菌有杀菌能力，也有抑制皮脂分泌和角质溶解作用，是以少量丘疹和脓疱为主要表现的轻度痤疮的首选药物。使用前应该用温和的面部清洁剂和清水洗净患处后再涂抹，一日 2 次。

青少年家长小提示
青少年们长了青春痘，一定要去正规的医院皮肤科接受个体化治疗，以免留下终身遗憾！

患者要形成良好的生活习惯，睡眠充足、心态平和。饮食上以清淡为主，少食辛辣、油炸等刺激食物。多食用富含维生素 C、维生素 B_6 较多的食物，如胡萝卜、西红柿、黄瓜等，这些对改善痤疮也有帮助。

近年来，光医学迅速发展，痤疮的光医学综合治疗也备受青睐。

综合治疗痤疮及痤疮瘢痕要注意什么问题？

在整个痤疮治疗过程中，还要特别强调的一点就是对皮肤屏障的保护。虽然痤疮是毛囊皮脂腺的炎症，但很多患者对皮肤屏障没有注意保护。有时治疗后，虽然严重的症状消退了，皮肤屏障没有保护好，也只是事倍功半。而如果我们保护好皮肤屏障，那就是事半功倍了。因此，痤疮患者正确的洁面也非常重要。在前述内容已多次提到，总结一下就是：**①选用控油保湿功能的洗面奶，注意水油平衡；②不能清洁过度，注意皮肤屏障功能的维护。**

第2节　女性月经期为何更易长痘痘？

话说痤疮与体内雄激素分泌水平有关，而某些女性却在月经期出现痤疮或者痤疮加重又是什么原因呢？

月经期痘痘的出现主要与下列因素有关

1. 雄激素分泌相对或绝对增多　女性在整个生育期，子宫内膜和卵巢会因为激素水平的改变和波动而呈周期性的变化，从而造成子宫内膜的周期性脱落，产生月经。从排卵后至月经来潮的这段时间内，体内雄激素的含量或雄激素与雌激素的比例相对较高，导致皮脂腺活性相应增加，皮脂分泌增多，容易致使痘痘的产生。

2. 黄体生成素及促卵泡激素分泌减少　月经前一周，黄体生成素及促卵泡激素分泌量减少，情绪容易不稳定，对睡眠和饮食造成一定的影响，此时皮肤状况不佳，容易长痘、过敏、质地粗糙。所以，这里特别要告知女性朋友的是，与月经周期有关的高雄激素性痤疮包括以下两种情况：①多囊卵巢综合征痤疮；②迟发性痤疮。

3. 毛囊皮脂腺的周期性变化　研究发现，月经前皮肤表面的脂质构成与其他期相比存在一定的差别，毛囊皮脂腺导管在月经周期的第15～20日（月经前约一周）最小，皮脂分泌易受阻，从而致使月经前易出现青春痘或原有青春痘加重。

4. 其他因素 经前失眠、紧张、饮食不规律可能也是诱发或加重痘痘的原因。

月经期的痘痘怎么办?

1. 控油、保湿与防晒 月经前一周,在注重清洁保养的同时可针对易出油部位(如 T 区和双侧鼻唇沟等),用专为痘痘肌肤设计的洁面乳,最好选用质地温和的洗面奶,避免使用碱性洗剂以减少对肌肤的刺激,接着再用补水型爽肤水和(或)轻薄型无油润肤霜。要注意保护好双侧脸颊等易干燥部位,适量使用具有滋润保湿(是滋润,不是油腻)作用的护肤品,尽量避免霜状的或者粉质的化妆品,它们容易堵塞毛囊。除了日常保养外,也可以增加具有补水保湿效果的面膜使用量。

另外,做好防晒准备,晒太阳会刺激细胞的增殖与更新,较易堵塞毛孔。

2. 用美容觉来犒劳自己 现在女性在社会分工中担当的角色越来越重要,工作量也越来越大,许多职业女性经常处于睡眠不足的状态。良好的睡眠可以有助于内分泌系统的稳定和功能的正常运行。月经期间睡眠不足,会影响内分泌水平,容易因体内激素的波动诱发痘痘的出现。这时要记得睡个香甜的美容觉来犒劳自己哦!可在日常的基础上将睡眠时间延长 1.5 ~ 2 小时;同时要注意防寒保暖,对于体内血液循环的正常运行,保持体内激素水平稳定非常有利。

3. 奖励自己吃些好的 红枣、莲子、川贝、黑芝麻等是民间广受推崇的滋补佳品,市场上很容易买到而且加工方便,我们不妨从繁忙的工作中抽出些时间将它们熬成滋补的汤水,早晚各喝上一大碗,不但可以促进血液循环、补血养气、减轻经期不适;还可以轻松地享受烹饪带来的快乐和满足。更应该多食瓜果蔬菜搭配荤食,以平衡油脂过多。

4. 不要因为急于赶走痘痘而"大动干戈" 一般来说月经期痘痘会随着月经的结束而消失,因此不必过分担心,更不必为了快点除掉痘痘而过度治疗,因而局部人为破坏了皮肤屏障,又或者过度治疗损伤内脏,都是得不偿失的事情。如果痘痘继发感染，面积较局限时，可使用氯霉素洗剂涂于患处；发炎面积大、数量众多时，则应及时去医院治疗，由医生给你制定治疗方案，特别是有高雄激素综合征表现的患者，需要检测性激素水平、B超检查卵巢功能等，必要时与妇产科医生一道为你量身定制治疗方案。

第3节　都快50岁了，还长痘痘？

按理说，青春痘，应该是在青春期才长的呀，可是怎么到了40多岁还有呢？这难道是如电影中所演的"重返20岁"？

其实，青春痘并不是青春期的专利产品，作为一个皮肤科医生，也许你会看到这样一幅画面：一个50来岁的外婆陪着20多岁的年轻妈妈，怀里抱着刚出生的宝宝，祖孙三代一起来看痘痘！

这位年轻的妈妈得的就是我们老生常谈的"青春痘"，那她的宝宝和妈妈又是怎么回事呢？

宝宝得的是"新生儿痤疮"，一般发生在生后数天或数周，它主要是婴儿还未出生时，母亲体内雄性激素产生过多，通过胎盘传给胎儿，宝宝出生后就会出现一过性的皮脂分泌亢进，堵塞毛囊口，引起毛囊上皮角化，再加上脂肪酸和毛囊内细菌的作用，导致新生儿痤疮。所以家长不要以为孩子早熟，无需过度担心，这种皮损一般 3 个月内可自然消退，仅需保持皮肤清洁干爽，不要随意挤压或乱用药膏。

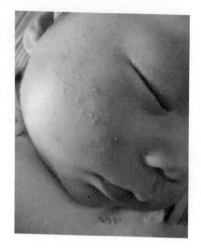 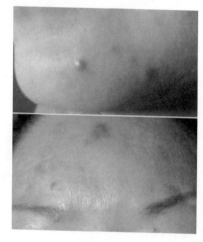

新生儿痤疮　　　　　　　　　　迟发性痤疮

现在主要来说说这位 50 来岁的外婆，她得的也是"痘痘"，我们称之为"迟发性痤疮"。

迟发性痤疮以女性患者更多见，多在月经期加重，而且痘痘以嘴巴周围和下巴为主。这种"重返青春"只有痘，却不见青春，这到底是为什么呢？

1. 体内雄激素比例相对升高　随着年龄增大，体内激素水平逐渐失衡，主要是雄激素水平的相对升高导致。

2. 妇科疾病　女性的迟发性痤疮，有时不仅是皮肤的问题，可能还会合并妇科问题，此时要特别注意排查多囊卵巢综合征。这类患者除了有痤疮的表现外，也会出现多毛、肥胖及月经不调等情况，此时，需要前往妇科进一步检查。

3. 糖皮质激素引起　长期服用糖皮质激素的朋友可发生药物性痤疮。

4. 不良成分化妆品引起　有些人长期使用一些劣质或稠厚的护肤化妆品，均可导致症状性痤疮。

5. 化工产品引起　从事某些有机化工行业的，或接触沥青的人员可能发生职业性痤疮，也称为油疹，与有机化合物作用于皮肤毛囊皮脂腺有关。建议在工作时采取一定的防护措施，比如佩戴口罩、戴长袖手套，工作结束后注意仔细清洁面部、手部等暴露于工作环境的部位。

迟发性痤疮的管理和治疗

1. 合理的情绪调节　近年迟发性痤疮的发病人群越来越多，除了以上列出的原因外，其实和现代社会生活节奏的加快，工作、生活压力的增大，生活作息、饮食的改变有不可忽视的关系，所以除了治疗原发病以及诸多外在因素外，自我的情绪调节也很重要。

2. 合适的护肤品选择　迟发性痤疮，由于患者发病年龄比较大，皮肤往往除了长痘问题，还同时伴有皮肤衰老、干燥、肤色暗淡等多种问题。因此，我们推荐含有果酸、水杨酸的护肤品，既能祛痘，又能抗衰老。

3. 治疗的个体化　迟发性痤疮的治疗也比年轻人的痘痘困难，要根据皮损严重程度、多少决定治疗用药，既要防止用药矫枉过正，又要做到治疗有效，需专业的医生进行评估给药。轻的可外用果酸换肤，维A酸等调节皮肤角化过程；比较重的可以考虑激光＋光动力治疗，同时配合中药调理。激光或光动力，可以直接改善肤质，抗炎抗菌。中医一般会从肺经风热、脾胃湿热或肝郁气滞几个方面来调理，在改善皮肤痘痘的同时，对身体的整体改善也是有好处的。

如果患者存在血清中的睾酮升高，那么在治疗上就需要针对性地用一些抗雄激素的药物来平衡，对于抗雄激素药物的选用应该在确诊的基础上慎用，注意治疗可能带来的不良反应如男性女性化问题等，女性使用时应邀请妇产科医生会诊，以免发生性激素治疗带来的副作用，特别是发生肿瘤的问题等。

第4节 闭合性粉刺或痘印——试试果酸换肤

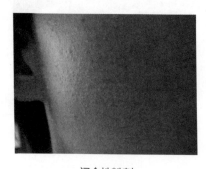

闭合性粉刺

果酸是指由多种天然蔬果中所萃取出来的酸，其英文简称AHAs。分为三大类：α-羟基酸、β-羟基酸及α&β-羟基酸。这样的分类是根据果酸的分子结构式中羟基—OH的位置来分类的。后来英文的缩写，因为α、β使用的不便，便分别将α换成英文字母的A而成为A柔果酸AHA，其最常用的为甘醇酸及乳酸；将β换成英文字母的B，而成为B柔果酸BHA，即水杨酸；而α&β-羟基酸即为苹果酸、柠檬酸。果酸换肤在临床上的应用已相当普遍，其中以自甘蔗中提炼出来的甘醇酸最常使用。

果酸换肤的种类就有十几种，其中学问很大，包括用哪种果酸、用多少百分比以及一次上果酸要多长时间等，每个人都不一样。需要根据每个人的皮肤特点，由专业的皮肤美容医师选择和使用。

果酸最适合的痤疮类型是闭合性粉刺，也就是白头粉刺，其次是痤疮遗留的红印和色斑。为什么呢？因为果酸可使堆积在皮肤上的角栓脱落，由于角化物堆积造成毛囊口堵塞，致使皮脂排泄不畅。外用果酸制剂有如下效果：①使角质层粘连性减弱，使毛囊漏斗部引流通畅；②促进表皮细胞的推陈出新，即促进老化的角质层脱落，少部分表层细胞更新；③促进黑素的排泄，降低黑色素生成；④促进真皮层胶原纤维和弹力纤维新生与重排。正是通过以上几点机制，果酸换肤才可以达到治疗的目的。果酸分子更具有良好的保湿能力，因此对青春痘而言，是一项相当不错的治疗方法。

果酸换肤能解决哪些问题？

1. 粉刺、痘印；
2. 皮肤细纹；
3. 油脂分泌旺盛及毛孔粗大；
4. 色斑、色素沉着，改善皮肤粗糙晦暗状态。

果酸换肤的治疗过程

果酸常用浓度为20%、35%、50%、70%，一般从低浓度开始，逐渐增加浓度。也可根据不同患者皮肤的状况及反应调整浓度或用某个浓度维持治疗，以达到最佳疗效。每2～4周治疗1次，4次为1个疗程，增加治疗次数可提高疗效。对炎性皮损和非炎性皮损均有效。果酸治疗后局部可出现淡红斑、白霜、肿胀、刺痛、烧灼感等，均可在3～5天内恢复，如出现炎症后色素沉着则需3～6个月恢复。治疗间期注意防晒。

1. 术前准备 至少15天之内要避免阳光暴晒，禁止过量饮酒。术前先常规用洗面奶清洁皮肤，医生会再用专门的清洁液进行深度清洁，彻底去除残留在皮肤表面的油脂和死皮，平衡面部的pH值。治疗前2周使用低浓度果酸产品，增加皮肤对果酸的适应性。

2. 刷果酸的步骤

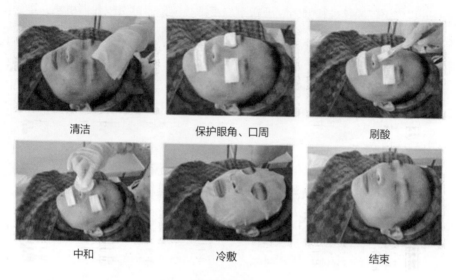

清洁	保护眼角、口周	刷酸
中和	冷敷	结束

果酸治疗流程图

3. 术后的护理　建议使用配套的果酸护肤品，不仅可以加强疗效，还可以起到保湿、促进代谢、美白、加速角质剥脱等功效。如条件允许，建议果酸术后连续使用三天面膜，以减少刺激（敏感、干燥、泛红）症状。

4. 治疗的间隔　每2～4周一次，4次为1个疗程，增加治疗次数可提高疗效。

5. 果酸的副作用　果酸治疗后局部可出现淡红斑、白霜、肿胀、刺痛、烧灼感等，一般在冷敷后即能消退。少数人的红斑反应可以持续1～2天，均可在3～5天内恢复，如出现炎症后色素沉着则需3～6个月恢复。治疗间期注意防晒。

粉刺针针清

　　果酸治疗之后，大部分粉刺角质层松解软化，此时可以使用粉刺针进行针清。粉刺针刺破之后，有液状脓性分泌物排出，这样能加速炎症的消退，避免以后的瘢痕等严重的并发症。由于针清效果显著且即刻显现，因此备受患者青睐，但是，关于针清与果酸治疗需要注意以下几点：

1. 如果是较硬的白色闭口粉刺，扎破后不易挤出油脂或者只能挤出白色的固态豆渣样皮脂分泌产物，说明毛囊皮脂腺开口处角化过度未解决好。这种是不建议针清的。

2. 针清只能暂时将这些豆渣样物质排出，并不能抑制皮脂腺的过度分泌。很快新的闭口粉刺就会出现。而且反复针清极容易造成感染、毛孔粗大，甚至瘢痕。所以，需注意分寸，要配合抗毛囊、皮脂腺导管角化的治疗，包括维A酸、水杨酸、果酸等。

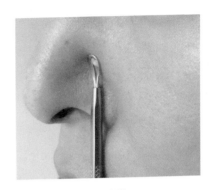

挑粉刺

3. 果酸具有一定的刺激性，如果炎性丘疹（红色的痘痘）和脓头较多，一定会出现"爆痘"现象。要与患者事先沟通好，提醒注意。

4. 使用果酸的浓度、时间、操作手法至关重要，操作不当会起到相反的作用，因此，一定要到正规医疗机构就诊治疗。

第5节　炎性丘疹、脓疱——试试红蓝光

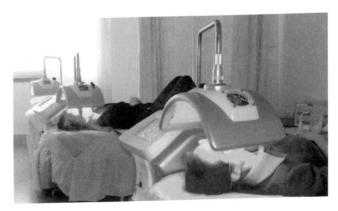

红蓝光

在本章开篇里我提到的那个印象很深的部队帅小伙，他患的是重度痤疮，开始我是按照前面提到的治疗方法以口服、外用药为主，小伙子用药依从性不错，看了两次后，没有再发新的皮疹了，原来的皮疹也控制得很好，没有发展，但疗效不尽如人意，他的领导也希望他快点把脸弄"清爽"了。他很沮丧，说自己心理压力蛮大的，平时户外训练强度高，每次来复诊都要请假，很不容易，他第三次来找到我，说希望能再加快治好这些红痘痘，于是我就给他用了红蓝光。

我们知道痤疮的产生与痤疮丙酸杆菌的感染和繁殖有关，痤疮丙酸杆菌能产生内生性卟啉，主要吸收 400～415nm 的可见光，其吸收的最大峰值与蓝光的光谱（415nm）极为相配，用它来照射痤疮丙酸杆菌会引起细菌内源性卟啉的光激活，导致细菌死亡。同时，蓝光还可通过诱导细胞膜渗透性改变，使胞内 pH 值发生改变而抑制痤疮丙酸杆菌的增殖，且其还可有效抑制皮脂腺油脂的分泌，防止青春痘的复发。而红光（635nm）不仅能抑制炎症，还可以直接刺激真皮胶原合成、促进炎症后的修复，减轻痤疮瘢痕、祛除痘印。

小伙子这次反复强调他的领导同意可以在每周放他来门诊看痘痘两次，但治疗后必须保证能正常工作、训练。我告诉他：红蓝光祛痘简便快捷，每周 2 次，单次治疗时间只需要 30 分钟左右，且治疗过程热效应小，对皮肤几乎没有什么刺激性，所以治疗期间除防晒外无需休假，可以放心工作。

经过 3 周 6 次的治疗后，他脸上的皮损及皮脂分泌明显减少，整个脸看上去清爽多了，他很高兴，整个人都阳光了不少，不再眉头紧锁。穿上军装的他，更是帅气逼人！

第 6 节　攻克中重度痤疮——光动力疗法显威风

轻度痤疮一般多采用局部药物或果酸治疗即可取得较好疗效，难治性中重度痤疮常遗留永久性凹陷性瘢痕，严重影响患者的心理健康。

中重度痤疮治疗传统的一线用药主要是口服异维A酸和抗生素，抗生素被广泛使用于痤疮的治疗，但是其耐药性已日益受到关注，且近来也鲜有新的抗生素出现；异维A酸也因其明确的不良反应而遭到很多患者的拒绝。光动力治疗中重度痤疮具有疗程较短、效果明确、耐受性好等优点，因此，目前已成为治疗中重度痤疮最有效的治疗手段之一。

光动力疗法治疗痤疮的作用机制

5- 氨基酮戊酸（ALA）光动力治疗正是针对痤疮的四个主要发病机制各个击破的，让痤疮无处可逃，达到标本兼治的目的。我们的课题小组已经有六位研究生对 ALA-PDT 抑制皮脂腺分泌功能亢进、毛囊皮脂腺导管角化过度、痤疮丙酸杆菌异常生长、局部炎症反应四个方面进行了观察，证明效果不错。

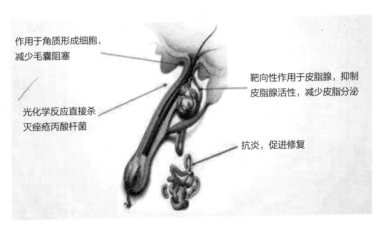

作用于角质形成细胞，减少毛囊阻塞

光化学反应直接杀灭痤疮丙酸杆菌

靶向性作用于皮脂腺，抑制皮脂腺活性，减少皮脂分泌

抗炎，促进修复

光动力治疗痤疮机制

1. **直接损伤皮脂腺**，减少皮脂腺数量，抑制皮脂生成，控油效果好；因此，很多患者接受光动力治疗后，**在痤疮改善的同时，皮肤毛孔粗大、出油情况也得到了明显改善**。

2. 通过作用于角质形成细胞减少毛囊阻塞、改善毛囊口的过度角化，促进成纤维细胞的有序排列继而减少痘坑的形成，**甚至使皮肤更有光泽、弹性，达到"嫩肤"的效应。**

3. 光动力治疗**直接杀灭痤疮丙酸杆菌**、表皮葡萄球菌及马拉色菌，且不会诱导细菌耐药。

4. 光动力具有较强的**抗炎和调节局部免疫**的作用。

在此跟大家分享一下我们团队用光动力疗法做出的实验结果。

1. 给金黄地鼠的皮脂腺先接种痤疮丙酸杆菌，再行 ALA 光动力治疗，其皮脂腺被感染的症状减轻、参与炎症反应的细胞减少。说明 ALA 光动力可以直接杀灭痤疮丙酸杆菌；

2. 给大白兔的耳朵外用油脂造成毛囊角化过度的外观，然后再用 ALA- 光动力处理，结果粗大的毛囊孔变小，整个兔耳皮肤也细微光滑不少，用显微镜观察：毛囊角栓减少。最后做到细胞分子水平时发现，几种角化蛋白的产生也减少，说明 ALA- 光动力可以纠正痘痘皮肤的毛囊皮脂腺角化过度及角栓粉刺形成。

光动力治疗痤疮操作流程

1. 清洁　治疗前用清洁剂和水彻底清洗治疗区域皮肤。

2. 药物准备（**现配现用**）　充分混合 ALA 粉末及溶剂，制备成 5% 溶液或凝胶。

3. 涂药　将液体涂抹至所有治疗区域及其周边 1cm 范围，小心避开眼睑、角膜和眼角，避光封包约 1 小时。

4. 进行照光前，轻轻用清洁剂将 ALA 洗净，残存的 ALA 可在激光照射时间导致皮肤灼伤。

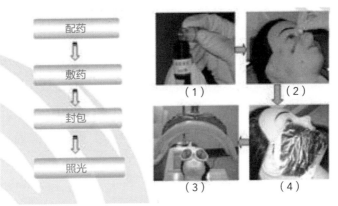

配药

⇓

敷药

⇓

封包

⇓

照光

（1）　（2）
（3）　（4）

光动力治疗痤疮操作流程

5. 调整光源参数（**"首次短时间、低能量，逐渐递增"**）　使用 LED 光源红光整体照光，功率密度：$60\sim80mW/cm^2$，根据治疗后的疗效及不良反应调整治疗参数，可逐渐递增，患者及操作者佩戴相应的防护眼镜。

6. 治疗后即刻护理　在治疗区域使用冰袋冷敷可减轻或消除红斑、水肿、烧灼、刺痛等反应。

7. 治疗次数　可重复治疗（≤4次），间隔1~2周（待前次治疗反应基本消退后）；病灶明显改善后，可改为局部外用药巩固治疗。

光动力治疗痤疮注意事项

1. 光动力治疗前医患双方需要互相沟通的是：刚刚治疗一周内的中重度痤疮往往会有一过性加重的表现，俗称"爆痘"，患者感觉他自己的脓疱疹一下子又出来很多，是 ALA-PDT 进行抗角栓抗炎抗感染减少皮脂分泌导致的结果。患者需要在家休息几天，注意面部清洁护理，等待修复。当治疗区仍然发红时，说明皮肤正在进行自身修复，这期间不能化妆，也不能摩擦治疗区。如果工作时必须化妆，建议使用相对中性、矿物质配方的温和化妆品。

2. 光动力治疗后的皮肤非常敏感、通透性增加、经皮失水量增多，建议涂抹好的保湿剂，如亲水性凡士林软膏、保湿霜或药妆保湿喷雾等，勿急于使用可能含有防腐剂和香料的保湿剂。对脓头、炎症比较多的患者建议使用含有抗菌肽的面膜冷敷。

3. 治疗后尤其要注意防晒，建议尽量不要在最热、最晒的时段出门。如果非要出门不可，一定要使用防晒系数为 SPF25（指数过高对皮肤伤害太大，指数过低达不到防晒的要求）的防晒霜，早上出门前涂一次，中午补一次，户外活动时每 2～3 小时补一次，并佩戴帽子、墨镜和物理遮盖，直至 2～4 周后。

第 7 节　抹平"痘坑"——靠点阵激光

谁解其中苦？

长痘痘的时候，总是急着要祛痘，忍不住要去挤，等到痘痘终于走了，却留下了抹不掉的小坑——"青春的烙印"，跟橘子皮或者月球表面一样。明明可以拼"颜值"的，却只能跟人比"沧桑"，唉，都是泪……

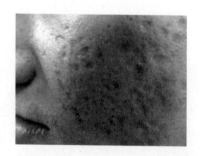

痘坑

痘坑本质是一种凹陷萎缩性瘢痕，严重的痘痘发作过程中本来炎症反应较重，或者轻症的痘痘由于外力挤压皮肤感染，又或者是没有得到及时适当的治疗致使炎症加重，破坏了皮肤全层组织使之坏死，造成皮肤组织的缺损。

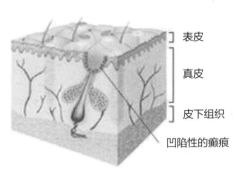

　　由于表皮愈合后无法再生成胶原修复凹陷，使得痘坑成为永久性的存在，不会自行消失，因此必须采取合适的治疗手段才能填平。对于已经出现的痘坑，宜早期积极治疗，3年以上陈旧性痘坑治疗起来比较困难。

　　以前这种瘢痕治疗起来非常困难，一般要用机械磨削治疗，通俗来讲就是用飞速旋转的砂轮把皮肤磨平，疗效还可以，但是治疗损伤很大。局部需要包扎一周以上，关键是我们亚洲黄色人种治疗后常会遗留明显的色素沉着，也就是满脸的棕褐色斑片，也有少部分患者会产生新的瘢痕，这种疗法其实不太适合东方人种。

　　点阵激光是目前最经典、最有效的痘坑治疗仪器。它实际上是一种激光治疗模式，英文名称为 fractional laser，是相对于传统的激光治疗模式而言的。传统的模式为二氧化碳激光或铒激光全面积治疗，即100%的面积均得到治疗，创面的修复依靠基底的皮肤附件，恢复时间长，术后易有感染及色素沉着的风险，这种模式的治疗在我国曾在20世纪90年代使用过，但事实证明，这种方式是不太适合亚洲人的皮肤的。

什么是点阵激光？有哪些特点？

　　1. 点阵激光治疗模式为一种打孔状的治疗，通过精确的激光机械设备发出比发丝还细微的光束，光束之间留有正常皮肤，这些治疗的小孔形似于点阵排列，故得此名。因此，点阵激光既保留了激光磨削的高效性，又解决了以往全面磨削剥脱换肤术后愈合时间长、副作用大的问题。

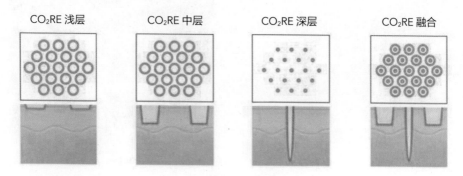

CO₂RE 浅层　　CO₂RE 中层　　CO₂RE 深层　　CO₂RE 融合

二氧化碳点阵激光治疗模式

2. 点阵激光的功效在于它能刺激皮肤深层的干细胞（包括真皮中的间充质干细胞，毛囊汗腺皮脂腺等附属器的干细胞）活跃表达，促进皮肤的新生，真皮中成纤维细胞被激活，大量合成胶原蛋白、弹力蛋白等成分，所以经过激光治疗后，皮肤持续新生，逐渐修复原来的凹陷性瘢痕。

3. 对于"凹陷性瘢痕"，点阵激光激发的是人体皮肤本身的修复机制，而不是利用外界的成分来填平，就像你的伤疤长好了、愈合了，肯定是不会再无缘无故凹进去了。当然，如果原部位又新发了严重的痘痘，那就不能保证了。

4. 点阵激光术中，孔状治疗区域之间存在桥梁状的未损伤皮肤，这些桥梁能使治疗区域的创面在短时间内恢复，一般为 48～96 小时，大大减少了术后感染及色素沉着的风险，也使术后恢复的时间大大缩短。

以上明确了"点阵"的概念、作用机制与功效。注意有些容易混淆的词，如像素、微雕点阵、点阵王、Fraxel 等，这些名词都是激光设备厂家为其点阵模式激光设备所起的名称，都属于点阵这个大的概念内。比如说：像素激光是飞顿公司的一台设备，点阵王是科医人公司的一台设备，Fraxel 是 Reliant 公司的设备，这些设备的激光介质有所不同，治疗的强度及深度和适应证是有所差别的。总体来说，可分为两大类，即剥脱性和非剥脱性。由于目前市场上采用点阵模式治疗的设备越来越多，各个激光中心也不会同时具备所有的设备，医生会根据患者的情况选择相应的设备及适合的参数，以使治疗具有针对性及有效性。

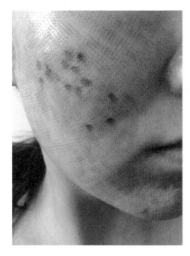
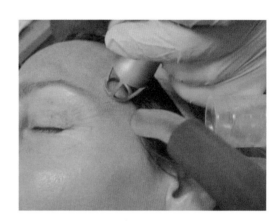

关于点阵激光治疗痘坑的几个疑问：

1. 会疼吗？做完治疗后能出门见人吗？

治疗时会有疼痛，但基本能耐受。治疗前，需洁面及外敷麻药（复方利多卡因乳膏）1 小时左右，治疗后我们会及时进行冷喷、冷敷面膜等处理。等做完 4 小时左右可能会有灼热感，但疼痛已不明显。不过疼痛的程度也还是有个体差异的，并且与治疗参数设置有关，还与是否附加其他治疗措施有关。接下来一周时间内，主要是不同程度的水肿和红斑，结痂与脱痂的过程。在此期间，我的经验是：冷处理，少洗脸，多保湿，慢脱痂，常防晒。

2. 要治疗几次？

由于点阵激光治疗模式是一种打孔状的治疗模式，要达到接近于传统模式的效果需要多次重复治疗，根据治疗的强度不同，大约一个疗程需要 3～5 次不等，甚至更多，治疗间隔期为 3 个月以上。

3. 会不会破坏皮肤？

很多人认为激光美容会损害皮肤，皮肤表面被破坏，就像墙皮被凿掉一样，越做越薄。

其实，25 岁以后我们的皮肤随着年龄的增长，胶原蛋白及弹力蛋白开始自然丢失，皮肤逐渐变薄。而激光的光热作用能激活皮肤成纤维细胞，增加胶原的表达，使真皮胶原纤维和弹力纤维产生分子结构的变化，数量增加，重新排列，恢复皮肤的弹性，从而达到减轻皱纹，缩小毛孔的效果。所以，**点阵激光美容不但不会使皮肤变薄，反而会使皮肤的厚度增加，并使之更加紧致、弹性，向年轻化转变。**

值得注意的是，点阵激光治疗后短时间内会减少表皮的水分，或者使角质层受到破坏；但一般几天就会愈合，新愈合的皮肤具有完备的结构（包括角质层）和新老更替的功能。

此外，虽然点阵模式已经使术后色素沉着的几率大大降低了，但在我们黄种人中仍有少部分人会出现治疗后皮肤暂时性色素沉着，表现为肤色暗沉、易发红等症状，症状多在 1~2 个月内消失，肤色恢复亮泽。**最后需要特别强调的是，治疗后恢复的过程中需要严格进行防晒，海边、雪地、高原等地最好是不要去了。**

第 8 节 如何配合医生的治疗，做好皮肤屏障护理？

痘痘本来是一种毛囊皮脂腺的炎症，也就是说，它并没有在一开始就涉及皮肤屏障。可是，为什么在有些痤疮患者的脸上，我们可以看到，除了痤疮以外还有很多"皮肤屏障"的问题——红脸的、皮肤敏感程度很高的、什么东西擦在脸上都觉得适应不了的等，这些情况说明皮肤屏障也参与了一些炎症的过程，或者说是炎症的过程损伤了皮肤屏障。

所以我认为，在痤疮的治疗前、治疗中、治疗后都要考虑到皮肤屏障的问题，尤其是当用光电等物理方法治疗痤疮的时候，就更应该考虑屏障的问题，考虑屏障损伤后的修复问题。

那么到底该如何在痤疮治疗的过程中保护好皮肤的屏障呢？

（一）"治疗前"的保护

洁面在痤疮治疗中很重要。我们通常也都会强调要洗脸，要把油洗干净，但为防止皮肤屏障功能破坏，大家千万不要过于频繁使用那些对皮肤有伤害作用的，或者有比较强的角质剥脱功能的洁面用品，比如所谓的去死皮洗面奶、磨砂膏洗面奶、"洁面神器"等。角质层一旦被破坏，皮肤屏障功能也就被破坏了，再进行光电声的治疗，效果上也会打折扣。比如别人有 20 层细胞的屏障，可是你只剩 10 层以内，这样的话，其他人正常皮肤能够耐受的光声电打击，你又如何能够忍受呢？所以希望大家在痤疮的治疗上，尤其是洁面这一步，一定要慎重。

（二）"治疗中"的保护

在"治疗中"，我们也应该对皮肤屏障进行很好的保护。

光声电治疗本身就会对皮肤屏障有影响，如果在治疗过程中再不细心地加以保护，难免会进一步损伤皮肤屏障。所以，在治疗的同时就应该启动修复皮肤屏障的一些措施，尤其对温度、能量、参数这些都要加以关注。

（三）"治疗后"的保护

光、声、电治疗后，我们更应该注意对皮肤屏障的修复。

这方面，我在自己的临床工作中一直遵守的理念就是：**冷处理、少洗脸、多保湿、慢脱痂、常防晒**这几点，其中的重中之重就是保湿与防晒。这些不仅是针对痤疮，也是其他面部问题光电治疗后皮肤屏障修复的重要措施。

1. "冷处理" 治疗后即刻进行皮肤冷处理，可最大限度地减少红斑、舒缓疼痛、降低皮温、避免色素沉着。可以使用胶原贴敷料、透明质酸敷料，以及含有原花青素、绿茶提取物（EGCG）及黄芩苷等抗氧化作用的面膜，它们含有天然生物活性物质，可以促进创面愈合、专业修复皮肤屏障，还具有冷敷保湿、降低皮肤敏感性、减轻氧化炎症反应的效果，并能减少瘢痕产生、防止色素沉着。

2. "少洗脸" 光电术后，尤其是在治疗后 48 小时之内，脸绝对不能洗得太勤，更不要用热水烫洗。因为光、声、电治疗本身就对皮肤屏障有影响，如果细胞还没有增殖到最上面一层，受损的角质层还没有来得及修复，过早过勤的清洗就会进一步损伤屏障。一般来说，治疗后 2 周内不可按摩、熏蒸、药浴。

我接诊过一位患者，是在美容院接受红蓝光治疗痤疮后的第三天来就诊的，来时整张脸肿胀，面部都是红疙瘩，甚至水疱，面目全非，她一直抱怨美容院，细问之下才知道，她在做完红蓝光的当天晚上，就去做了桑拿，导致皮肤屏障严重受损。热处理是光电治疗后的大忌，对于这种皮肤红肿严重的患者，可外涂软性激素药膏 1～3 天，服非甾体类抗炎剂；在医生指导下，也可以连续 2～3 天，口服 4～6 片泼尼松加强抗炎、抗损伤效果，缩短恢复时间。不要将水疱弄破，等待自然干涸。如水疱较大，用无菌注射器刺破，将液体抽出或从一侧轻柔的排出。水疱一旦破裂，应定期消毒（碘伏每日消毒 1～3 次），不要封闭包扎，外涂烫伤膏。

3.“多保湿” 现在有很多保湿修复的面膜，有精华素、胶原贴、透明质酸，也有很多能够起到保湿修复作用的细胞因子。我们可以多用一些含有修复因子的保湿产品，但是一定要注意，不要误用含有激素的产品。激素的成分如果添加在这些产品里面，皮肤虽然会一下子看着好了很多，但长期使用会造成不良后果。

4.“慢脱痂” 这其实也是要结合前面谈到的洗脸问题，就是一定要给皮肤细胞一个正常的修复时间。脱痂过快不太适合光电治疗后的修复。当然，“慢脱痂”也不是要堆得很厚的不脱痂，适当的清洗也是必要的，但绝不可过勤。

5.“常防晒” 无论哪种光、声、电美容，特别是有表浅创伤的激光光子类治疗，术后最重要的一点就是要注意防晒。

应以“硬防晒”为主，适当使用无刺激的防晒霜。1 个月内避免日光暴晒。紫外线一直是导致色斑等皮肤问题的元凶，而且在激光治疗后，皮肤正处于脆弱和修复的阶段，对于外界的刺激较为敏感，如果没有做好防晒和保养，更容易产生色素沉着。黄种人尤其值得注意，特别是 III、IV 型皮肤类型的人。至于各种皮肤类型、各种环境下如何防晒以及防晒霜的选择，我将在后面第 8 章第 6 节里详细介绍。此外，还要避免食用光敏性食品或药品。为防止炎症后色素沉着，可口服维生素 C、维生素 E 等。

6. 护肤品的选择 激光治疗后，要谨慎选择护理产品，必须先了解产品特性，再做选择，宁愿保守一点也不要过度处理。选好护理产品，可以辅助光电治疗，一般可考虑使用医学护肤品。

总之，对于痤疮的治疗，大家要知道，经过我们这么多的疗法——内外用药、物理疗法等会使得皮脂减少很多，对皮脂膜也会有很大的影响。了解了这一点，希望医生在对痤疮患者进行治疗的同时，能够帮助患者保护皮肤的屏障、平衡皮脂的含量，这样才能真正有效地既控制了痤疮的情况，又呵护了皮肤。在痤疮治疗上应达到"事半功倍"，而不是"事倍功半"的效果。

第 9 节 平时该如何管理痘痘？

青春痘既然冠以"青春"之名，总要熬个 10 来年，不可能总上医院找医生看吧，那么，我们该如何自己管理痘痘皮肤呢？总的来说，应该做到以下五点：①饮食作息，从小事做起；②适时选用祛痘护肤品；③痘痘还是少挤为妙；④要恰到好处地使用粉刺针；⑤当心手机、电脑弱辐射。

下面我就从以上五点展开来一一告诉你该怎么护理痘痘皮肤。

如何改善饮食、作息习惯？

痤疮患者该吃什么，不该吃什么，这是门诊患者常常问到的问题。

哪些东西需要"忌口"呢？简单来说四个字：甜、奶、油、辣。

第一忌：甜

这里的甜，包括了各类甜点、饼干、蛋糕、淀粉类食物（馒头、面包之类）以及各种加糖的饮料（咖啡、奶茶、果汁等）。

不吃甜食，是朴素的说法，从医学角度来说，则谓**减少高血糖指数食物的摄入**。啥是血糖指数（glycemic index，GI）？GI 是进食后引起血糖增高的一种指标。简单点说，就是吃了高 GI 食物后血糖会明显升高，而低 GI 食物则对血糖影响不大。低 GI 饮食，体内胰岛素水平较低，利于机体消耗体内的脂肪，有"瘦身"作用。相反，高 GI 食物引起血糖增高后，机体反应性会引起胰岛素分泌增加。而胰岛素的增高带来两个我们都不喜欢的结果：

其一，促进糖原、脂肪和蛋白质的合成——简单来说就是囤肉；其二，促进皮脂腺细胞的生长和油脂合成，加重痘痘。

国际上早有研究报道过，每天高 GI 食物仅仅一周就足以通过影响胰岛素水平，进而影响性激素的生物活性作用，最终导致痤疮的发生或加重。

第二忌：奶

这里的奶，包含牛奶、酸奶和各类奶制品。

已经有很多文献报道，牛奶里含有胰岛素样生长因子 -1（IGF-1）、酪蛋白，并且牛奶本身也会促进人体内自身 IGF-1 的合成。而 IGF-1 是可以促进毛囊皮脂腺单位的分泌，加重痘痘的。

还有很多人认为，酸奶富含益生菌，又能促进胃肠蠕动，或许可以改善痤疮？遗憾的是，酸奶里同样含有 IGF-1 和酪蛋白。所以，尽管酸奶是你的挚爱，作为一个"痘友"，你也同样不能无限"畅饮"，否则会加重痘痘。

当然，控制奶制品的摄入量，并不是要完全禁止摄入。奶制品中的很多营养成分对人体具有非常重要的作用，尤其是对于正处于生长发育期的青少年们（偏偏还是痤疮高发人群）。我们需要做的是控制过多地摄入。

中国营养学会在《中国居民膳食指南》中建议每日牛奶的摄入量大概是 300克。很多研究显示，喝奶每天 1 升或 800 毫升以上，那么这些乳制品中所含的 IGF-1 或者生长激素，虽然不会导致明显的疾病，但是会对皮肤产生不好的影响。因此对于痤疮患者来说，应该限制每日的乳制品摄入量，应控制在 300 ~ 500毫克，不要超过 500 毫克。

第三忌：油

那些"无油不欢"的痘痘君们可要注意了，高脂类食物，比其他食物产生的热能高出好几倍，很容易造成体内油脂囤积，同时促进体内 IGF-1 的增高，从而加重痘痘。

另外，一些脂肪酸比如 omega-6 脂肪酸，虽然和它的"好朋友"omega-3 脂肪酸一起，是构成人体细胞膜的主要成分，在维护机体正常功能方面缺一不可。但是，人家 omega-3 能够缓解和抑制炎症，而 omega-6 这位仁兄却反而会促进身体炎症的发生和发展，加重炎症反应。所以，如果在摄入的食物中所占比例过高，对痘痘肌就无疑是雪上加霜了。

Omega-3 大部分存在于海洋动植物（鱼虾、海藻等）中，紫苏、胡麻、火麻等中也含有（以紫苏含量最高）；omega-6 的食物来源却非常丰富，玉米、大豆等植物及其加工产品如炒菜离不开的玉米油、大豆油等植物油以及油炸食品，以及我们常吃的猪肉、牛肉、羊肉里，omega-6 不饱和脂肪酸的含量都不少。因此，控制脂肪酸摄入的正常比例，少吃各种油腻食物比如薯片、薯条、油炸鸡块等，是很重要的。否则无油不欢的你，最终就会变成无痘不欢啦！

第四忌：辣

这个主要是针对那些同时合并面部脂溢性皮炎、皮肤有瘙痒敏感状态的"痘友"的。

辣椒里含有丰富的辣椒素，而我们皮肤中恰好又存在辣椒素受体 -1（TRPV-1），这两者一拍即合，相见甚欢，而你的脸也会因此变成了"小辣椒"了——会加重面部的潮红。但对于痘痘本身，目前还没有研究说一定相关。当然如果有"痘友"发现自己饱餐一顿川味火锅后容易爆痘的，还是不要尝试了。

这么多不能吃，那我们可以吃些什么呢？

中国地大物博，食材当然也是很多的，宜吃富含维生素 A、B、C 的食物。这些维生素类对皮肤的具体作用以及在哪些食物中含量丰富，我在前面第 3 章里专门列出了，读者们可以参考。这里主要举出以下几种：

维生素 A 有益于上皮细胞的增生，能防止毛囊角化，有助于粉刺的消除，还有调节皮肤汗腺功能，减少酸性代谢产生对表皮的侵蚀。在胡萝卜、菠菜和动物肝脏中都富含维生素 A。维生素 B_2 能促进细胞内的生物氧化过程，参与糖、蛋白质和脂肪的代谢。各种动物性食品中均含有丰富的维生素 B_2，如动物内脏、瘦肉、乳类、蛋类及绿叶蔬菜。维生素 B_6 参与不饱和脂肪酸的代谢，对痤疮防治大有益处，宜多食瘦肉类、鱼类、豆类等补充。维生素 C 的作用自然不需要在此赘述了，它是皮肤和身体健康的守卫者。此外，微量元素的补充也很重要，如锌有控制皮脂腺分泌和减轻细胞脱落与角化作用。

总体来说，痤疮的饮食原则就是：在营养均衡的前提下以清淡、素食为主，少食肥甘厚腻食物。

除了饮食得当外，日常的作息也很重要，一定要保证夜间充足的睡眠，不要总是熬夜、通宵玩游戏或者开 party 什么的。对于一些夜班工作族来说，晚上一定要做好皮肤的清洁和保养工作。用温和的洁面用品清洁之后，涂抹一些保湿营养乳液，这样，皮肤在下一个阶段虽然不能正常进入睡眠，却也能正常得到养分与水分的补充。

怎样选择祛痘产品？

现在市场上祛痘产品鱼龙混杂，一旦用错，我们的皮肤将直接遭受二次伤害！毛孔堵塞、皮脂分泌过多是皮肤祛痘的难题，也是一般劣质产品普遍会导致的问题！那么，如何选择好的祛痘护肤品呢？

我们在购买祛痘产品时，需要明确其有效成分，一般祛痘的产品都含有抗痘的药物成分，**常见的有果酸、水杨酸、维 A 酸等**。即便是网上宣传再好的纯天然产品，都或多或少含有这些成分。

我在本章第 1 节里就提到：维 A 酸类药物是治疗痤疮的一线药物，但有一定的刺激和光敏性，如果购买的化妆品里含有维 A 酸，就尽量不要在白天使用。对痤疮而言果酸（AHA）可以改善皮肤毛孔开口处的角化异常，促使老死角质层脱落，还可使表皮层增厚，促使真皮层内弹性纤维增生、黑色素淡化。果酸在低浓度、偏弱酸时，主要是当作保湿剂使用，可以轻微去角质及痘痘。在高浓度、偏强酸时，则具有较强换肤、抗痘、去角质的功效。还有，小分子水杨酸（BHA）的作用主要是帮助清除被阻塞的毛囊，对黑头粉刺十分有效。这几种成分都有一定的刺激性，浓度越高效果越强，但刺激性也越大，所以敏感皮肤尽量从低浓度的产品开始尝试，同时一定要结合补水的产品一起使用，同时做好防晒工作，否则皮肤容易干燥脱皮。

如何验证化妆品是否有祛痘功效？

1. "火眼金睛"　目前药店的祛痘产品有上百种，很多祛痘产品都是以酒精为材料制作的，其实酒精本身多用作杀菌消毒，而祛痘效果几乎为零。这类祛痘产品可以用火来检测，**一般用火一点就燃的不是好产品。**

2. 是否含有抗生素　正规的美容市场中的祛痘护肤品是不应该含有抗生素的。如果长时间使用含有抗生素的祛痘产品，会形成耐药性，使其他药物不起作用。医院里用的祛痘制剂有些含有氯霉素、林可霉素等抗生素，这主要是针对脓疱型皮损。

3. 是否含有激素　加了类固醇激素的护肤品能快速改善炎症性皮损，令使用者爱不释手，因为一用上去就面色姣好，一停下来皮疹就会卷土重来。殊不知，激素就是令皮肤成瘾的"皮肤鸦片"，大约过一两周就会形成眼下的时髦问题：激素依赖性皮炎。这对痤疮的治疗与改善更加不利。

4. 是否经过国家食品药品监督管理总局备案　一定要警惕那些"一用就灵""包好"的产品，因为这些可能含有激素，特别是那些非正规包装、未经认证的。

如果你已经来医院皮肤科接受了药物治疗，护肤品的选择也是以成分简单的保湿锁水为主，敏感肌肤更应谨慎。医生会建议你使用正规的医疗级祛痘护肤品，但需注意不要滥用，因为某些产品成分较为复杂，其药物含量远远不够，非但不能达到治疗效果，有时可能还会增加其副作用，也可能因成分不适加重痤疮的炎症。

痘痘能不能挤？

挤痘痘是大部分青春期痤疮患者的一大"癖好"，尤其是课堂里的学生们，他/她们一边听课做作业，一边用手在痘痘上抠来挤去，在长期沉重的学习压力下，还可以一时走个神、分个心，更可以享受挤出粉刺内脂质内容物那片刻的"成就感"。但是，要当心，如果是挤压深在性炎性粉刺或者脓头，则很可能带来继发性感染或者留下永久性瘢痕。

普通清洁后的双手依然沾有细菌，即使是用洗手液或香皂洗两三遍也不能达到完全除菌的效果，自己挤压粉刺不能很好分辨哪些能挤、哪些不能挤，这种外界刺激会加重粉刺发生炎症，本来一些可以自行吸收的微粉刺会发展成炎性皮损，如果挤到了炎性的粉刺，加上手上细菌的感染，就很容易演变成丘疹、脓疱；当炎症消退后，大多会有炎症后色素沉着，因此会留下黑色的痘印。而稍微严重的炎症可引起局部毛细血管扩张、增生，从而又留下红色的痘印。因此，用手或借助日常生活中的工具（棉签、镊子）挤压痤疮都有发生感染的风险，挤压痤疮后难免会溃破出血，细菌就会从破口处长驱直入，使原本的皮损炎症加重，甚至会留下长久性色素沉着或瘢痕。

我可以用粉刺针吗？

针清我们在前面果酸换肤里就已经提到过，现在，除了专业人员在果酸换肤后使用粉刺针以外，有些人自己在家也会使用。还是那句话，并不是所有痤疮都可以用粉刺针处理的。

如果痤疮处于白头粉刺或黑头粉刺阶段，可以尝试针清；若已发展至炎性丘疹的痤疮，就应该小心对待了，因为挤压会加速炎症扩散至周围的组织中，使症状加重，而且还有发生菌血症或败血症的风险。运气再差点，如果挤的炎症性痤疮位于面部危险三角区里，还有可能使感染播散到颅内，导致海绵窦血栓性静脉炎，这种情况将有可能危及生命。因此，自己挤痘痘是一种很不明智的做法。欲速则不达，想让痘痘早点好，一定要管住自己的手！

当心你的手机和电脑的弱辐射

许多人都有亲身经历，在长时间面对电脑后，会感觉面部油腻，尤其以油性肌肤的人群为甚，这无疑让原本就是痤疮高危人群的同志们雪上加霜了。当我们使用手机时，手机会向发射基站传送无线电波，而无线电波或多或少地会被皮肤吸收，这些电波就是手机辐射。除了手机辐射，另外一个日常接触到的辐射来源就是电脑。

长时间面对手机和电脑或多或少会刺激皮脂腺的分泌，皮脂腺工作更加活跃，分泌大量的油脂，当分泌的油脂量超过了代谢，皮脂淤积在毛囊口，使毛孔发生堵塞，就会导致粉刺的发生。对于已经患有痤疮的朋友，此时皮脂腺分泌也更加旺盛，淤积在毛囊口的大量皮脂为毛囊里寄生菌的生长提供了物质基础，最终可导致各种炎症性的皮损发生。

年轻人都喜欢睡前玩手机，手机也是他们醒来第一个接触的物品，电脑也是很多上班族必须面对的，那么我们应该怎么来防护这些看不见又频繁接触的辐射呢？

1. 降低辐射来源量：选用质量好的手机，可以为自己的手机和电脑贴上防辐射屏，手机可以选用一些塑料的外壳。

2. 降低接收量：常使用手机和电脑的人群，可多吃一些胡萝卜、西红柿、瘦肉、动物肝脏等富含维生素 A、维生素 C 和蛋白质的食物，经常喝些绿茶，绿茶中的茶多酚可以为我们提供保护。最后我们要好好地武装我们的皮肤，使用一些隔离乳（选用对皮肤刺激小的产品），可以保护我们的肌肤，并且使用手机或电脑后，切记仔细地洁肤，使用温水加上温和的洁面乳彻底清洗面部，可以将静电吸附的尘垢通通洗掉，之后涂上保湿的护肤品。

第7章

其他部位的
常见皮肤问题

第 1 节　你的脖子常常泄露了你的真实年龄
——颈纹

作为一名皮肤科医师，每次家庭聚会或者同学聚会，亲朋好友，特别是同龄人都免不了向我咨询各种美容问题，问得最多的就是如何整形，如何返老还童，回到那"青葱岁月"的时光？

曾经有一名满身珠光宝气的女子来门诊咨询除皱手术的问题，她的脸看上去非常光滑，"容光焕发"这个词语简直是为她量身定做的，整个人看上去不会超过 45 岁。可我低头一看病例，原来是已经 56 岁"高龄"的大姐了。待她把围巾一摘，好嘛，只看她的脖子我会以为她 60 岁了，这就是颈纹的威力。

颈纹实质上是颈阔肌纹，临床表现有些像火鸡脖子，故俗称"火鸡脖"。

这位女子也深深为之困扰，她说她每周去美容院做一次面部护理，也去整形诊所打过玻尿酸，所以看上去年轻一点，但忽略了脖子，后来天气热了起来，她开始穿低领的衣服，结果发现上下不相称，看上去诡异极了。

大部分人把护肤的重点放在了脸部肌肤上，却忽略了与之毗邻的颈部。其实

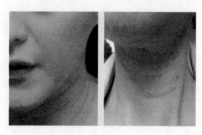

颈纹

颈部和脸部一样，每天都暴露在阳光下面，容易干燥和衰老，颈部皮肤松弛、厚度只有面部的 2/3，而且活动频繁，加上现在大家都是低头族，使得肌肤真皮层的胶原蛋白、弹性纤维也易流失，在缺乏保养的情况下自然易见衰老。

肉毒素除颈纹，快速安全

肉毒素注射是目前最方便、有效的祛除颈部皱纹的方法。原理：A 型肉毒素作用于周围运动神经末梢及神经肌肉接头，抑制突触前膜释放乙酰胆碱，从而导

致肌肉松弛性麻痹，达到去除颈纹的目的。

整个注射过程快速、安全、无痛，仅需几分钟到十几分钟，通常注射后 3～14 天（平均 10 天）皱纹会慢慢地舒展、消失、皮肤变平坦。效果平均维持 3～6 个月，一般一年内要注射 3～4 次。

超声刀抚平颈纹、提拉紧致

超声刀去颈纹是利用超声直达皮下组织，将超声波聚焦于单一个点，产生高能量，使得能量落点位置更加精准，作用于肌肤真皮层、筋膜层，使皮下组织的自然电阻运动产生热能，当温度达到 68～72℃临界点，导致胶原质产生立即性收缩的同时，刺激真皮层分泌更多的新胶原来填补收缩和流失的胶原质，有效抚平皱纹，达到紧致、提升轮廓的效果。

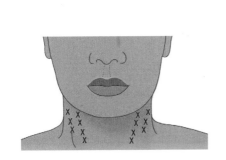

注射部位

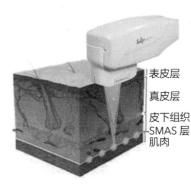

表皮层
真皮层
皮下组织
SMAS 层
肌肉

作用部位

超声刀的优势

疗效较佳：治疗深度好，能够长效刺激组织，紧致作用强，因此去颈纹效果明显，持续时间也长久。

安全无创：非侵入、短时间治疗，非手术性拉皮术，无需恢复期，同时不影响治疗者的正常生活作息。

去分化脂肪干细胞注射

去分化脂肪干细胞注射祛除颈纹也是国内外学者应用于临床的一个新项目，已经在众多医美学者及研究者的工作中取得了初步的成果，但限于医疗项目的规范，目前尚未得到广泛应用。希望未来可以有更多关于其有效性和安全性的临床报道。

颈部皮肤日常护理

1. 做好清洁、保湿、防晒 你在脸上涂了一层又一层的时候，不要忘记下方的脖子也在"嗷嗷待哺"；因颈部皮脂腺较少，所以极易出现皮肤干燥的现象。可以用颈霜来护理颈部，也可以尝试使用天然的橄榄油或牛油果油，护理程序与面部一样，以由下往上的手势，轻柔地涂抹，在擦拭颈霜过程中可进行适当的按摩。

2. 日常按摩 先将下巴略为抬起，之后用食指、中指及无名指由近锁骨的位置起，由下往上用轻柔的力度按摩至下巴，继而用一样的手势按颈项两旁至耳畔的位置。除了颈前按摩外，颈后按摩也不可忽略，在耳后四周斜着向下轻揉，这种从头后斜向方式的按摩，可改善血液循环和颈部酸痛，对于提高皮肤紧致感也有一定作用，但是按摩的时候请温柔一些，时刻牢记那是你自己的脖子；还有应当注意颈部保暖，无论是从护肤还是保护颈椎及血管角度来说，都是必要的。

3. 护理操 将脖颈充分地向前后弯曲，向前要到达胸部，向后时应该避免让头部和地面到达平行。然后向左右两侧交替转动，使它的侧面肌得到充分伸展，最后全方位转动脖颈，用头部画大圈带动脖颈，向右转完再向左转。

4. 颈部姿势 这也是导致颈部皮肤产生皱纹的直接原因。枕头最适宜的高度应在 8 厘米左右，并摆放在脖子的凹陷处，同时注意不要长期蜷体侧睡，这样能防止因枕头过高而产生双下巴与皱纹，以及因不良睡姿导致颈部血液循环不畅而产生暗沉和色斑。工作时，则要注意头部和电脑要保持平行，每隔 1 小时沿逆时针方向旋转头部以放松颈部皮肤和神经，防止颈部堆积皱纹。

第 2 节　"主妇手"怎么办？

　　有一次在门诊见到一名患者，她是一位有 6 ~ 7 口人的大家庭的家庭主妇，每日忙于洗衣做饭、打扫卫生、带孩子，终日辛苦操劳。她的真实年龄才 40 岁刚出头，人却苍老得如 50 多岁。她坐下后满面焦虑，紧搓双手，可她并不是来找我"嫩手"的，而是觉得自己得了癣。

　　我仔细看了看她的双手，皮肤粗糙、干燥脱屑，掌纹增厚，老茧不少，两侧的拇指、食指、中指的指甲均混浊增厚，有的甲面上有裂纹，呈棕黑色。她一坐下来就开始唠叨："自从 3 年前装修和搬进家里大房子后，我就是这个家里最心烦、最劳碌命的一个人。起初跟着老公选购装修材料，之后就担任着装潢监管的重任，再后来就跟着家政的人打扫卫生……等到全家搬迁到新居后，我就光荣地成了名副其实的管家婆和主妇了：一家人的吃喝拉撒睡和 200 多平米房屋的清洁卫生全是我一个人顶下来的，见不得家里一点脏乱，自己又闲不下，请人干又不放心。体力上吃饱、喝好、睡好还能恢复，就是这双手越来越不中用了，骆主任，您瞧瞧，现在都成了这个样子了！"说完还给了她老公一个白眼。

　　"这是说给你听的"，我接过她的话转给了她老公。我问她症状有多久了，她说她也不记得了，近一个月特别重。我问她："冬天会有什么特别不舒服的感觉

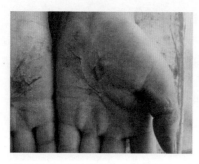

吗？"她猛然记起去年冬天手指指尖、虎口处的皮肤都皲裂了，很久都不好，有几道裂口还挺深，且流了血，也挺疼的，最后贴了创口贴，贴了好久才好，都不敢沾水。

我认为她可能合并有手癣及甲癣。家庭主妇们长期与柴米油盐打交道，双手长期接触水及各种洗涤剂，而她们又不注重保养，手部皮肤屏障被破坏，一些病原微生物平时在皮肤的铜墙铁壁面前只好退去，在这种皮肤脆弱毫无抵抗的时候就乘虚而入了，而真菌喜爱潮湿又温暖的环境，赖上这个恒温又常常沾水的"金主"一点也不奇怪。

但是为了确诊还是应该做些检查，对于皮肤表浅的真菌们，看到它们的方法很简单，刮取活动性损害的边缘皮屑，或挑破水疱疱壁，用10%氢氧化钾压片后，放在显微镜下观察，可以看到弯弯曲曲像毛线的菌丝。如果看不到菌丝，而周围又有一些圆圆的东西的话，可以做个染色，圆圆的真菌孢子可以染成紫色。孢子可以算真菌的种子，在恶劣的不适宜"发芽"的环境下，孢子们裹得严严实实，等到了"春暖花开"的时候，就扎入"土中"茁壮成长。所以真菌十分顽强，它们的孢子抗酸抗碱、忍饥耐寒，将生的希望尽可能久地保存下去，这也是为什么从远古时代地球产生生命开始到现在，多少物种已灭绝，真菌们依然活得多姿多彩的原因。

这名主妇拿着结果给我看的时候，果然是真菌阳性的，因此我可确诊她为手癣及甲癣了。我向她交代了病情，她问我会不会传染给孩子和丈夫，但想想又说丈夫有"脚气"，是不是丈夫传染给她的。

我告诉她，谁传染谁已经不得而知了，目前重要的是家人的卫生用品分开使用，避免交叉感染，丈夫与她应当同时治疗，避免她治愈后又被感染。

她又说："如果这个病跟洗洗涮涮有关，那治病的时候岂不是会影响到我做家务？"

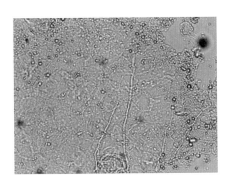

真菌涂片阳性（图中细长透亮的
就是真菌的菌丝）

甲癣

　　我建议她不光在治疗的时候，以后也应当戴上塑胶手套干活，可保护手部皮肤，另外，得了手癣不可搔抓烫洗，否则会加重破坏皮肤。

　　我给她开了抗真菌的外涂药膏治疗手癣，并叮嘱她皮损消失后应继续用药起码 2 周，然后来复诊，复查真菌。而甲癣治疗起来较为困难，目前临床上主要以口服抗真菌药物为主，亦可激光后外敷药物治疗，疗效可观，手术拔甲痛苦，损伤也大，几乎不采用。因此，我又给她开了口服的抗真菌药，且疗程至少 3 个月，如前所述，真菌极其顽强，一定要巩固治疗，并定期复诊，监测肝功能，因为抗真菌药物经由肝脏代谢，会有一定的肝毒性，但发生率极低。

　　她接着问我可否用些土方治疗，这也是许多得了灰指甲的患者经常会问的问题。

　　有一句几乎人人皆知的广告语："得了灰指甲，一个传染俩"，这里的灰指甲就是我们所称呼的"甲癣"。民众闻灰指甲色变，病急乱投医者更不在少数，什么"药到病除"的偏方都敢尝试。我曾接诊过一位患者，他十几年前因"血管炎"致左脚肿痛发黑，来我这里 2 个月前因双足趾甲发黄增厚（甲癣），听信偏方，于私人诊所进行"削甲治疗"，具体方法为中药泡脚，之后无麻药注射下刀片削部分趾甲（听着都疼），每两天一次，八次后患者双足皮肤终于破溃、出血，纱布包扎止血，之后右脚也和左脚一般发黑，当地医院束手无策，建议来我院就诊。

我认为各种民间偏方可作为辅助治疗，但其毕竟由人们口口相传，准确性值得怀疑，建议患者以我的治疗方案为主，平时可用白醋泡手，既可以软化手上的老茧，也可起到杀菌的作用。考虑到她手上的角质很厚，药物难以吸收，我也给她开了尿素软膏，可起到软化角质的作用，亦可滋润她干燥脱屑的双手。

诊断或治疗困难的病例需做真菌培养，培养的阳性率略高于直接镜检，且能明确致病菌种，有利于选择药物和预防复发。指甲上的真菌需要剪一块病甲下来，一部分种在培养基中进行真菌培养，另一部分用碱性试剂泡软，然后压扁做成玻片放在显微镜下观察。

真菌镜检取材注意事项：①皮损的活动边缘才是取材的地方；②甲下甲板处取材才可能提高检出的阳性率；③近期用过抗真菌药的则不容易有阳性结果；④使用激素后，皮损可能暂时好转，但镜下看到的菌丝却更加肥大饱满。

如果是手癣，是不是一定就能查出来真菌呢？据统计，手足癣真菌感染镜检阳性率仅 39%～66%，真菌培养阳性率也只有约 39%～70%，所以说，有时候即使没有查出真菌，但是根据明确的表现和病史，还是可以诊断为手癣的。而真菌镜检结合真菌培养的阳性率显著高于单一的镜检或培养，所以如果有条件，最好能同时行真菌镜检加培养。真菌培养需要些时间，而真菌图片镜检则当下就可出结果。

主妇们往往将一腔"热血"奉献给家庭，忽略了自己的第二张脸——手的保养，尤其那些家庭负担较重的主妇们。即使不是主妇，经常干家务的人手部由于过多接触化学制剂也会出现各种各样的问题。对于这些人，我想说的是，不要忽略这些问题，有了异常就应及时就诊，不要一拖再拖，等到手癣拖成甲癣再来，那治疗就更为复杂，所需时间就更长了，反而得不偿失。

第3节 乳房湿疹，难言之隐

乳房和会阴部，是女人最为私密的地方，人们都不愿提及，更别说前来医院就诊了。但作为医生，这些都是我们不可避免会遇到的，现在我们就来探讨一下这两方面的问题，也希望广大女性患者关爱自己、正确看待，莫要讳疾忌医。

关于乳房疾病，皮肤科最先想到的是乳房湿疹。

乳房湿疹通常发生于乳头、乳晕及其周围，境界清楚，呈棕红色，可以有明显糜烂，表面可覆盖鳞屑或薄痂，有时可发生皲裂。患者会有瘙痒兼疼痛感，可急性发作或反复发作迁延成亚急性或慢性，多见于哺乳的妇女，停止哺乳后多易治愈。如果无特殊原因的湿疹顽固不愈或一侧发生者应注意排除湿疹样癌。

乳头湿疹样癌通常发生于中年以上女性，在40岁以内者少见。一般发生于单侧乳头、乳晕及其周围，呈湿疹样外观，表现为境界清楚的红色斑片，表面多有渗出性结痂，呈灰蓝或灰白色角化性脱屑，并可见皲裂、糜烂或肉芽组织，呈鲜红色，常有渗液。有轻度浸润而无明显瘙痒感。皮损逐渐向周围扩大，病程缓慢，经数月或数年后，病变累及乳房及前胸等部位。损害边缘稍隆起，有明显浸润，外周散在点状皮损，晚期损害向深部扩展时乳头开始内陷、破坏甚至脱落，或发生溃疡，并见血性乳头溢液。半数患者伴有乳腺癌而可扪及乳房肿块，晚期局部淋巴结常有转移。

很多人等到癌症发生才来就诊，恐怕为时已晚，故而定期做乳房检查十分重要，早发现、早治疗。而乳房湿疹，重在保养乳房皮肤。

现代社会许多年轻人每日洗澡，特别在干燥的冬季，皮肤水分流失较夏季多，而沐浴时皮肤水分流失更多，浴后涂润肤霜时往往会忽略乳房或乳头，这样一来，乳头、乳房皮肤愈发干燥，偶尔会有瘙痒感，不注意的时候就去挠痒，进一步加重皮肤的破坏，甚至有人会抓破皮肤，然后反反复复，最后极易诱发湿疹。

另一方面，选择合适的内衣也很重要，内衣不能太紧也不可太松，更重要的是内衣的材质最好是棉质的，有些女性贪图便宜或者一味注重花样而选择一些化纤的内衣，对乳房皮肤也不好。

总之，保养乳房应从每个细节做起。

第4节　外阴瘙痒，莫要讳疾忌医

外阴瘙痒是妇产科及皮肤科常见症状，肛门局部瘙痒时也可引起外阴处皮肤瘙痒。一般多见于女性，外阴瘙痒的病因复杂，可以是局部的非感染性（包括局部刺激、烫洗过多，湿疹皮炎类，绝经期后激素水平下降等）、感染性（常是妇科几种阴道炎的表现）或肿瘤性病变，也可以是全身疾病（如糖尿病、肝肾疾病）的局部表现，也可以没有任何身体上的疾病，而只是一种精神、神经功能的紊乱……所以对于每位诉说自己外阴瘙痒的患者，医生都要根据患者的病史、临床表现以及一些必要的实验室检查才能做出正确的诊断。如有妇科疾病、全身疾病应当去相应的科室就诊治疗，而日常生活中对于外阴的护理保养亦十分重要。

女性出现外阴瘙痒，需考虑如下病因：

1. 不良习惯

不良习惯如接触一些刺激性的物品，经常用不合格的卫生巾、卫生纸，内裤透气性能差或内裤不洁。精神因素如情绪低落、紧张、烦躁时也可引起外阴瘙痒。

2. 相关皮肤病

神经性皮炎，一种慢性的神经功能障碍性皮肤病，好发于外阴，局部刺激、精神烦躁时瘙痒加剧，夜间明显；股癣，是一种真菌感染性疾病，也会引发外阴的瘙痒；外阴湿疹，是由多种原因引起的一种皮肤敏感性升高的疾病，瘙痒剧烈，有渗出倾向，反复发作；此外，还有外阴硬化萎缩性苔藓、外阴扁平苔藓、反转型银屑病等。

3. 糖尿病

糖尿病是中老年妇女的多发病之一，以外阴瘙痒为首发症状的老年糖尿病极易误诊误治。首先，糖尿病患者的含糖尿液会对外阴造成刺激。其次，中老年妇女体内的雌激素水平下降，与健康人相比，糖尿病患者的阴道组织内糖原增加，这种微环境的改变，有利于真菌的过度生长及繁殖。这些均会导致外阴的瘙痒。此类患者的外阴瘙痒非常顽固，反复发作，尤其夜间瘙痒难忍。只有控制好血糖，联合外用止痒药物，瘙痒才能控制和治愈。

4. 老年性外阴瘙痒

由于激素水平减少、组织老化，老年人皮脂腺及汗腺分泌减少，皮肤干燥、变薄，使皮肤的感觉器暴露，易遭受外来的刺激引起皮肤的病变和瘙痒。外阴瘙痒症的常见原因就是皮肤干燥，且瘙痒症患者没有皮肤的改变，只有钻心的瘙痒。

5. 妇科疾病

妇科疾病是外阴瘙痒的主要原因，真菌性、细菌性及滴虫性阴道炎是常发病，很多已婚妇女一生中或多或少都会经受阴道炎的折磨。近年来，外阴白色病变（又称慢性外阴营养不良）越来越受重视，它也是引起外阴瘙痒的常见原因之一；另一类外阴白斑患者的外阴也有色素减退，且瘙痒明显，有发展成肿瘤的风险。外阴的癌前病变及宫颈、外阴的肿瘤性病变均会导致外阴的瘙痒不适。

6. 皮肤性病

由寄生虫如疥虫引起的疥疮也会引起外阴部的剧烈瘙痒，夜间为甚，而且传染性极强；由于不卫生或不洁性行为传染的阴虱、尖锐湿疣也会引发外阴瘙痒。另外，还有梅毒、淋菌性阴道炎、支原体与衣原体感染等。

临床上外阴瘙痒的患者很常见，很多患者选择到各种中小药房自行用药，大多是购买一些具有止痒消炎的中西药洗剂；这些药物初用时因为确实含有一些止痒成分会让患者觉得效果不错，但长期用药后，因没有对因治疗或洗剂的长期刺激会出现瘙痒症状无法改善甚至加重。所以对外阴瘙痒应以预防为主，养成良好的生活习惯；注意外阴清洁，禁止不良性行为，必要时戴安全套。一旦发病，针对病因合理用药。

1. 透气、清洁

日常生活中注意会阴部卫生，穿着宽松、透气的全棉内裤，勤洗、勤换、勤晾晒，保持外阴清洁干燥，保持卧具清洁卫生。注意外阴清洁，平时应准备专用洗具，做到"一人、一盆、一巾、一水"，先将小方巾置入水盆用沸水烫15分钟，晾温后使用，清洗外阴前应剪短指甲、清洁双手，手尤其是甲缝最易藏污纳垢，有些人清洗时特别用力，不慎划伤会阴部黏膜而将甲缝里的脏污留在伤口上，造成感染。洗毕将用具清洁晾晒。不去公共浴池泡澡，避免交叉感染，不宜食用辛辣、刺激性食物，戒烟限酒，避免使用有刺激的香皂、沐浴液。切忌搔抓，瘙痒难忍时可转移注意力，如听音乐、看电视、户外活动等。注意月经期卫生，使用合格的卫生巾，并做到勤换。

2. 少折腾

切忌搔抓、摩擦、热水烫洗，不用肥皂洗得过勤，外阴有自己的酸碱环境，不应因为有一点瘙痒就随便去药店购买清洗剂，一方面会破坏阴道的生态环境，另一方面也会将一些平时"不做乱"的中立细菌杀死，造成阴道免疫系统失去平时的"平衡护卫"机会，导致自身的防御能力降低。所以，日常清洗用温水即可。

有些患者喜欢使用护垫，因为这样可以不必每天更换内裤，这是十分错误的观念。有些护垫质量不过关，而且即使使用的是高质量的护垫，仍然会由于摩擦等原因对会阴部的皮肤造成破坏，更重要的是，阴道的分泌物在护垫上被一些细菌分解，产生的一些化学物质进一步影响阴道的酸碱环境，进而破坏阴道的生态平衡，进一步加重阴道的妇科疾病。

此外，忌酒及刺激性食物，保持身心愉悦，可减少情绪因素造成的心理性瘙痒。性行为特别是婚外性行为易引起性病传播，提倡性伴同治，以提高治愈率，减少复发或再感染。

外阴瘙痒怎么治？

对于病因明确的感染性疾病及动物性皮肤病，需全身及局部应用安全有效的抗菌、杀虫药物。

1. 真菌性阴道炎中念珠菌引起的外阴瘙痒较常见。多以局部用药为主：①用2%～4%的碳酸氢钠溶液或中药冲洗液冲洗外阴及阴道。②阴道放药：如克霉唑栓、制霉菌素栓或硝酸咪康唑阴道栓（达克宁栓）等。③对未婚妇女或局部治疗效果不好者，可口服氟康唑、伊曲康唑、酮康唑等，但孕妇及肝功能异常者禁服，只能局部用药。需要注意的是，念珠菌性阴道炎容易复发，因此用药一定要坚持至少一个疗程，且应注意复查，一次治疗症状好转、真菌阴性后，一定要注意护理，减少复发。

2. 滴虫引起的外阴瘙痒应注意口服＋外用药治疗，而且要夫妇双方或性伴侣同时治疗，性生活时要戴避孕套。常用治疗方法有甲硝唑口服、甲硝唑栓剂阴道放药等，停药后再复查阴道分泌物看是否治愈。同时应注意每日清洗外阴，保持局部清洁，穿宽松纯棉内裤并经常更换，性生活适度，避免搔抓、烫洗等局部刺激。

3. 阴虱引起的外阴瘙痒可外涂克罗米通（优力肤）或百部洗剂。首先剃去阴毛，以热肥皂水清洗会阴后，局部涂25%～50%百部酊或1%升汞酊。

4. 疥疮引起的外阴瘙痒。局部10%～20%硫黄软膏或10%克罗米通霜外用，可以配合甲硝唑口服。

5. 尖锐湿疣：尖锐湿疣可行光动力、冷冻、激光或电离子刀切除疣体，可适当全身应用抗病毒药物及胸腺素、转移因子或干扰素增强机体细胞免疫功能。

6. 对于皮炎、湿疹等过敏性疾病，去除可疑致敏原，全身应用抗组胺药物。同时根据皮损变化局部给予湿敷、软膏或皮损内注射等治疗。应该注意局部使用糖皮质激素类药物时，应选择弱效激素软膏，短期应用一般不超过4周。扁平苔藓、外阴白斑患者可采用激光、冷冻、局部封闭配合外用药物如钙调磷酸酶抑制剂治疗，并随访观察。单纯性外阴瘙痒症给予安神、调节自主神经及对症治疗，局部外用皮质类固醇软膏。

总之，外阴瘙痒往往难以启齿，许多患者胡乱猜测，选择自行去药店买各类洗剂，结果越弄越糟糕，经过以上内容的介绍，读者可大概了解到外阴瘙痒的病因多种多样，各种疾病的治疗也不同，应及时到医院就诊，不能讳疾忌医，擅自用药，掩盖病灶，影响诊断，延误治疗。

第 5 节　爱穿高跟鞋，脚上磨出的是鸡眼还是老茧？

记得有一次，刚去诊室，就发现里面坐了一位愁眉苦脸的青春美少女，"医生，你快救救我的脚……"说着，拉开了高高的过膝靴的拉链，脱下鞋子。

"医生，您看这里，看这里，还有这里……痛死我啦，这以后怎么办呢？"

第一眼倒是被美女闪闪发亮的靴子吸引了，足足有 12cm 高的细细的鞋跟上还镶了一些碎钻，可再看她脚上至少有三种皮肤病了。首先在右脚的足底外侧可以看到几个圆圆的绿豆到黄豆大小的角质增生，每个表面看上去有许多小黑点，这几个皮疹是跖疣。"疣"老百姓也叫"瘊子"，是由病毒感染引起的，常在人的手上、脸上或脖子上见到，但与长在脚底的不同，因为走路总踩压这些"瘊子"，

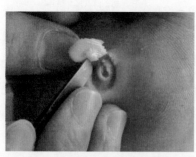

鸡眼

因此跖疣更像是嵌入在皮肤里的，比较深。第二个发现在左脚小趾外侧和右脚四五趾间侧缘有像鸡眼一样的角质透明环，中间有圆锥形角质栓，我轻轻触碰了一下，她立刻喊痛，倒吸一口凉气，这个就是所谓的"鸡眼"了。鸡眼是个呈倒圆锥形角质增生，所以挤压时特别疼痛。

鸡眼、胼胝、跖疣鉴别

	鸡眼	胼胝	跖疣
病因	挤压	长期压迫、摩擦	病毒
部位	足跖、趾、足缘受压处	足跖前部、足跟	足跖
损害	圆锥形角质栓，外围透明黄色环	易受摩压处蜡黄色角质斑片，中央略增厚，皮纹清楚，边缘不鲜明	圆形灰黄角化斑块；中央凹陷角质软芯，表面粗糙无皮纹；外周角化环；稍挖易见出血点
数目	单发或几个	1～2片	单发或多发，大小不一
疼痛	压痛明显	无或轻微	挤捏时疼痛明显

"啊，是鸡眼啊，不是老茧？"她奇怪地问道。再仔细看看在她脚掌前段还能看到片状、黄色的半透明的角质增生，用劲压压，她没有那么明显的疼痛感觉。我告诉她："这个才是老茧啦，医学名称为胼胝，是由于压迫、摩擦等机械刺激所致的足底局限性角化过度，但和鸡眼不一样的是，它还有正常的皮纹走向，只是皮肤角质层过厚呈黄色，半透明，而且它的皮损面积大而弥漫，没有中心核，一般也有痛感，但不会剧痛。总穿高跟鞋的人足底受力摩擦明显就会成这个样子。"

"不是传染的啊？"

"当然不是，鸡眼发生的一个重要原因在于鞋的不合脚或不符合足部的工程

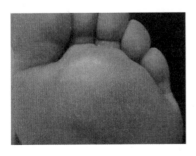

胼胝

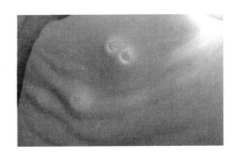

跖疣

学原理，如鞋太紧或鞋跟过高，就会挤压足部的某一局部，造成这个部位的反复受压，刺激角质增生形成鸡眼。跟你的高跟鞋有关系呢。"

"这样啊，网上说缺钙引起这个呢？还有，医生，这些偏方能不能治好这个？"说着，她拿出了几张打印纸，一条一条读了出来："一、拿西瓜虫按在鸡眼上揉碎；二、用醋煮七个鸡蛋，一顿吃掉；三、用陈年瓦楞水洗；四、干净小针每天扎鸡眼正中心，每次都要扎出血，半个月就可掉。"

面对着眼前这双忽闪的大眼睛，我实在不知道该说什么好，这些稀奇古怪的方法，一点理论依据都没有，鸡眼和胼胝的治疗方法又有什么呢？其实做好以下几点就可以了：

1. 选择合适、舒适的鞋子，确保鞋子不应过小、过窄，并且没有部位长久受挤压，这是从病因上解决问题。

2. 保护双脚，可以每天温水泡脚 5 ~ 10 分钟，擦干后外用润肤乳液，可保持足部皮肤的滋润柔软。

3. 如果出现了鸡眼，可考虑外贴鸡眼膏，全名水杨酸苯酚贴膏，一般 3 ~ 5 天换药一次，每次换药前清除贴膏，用热水泡足，并刮去软化的角质，直至全部剔除鸡眼。

4. 如果出现了胼胝，除了适度的滋润外，还可以考虑外用维 A 酸乳膏对抗角质层的增生。

5. 明显疼痛影响行走的鸡眼或胼胝，可考虑冷冻、激光或者手术治疗。

第 6 节　"牛皮癣"乱投医，老汉险酿悲剧

2016 年正月二十，当人们还沉浸在春节、元宵的喜庆气氛中，家住扬州乡下的俞老伯却因病重一大早便被家人百里迢迢送来我的门诊。

68 岁的俞老伯，已经有"牛皮癣"26 年，前几年在我院皮肤科正规治疗，

控制尚可。2 周前听信一"熟人"的劝导，改服"偏方"，并每隔五天泡药浴一次，用药不久后即感头昏乏力，血压最高达 180/120mmHg，6 天前，身上皮损显著加重，并出现畏寒发热、恶心呕吐等，已经 5 天没有进食了，"熟人"说这是正常反应，于是俞老伯仍坚持用药，昨天泡药浴后，症状再次加重并伴疼

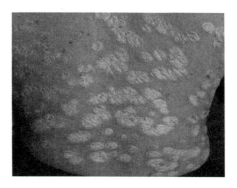

银屑病

痛，他终于不能耐受，今天一早就被家人急送门诊，我一检查发现患者全身皮肤弥漫红斑、脓疱，皮损已累及超过 90% 体表面积，体温 38.2℃，查血显示重度低钾、低钠、低氯。根据他的病史及临床表现，我诊断为"①红皮病型银屑病；②脓疱型银屑病"，立即收住入院，并下了病重通知，予以密切观察治疗。经过我们科医护人员及时救治及精心护理后，老伯病情转危为安逐渐稳定，一个月后康复出院，出院时，他握着我的手，感慨自己从来都没生过大病，这次险些因为这小小的"牛皮癣"丧命，以后再也不相信什么"偏方神药"了！

　　银屑病，俗称牛皮癣，是一种顽固性皮肤病，冬重夏轻，且影响美观，患者身体、心理上的压力都很大，希望能快速治愈，江湖游医就利用了患者的这一心理，鼓吹"一招就灵，还您完美肌肤"，盲目使用糖皮质激素和免疫抑制剂。不可否认，这类药对银屑病确有显著效果，可能很快消除皮损，但是停药即复发，而且易向脓疱型、红皮病型等重型转化，且给后续治疗带来很大难度，甚至危及生命，望患者及家属能仔细掂量，切勿追悔莫及！

寒冷时节，银屑病的防与治

　　银屑病的发生、加重、复发或好转与季节有着密切的关系，大多数银屑病患者初发或加重在寒冷季节，而好转或消退在温暖的季节。导致银屑病寒冷季节易发生或加重的原因是多方面的。

　　首先，寒冷的环境可以对人体内的代谢过程、免疫功能以及血液循环等造成不良影响，进而影响银屑病的病情。其次，寒冷季节是上呼吸道感染的好发季节，而细菌或病毒的感染是银屑病复发的重要诱发因素。此外，研究表明，阳光中的长波和中波紫外线对银屑病的防治有一定作用，在寒冷季节，人们接受阳光照射相对较少，也是导致银屑病复发或加重的重要因素之一。长江以北的发病率及复发情况均比长江以南高些，这也与季节及紫外线照射有关。

　　银屑病的病因及发病机制很复杂，目前要完全防止银屑病的复发还不太可能，但是，可以针对季节相关、饮食相关及精神心理因素相关等特点采取一些措施，达到减少复发、缓解病情的目的。

　　1. 注意保暖，根据天气变化及时添加衣服，尽量避免在寒冷的环境中长时间停留。平时注意锻炼，增强体质，减少上呼吸道感染的发生。在流感好发时期，可以通过注射流感疫苗预防流感。在寒冷季节，接受适当的日光照射对于防止银屑病复发有一定益处，但是对于夏季加重型的银屑病患者，则应注意避光。

　　2. 饮食不当可引起银屑病加重，患者应尽量避免饮酒及进食刺激性食物，避免高脂肪、高糖类的食物，但不宜盲目忌口，因为患者皮肤损害处每天都有大量的鳞屑脱落，可丢失过多的角蛋白，若长期控制饮食，易造成低蛋白血症。在寒冷季节还应注意多吃含丰富维生素的蔬菜及水果。

　　3. 平时生活上要有规律，注意休息，保证睡眠，避免过度疲劳。要保持心情舒畅和心理上的平衡，解除思想顾虑，树立战胜疾病的信心，避免因情绪过度紧张与焦虑而给病情带来的负面影响。

第8章

一年四季的
护肤法则与重点

人的皮肤有干性、中性和油性之分。不过，这种属性不是一成不变的，而是随着气温、湿度的改变而变化。如油性皮肤在冬季会呈中性，干性皮肤在夏季亦可变为中性。所以，护肤方式应根据皮肤属性随季节改变而变化，这样才能获得最佳的护肤效果。

一般情况下如果四季分明，四季护肤法则可以大致如下：

- **春季防过敏**
- **夏季防日晒**
- **秋季防干燥**
- **冬季防冻疮**
- **雾霾防污染**

第1节　春季易发皮肤病，你中招了吗？

春天来了，万物开始复苏，草长莺飞，花开鸟鸣，然而，在这桃红柳绿的美好季节，有一些人却容易受到皮肤病的困扰。下面，介绍一些春季易发的皮肤病及其防治、护肤办法，希望帮助大家愉快地度过春天。

1. 青少年春季疹

表现：初春日光照射后，耳部经常瘙痒，耳廓迅速形成红斑，其特征性表现是在红斑发生后 12～14 小时内出现群集性水肿性丘疹或斑丘疹，多数丘疹顶端有小水疱，数日至数周内皮疹自行消退，出现鳞屑，但无萎缩，每年春季可复发。损害多局限于耳部暴露于日光的区域，个别患者也可在手背和指背出现类似皮疹。本病还可与其他日光性皮肤病同时发生，以并发多形性日光疹多见。

起因分析：可能是日光和冷空气的共同作用所致。

特别提醒：多见于 5～12 岁男孩，女孩因长发遮盖耳部而较少患病。对日光较敏感的白色皮肤小孩发病率较高。疾病可反复发作，长达数年，所以以前发过本病的人要注意预防。

治疗指南：用遮光剂不能完全预防本病，内服烟酰胺有效，可局部应用钙调磷酸酶抑制剂和弱效皮质类固醇。

2. 季节性接触性皮炎

表现：这是一种由花粉引起的、随着季节变化而反复发作的皮肤病，特别好发于春暖花开之际，也较好发于秋凉叶落之时。皮疹多局限于颜面、颈部，表现为轻度红斑，水肿，略微隆起或者伴有少数半

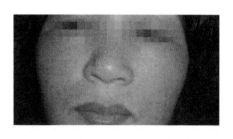

个米粒大小红色水肿性的小丘疹；有的表现为眼周围或颈部红斑，水肿不明显；有的还可以表现为湿疹样改变，轻度苔藓化皮疹（即皮肤增厚、粗糙不平），有时有糠秕样鳞屑。患者常会自觉瘙痒，每年反复发作但可以自行消退。

起因分析：空气中散播的花粉使人体产生过敏反应。

特别提醒：女性易患此病。

治疗指南：若确定是花粉过敏，则尽量避免接触。非面部皮损表现为轻度红肿、丘疹无渗液时，可外用炉甘石洗剂，其中可加适量苯酚、樟脑或薄荷以止痒。皮损表现为湿疹样改变，如轻度苔藓化时，可外用2%～5%糠馏油及其他焦馏油类的乳剂或糊剂，还可应用皮质类固醇霜剂。如患者瘙痒剧烈，可内服抗组胺药及维生素。

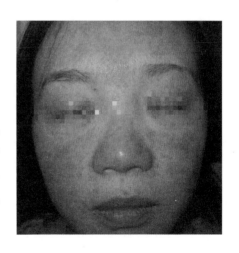

3. 颜面再发性皮炎（桃花癣）

表现：好发于春季。皮损初起于眼睑周围，渐次扩展至颊部、耳前，有时累及颜面全部，发生轻度局限性红斑，细小糠状鳞屑，有时可轻度肿胀，但绝不发

生丘疹、水疱，也不会浸渍和苔藓化。皮疹有的可发生于颈部，但躯干、四肢等处并不发生。此病发生突然，自觉瘙痒，一周左右可消退，但可以再发，反复再发时可有色素沉着。

起因分析：可能与皮肤屏障受损、化妆品、温热、光线刺激、尘埃、花粉等过敏或刺激有关。卵巢功能障碍、习惯性便秘、自主神经功能紊乱、精神紧张及疲劳、消化功能障碍，以及 B 族维生素、维生素 C 缺乏和贫血等，也可能为此病的发病因素。

特别提醒：多见于 30～40 岁女性，在其他年龄女性及男性中也可发生。

	颜面再发性皮炎	季节性接触性皮炎
病因	可能与环境刺激，皮肤屏障功能受损、精神紧张、疲劳以及消化功能紊乱等有关	空气中散播的花粉、柳絮等过敏原使人体产生的过敏反应
皮疹	皮损初起于眼睑周围，渐扩展至颊部、耳前，有时累及颜面全部，发生**轻度局限性红斑**，细小糠状鳞屑，有时可轻度肿胀，但**绝不发生丘疹、水疱，也不会浸渍和苔藓化**。伴瘙痒及皮肤干燥	皮疹多局限于颜面、颈部，表现为**轻度红斑或水肿，可有小丘疹**；有的还可以表现为湿疹样改变，轻度**苔藓化**皮疹（即皮肤增厚，粗糙不平），有时有鳞屑。瘙痒
斑贴试验	有时阳性，不一定	阳性
发病季节	好发于春季，易发生于桃花盛开的季节（故又称"**桃花癣**"）	春暖花开或秋凉叶落之时
共同点	春季好发，局限于面颈部，主要表现为红斑或伴肿胀，有瘙痒	

治疗指南：**避免诱因（"三不要"），保护皮肤屏障（"三要"）**

"三不要"

1. 不要接触过敏原　若确定是花粉过敏，则尽量避免接触。发病季节尽量减少外出，特别是花粉多的公园或郊外，出门戴口罩，尽量避免风吹、日晒；外出后要凉水洗脸，发病时不吃刺激性食物。

2. 不要多用洗面奶　市面上大部分洗面奶有许多添加剂，你的脸在发病的时候十分娇嫩，很容易受到刺激而导致损伤进一步加重，所以洗脸用偏凉的温水洗，甚至可以用冷水湿敷一下，可以收缩血管，减少面部的充血、水肿。

3. 不要搔抓　搔抓是一种蛮横的物理损伤，很容易使皮肤伤上加伤，甚至导致破溃。

如患者瘙痒剧烈，可内服抗组胺药西替利嗪、氯雷他定等。颜面再发性皮炎还可同时内服 B 族维生素、维生素 C 等。

三要

1. 要冷敷　可以适当缓解瘙痒感，减轻血管扩张、炎症反应。

2. 要保湿　可以使用保湿、无刺激的面膜或护肤品。请记，住成分越简单越好，在皮肤受伤时，太多的营养对它来说是负担，甚至是新的伤害，皮肤科医生常推荐患者使用修复皮肤屏障功能的医学护肤品。

3. 要适当用药　瘙痒明显者可以口服抗组胺药如西替利嗪、氯雷他定等，急性皮炎有明显渗液可用清水或 3% 硼酸溶液冷湿敷；急性皮炎红肿、水疱、渗液不多可外用锌氧油；如有红斑、丘疹无渗出或者有轻度苔藓化，可以考虑短期内少量外用弱效激素药膏如醋酸氢化可的松、醋酸地塞米松、地奈德乳膏等即可。一旦红斑消退，就可以停药，一般一周内就好了，不会出现依赖的情况。而且对于某些患者，激素可以和硅油或者尿素软膏 1：1 混合使用，这样激素浓度降低，副作用也就更小了。如果需要长期用药，后面可使用钙调磷酸酶抑制剂如吡美莫司乳膏或者他克莫司软膏（0.03%），可以消炎而无明显的副作用。

第2节　春季护肤法则

春季易发的皮肤病这么多，所以要多加小心，注意从以下几个方面着手进行预防：

1. 要尽力避免接触花粉、尘埃等过敏原物质，过敏体质者或者曾经患过上述皮炎的人，在春天最好不要逛公园或去花草繁茂之处，也尽量不要在居室内种植鲜花。

2. 敏感性肌肤不宜频繁更换护肤品，不要化浓妆。要选用适合自己的化妆品。使用新化妆品前，可先在手腕正面涂上适量，若24～48小时后不出现红肿方可使用。如果选用不当，空气中的花粉、尘埃因之而吸附于皮肤，经日光刺激，易发生光变态反应诱发颜面再发性皮炎。

3. 加强防晒：尽量避免阳光强烈时出门或户外工作，使用质地清爽的宽谱防晒露／液。日常SPF15～20度，PA++防晒即可，若皮肤薄、白皙则使用25～30$^+$度防晒品。

4. 增加保湿面膜使用率。使用含油脂成分低的面霜。露状、液状、凝胶质地的保湿面霜最合适。慎用祛斑、换肤、强效美白产品。

5. 生活有规律，合理饮食，多摄取含维生素的食物。早上吃好，中午吃饱，晚上吃少。无论儿童还是成人都要调整好饮食结构，如荤素搭配，多食新鲜果蔬，必要时也应适量补充维生素。

6. 合理安排作息时间，保证充足的睡眠。要进行适当的体育运动，提高身体抵抗力。

第3节　春季水痘来袭，警惕认识误区

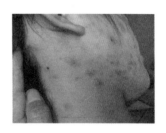

水痘

记得去年春天的一大早，刚来到门诊，就来了一位年轻女性，急性病容，双眼结膜充血，头皮、面部及躯干都遍布红色丘疱疹与带有红晕的水疱，部分水疱顶端还有小脓头，少数有结痂。患者说发疹初期有点痒，后来皮疹慢慢变多，头皮里面都是，晚上睡觉时受压部位的水疱都有疼痛，很难受。

像这样面容和皮疹的患者，看一眼便可以给出诊断：水痘。再细询问病史，才知道她是被小朋友给传染上的！原来她是一名幼儿园老师，最近班里确实有几个小朋友相继感染了水痘，她想自己是大人了，应该不会被传染的，就没有注意防护，加上最近工作劳累、身体抵抗力下降，不料竟被传染上了。她这才意识到水痘的危害，更怕传给家中只有两岁大的宝宝。

春回大地之际，水痘也有抬头趋势，尤其是婴幼儿，如果与带状疱疹患者密切接触也可能发生水痘，因为这两个病均由水痘-带状疱疹病毒引起，可通过患者飞沫传播，传染性很强，也可因直接接触疱液污染的衣服、用具等而传染。

关于水痘，老百姓的认识可能存在以下几个误区：

误区一： 水痘患者只有在出疹的时候才具有传染性。事实上，患者出疹前常有发热、头痛、打喷嚏等上呼吸道感染症状，从其发疹前一周至发疹后一周左右均具有传染性。

误区二： 以前得过水痘就永远不会再得了。其实不然，一般水痘或带状疱疹发生后机体会产生终身免疫，成人再次感染的确不多见。但在过度疲劳、营养不良、恶性肿瘤、白血病、糖尿病及长期使用糖皮质激素、免疫抑制剂等机体免疫力下降的情况下还是会有二次感染的可能。此外，由于水痘-带状疱疹病毒感染后可长期潜伏于神经节，当机体抵抗力下降或劳累、感冒时，病毒可再次复制，

表现为带状疱疹。

误区三：成人抵抗力强，患了水痘可以自己随便买点药吃，不需要去医院。事实正好相反，一般而言，成人水痘高热、头痛等症状更加显著，全身中毒症状更重，皮疹数目更多，且更容易出现肺炎、脑炎等并发症，如不及时有效治疗，甚至可能继发败血症等而危及生命。

这位小许老师耐心听完我的讲解后，总算舒了一口气，安心接受治疗。

最后，提醒大家一定要有预防意识，尽量少到人员聚集的公共场所，注意家中通风，避免接触水痘患者，1岁以上、没出过水痘的儿童可到医院接种水痘疫苗。

发生水痘须警惕：

· 发疹前一周至发疹后一周左右均具有传染性

· 即便得过水痘依然要防范再发

· 成人得了水痘也要去医院接受正规治疗

第4节　春夏之交，股癣、足癣最易"死灰复燃"

本书的第6章第2节里，我们提到了手癣和甲癣，也就是手部的皮肤癣菌感染。其实，股癣、足癣也都是比较常见的，也是皮肤癣菌感染所致，只是根据其感染的不同部位命名的。

皮肤癣菌可以在人与人、动物与人、污染物与人、人体不同部位之间传播。共用鞋袜，赤足在公共浴室、健身房、游泳池等公共设施上行走等密切接触病原菌的情况下易被感染，在经常穿着胶鞋的某些特殊人群中，足癣患病率甚至高达

80% 以上。

股癣、足癣通常都发生在潮湿温暖的季节和部位。有人这个夏天治好了，来年初夏又感染了，或者有人也是从夏到冬感觉是"不治自愈"了（这是一种假象），入夏后又会"死灰复燃"。这是因为，引发癣的真菌喜好温暖潮湿的环境。因此在气候变暖、雨水增多，春末夏初之季此病悄然而至，特别在我们南京，地处长江中下游一带，每年还有一个梅雨季节，一连 20 来天都阴雨连绵的，很多地方都泛着"霉"劲儿。而到秋冬季则因为气候干冷缓解或痊愈了。

股癣，好发生于阴囊内侧的大腿皮肤，可单侧也可双侧同时发病。刚开始表现为边缘清晰、稍微隆起的红斑，渐渐扩大，上有脱屑，并逐渐由红色转为褐色或肤色，皮损的中央部位有自愈倾向，而红斑的边缘炎症则比较明显，上面可有丘疹、水疱、结痂，甚至糜烂。皮损向周围发展，形成环形或半环形，愈后可留下暂时性色素沉着，常常伴有明显的瘙痒不适。久病者局部皮肤发生浸润肥厚性改变。严重者常扩展波及股内侧、会阴、肛门周围，其下缘多清晰。有时皮损也可波及阴囊、阴茎根部等处。

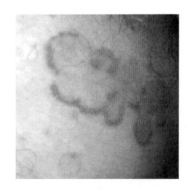

股癣：表现为大腿根部隆起红斑，逐渐向外扩大

足癣的临床表现有多种类型，其一，红斑水疱型：多出现红斑、脱屑和细小水疱，自觉痒，易反复，此型多发生于夏季。其二，浸渍糜烂型：通常间擦部位如趾间的表皮浸渍发白、脱皮，基底部为红色糜烂面，有渗液，易继发细菌感染，伴有多汗，通常在炎热、潮湿的夏季病情加重，瘙痒显著。反复搔抓可引起丹毒、淋巴管炎、蜂窝织炎，足部疼痛红肿，下肢活动受限。其三，角化过度型：主要表现为片状红斑伴皮肤角化过度（增厚、变粗糙）、角质弥漫性增厚、粗糙无汗、脱屑、表面覆盖细薄的白色鳞屑，中

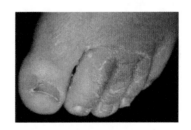

足癣：浸渍糜烂

心纹理明显。病变常为双侧性，多在脚掌，并向足背、踝部蔓延，本型顽固难治。

男性、肥胖者易患股癣

股癣多发生在男性。男性股内侧与阴囊靠近，尤其是肥胖者，大腿根部两处皮肤完全贴在一起，其上的分泌物、污垢等都不易清除，而且局部温度较高、潮湿，很适合真菌的生长繁殖，故男性易患股癣。女性患股癣相对较少，但如果身体过于肥胖，夏天局部因素也会有利于真菌的生长，所以女性也可以发生股癣。

此外，局部的卫生状况及身体抵抗力也会影响到本病的发生。久病卧床，身体虚弱，特别是患有糖尿病、恶性肿瘤、结核病，或者长期使用皮质类固醇激素或免疫抑制剂的患者比健康人更容易发生股癣。另外，穿着紧身内裤以及透气性不好的化纤内裤，或高温下经常从事驾驶工作，会导致局部温度增高和出汗增多，更易发生股癣或使原有股癣加重。

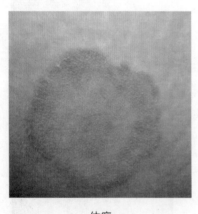

体癣

体癣还是银屑病？

除了手足癣、股癣等这些常见部位的癣以外，皮肤癣菌还会引起除手、足、会阴和股部以外光滑皮肤上的感染，称之为"体癣"。体癣初起为红丘疹或丘疱疹，继之再向周围发展成边界清楚的环形损害，表面一般无渗液。体癣的主要特征就是鳞屑性红斑，边缘具有活动性，不断扩展，中央则趋于消退，有的环形皮损内还可以再出现环形皮损而呈同心环形状。可伴有不同程度的瘙痒。

如何明确诊断"癣"——真菌检查不能少

第 7 章第 2 节里我们详细介绍了真菌检查对于诊断"主妇手"——手癣的重要性，其实，足癣、股癣也是一样的，因为它们都属于同类疾病。因此，在诊断手足癣、甲癣、股癣时，只要近期没有使用过抗真菌药，都会给患者做真菌镜检、培养，从而更加明确诊断、放心用药。有时候，体癣和其他病长得有点像，这就更加需要我们能够仔细观察皮损和询问病史，当然真菌检查更是必不可少了。

举个例子：有一次，一个学生的姐姐来找我看病，她的前臂有两处境界清楚的环形皮损，皮损上附有鳞屑，初看起来非常符合银屑病（牛皮癣）的特征性皮损，患者主诉有"牛皮癣"家族史，且女孩子爱干净，前臂部位比较清洁，所以发生体癣的概率较低，故首先考虑这是一个银屑病的皮损。然而我很快又否认了这个想法，几句聊天下来，知道这姑娘是一个爱猫之人，前几日家中的宠物猫竟也长有"猫癣"。后来在与她的交流中，发现她的皮损中央有假性愈合的趋势，在皮损发展过程中有小水疱的阶段。所以小姑娘的皮损是体癣也不无可能。因为这两种疾病的外用药是截然不同的，银屑病可以首选激素，而体癣必须首选抗真菌药。为了明确诊断，我们给患者做了真菌镜检，镜下果然发现大片的菌丝，提示患者确有真菌感染，这也再次说明真菌可通过动物与人之间的接触传播、感染。最后决定先给予患者抗真菌治疗，如果治疗后皮损消失，银屑病的可能就不攻自破了。

体癣

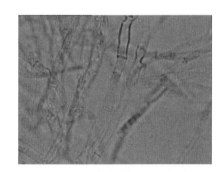

真菌菌丝

达克宁还是派瑞松，你用对了吗？

真菌感染的各种癣的治疗目标是清除病原菌、缓解症状及防止复发。原则上以外用药为主，如联苯苄唑乳膏、咪康唑、益康唑、酮康唑、舍他康唑及特比萘芬软膏等，这一大串拗口的名字也许已经将你绕昏了，但是，不难发现，它们的名字里基本都有一个"唑"字，这一类抗真菌药属于唑类，而特比萘芬则属于丙烯胺类，这两类就是目前用于治疗皮肤癣菌感染的最主要药物，一般选择一种即可。

老百姓常用的"达克宁"就是硝酸咪康唑软膏，属于唑类；一些具有角质剥脱作用的制剂也有一定的抗真菌作用，如水杨酸、苯甲酸等，大家常用的"足光散"就同时含有这两种制剂，所以很多人使用的时候会反映"脚上的皮都脱了一层"，正是因为其强有力的角质剥脱作用；还有一种大家经常用的就是"派瑞松"，专业名叫曲安奈德益康唑乳膏，这其实是一种复方制剂。所谓复方制剂就是两种及多种不同效用的药共同发挥作用，而"派瑞松"就是"曲安奈德"和"益康唑"的复方制剂，前者属于激素类，后者属于唑类抗真菌药，这种复方制剂可用于治疗炎症较重的体股癣患者，但应注意避免糖皮质激素的不良反应，建议限期应用1～2周，随后改用单方抗真菌药物至皮损清除。类似的药还有"皮康王"，专业名叫复方酮康唑软膏，是酮康唑和丙酸氯倍他索（也是一种激素）的复方制剂。所以，当我们自行购药时就要注意了，不要只注重看商品名，一定要看它的专业名，如果名字里有"复方"二字，就一定要慎用了。

有一次遇到一位因腹股沟红斑、脱屑伴瘙痒2个月来就诊的21岁小伙子，再三强调自己已经使用了具有明确抗真菌作用的药膏，结果反而越来越重，非常不能接受我们给出的"股癣"的诊断，在看到真菌图片"阳性"的结果后更是一脸茫然。在我们的要求下，患者把所用过的药膏拿了出来，看到"曲安奈德酮康唑软膏"的药名后，我恍然大悟：该复方制剂虽然含有抗真菌成分，但其主要适应证为湿疹

> 骆丹教授教你从专业名称理解抗真菌药的正确用法！

基础上的真菌感染，是不可以单独治疗股癣的；复方制剂的适应证要严格把握，否则就会出现适得其反的效果。

如果是足癣局部治疗的药物及剂型选择可参照如下标准：

1. 水疱型 可使用较温和的溶液和乳膏制剂，如1%特比萘芬喷雾剂、2%硝酸咪康唑乳膏或2%酮康唑乳膏等。

2. 间擦糜烂型 一般先使用粉剂，待局部皮损干燥后再使用溶液或乳膏制剂，如2%硝酸咪康唑散剂、2%硝酸咪康唑乳膏或2%酮康唑乳膏等。

3. 鳞屑角化型 可选择乳膏或软膏制剂，必要时配合角质剥脱剂。

4. 混合型 按不同的类型分别治疗，散剂、乳膏或喷雾剂可以联合使用。可将散剂洒于鞋、袜内，再配合使用软膏或霜剂，既有协同治疗作用，又可以有效防止复发或再感染。

5. 顽固型 对于局部治疗效果欠佳、皮损广泛或反复发作的患者，或者皮损为角化增厚型、浸渍糜烂型或合并有其他不利于足癣治愈的系统疾病如免疫功能缺陷的患者，除了外用药物，也可考虑口服抗真菌药物，如伊曲康唑、特比萘芬、氟康唑等，内服外用双管齐下，起效更快，效果更好。

6. 合并"灰指甲" "灰指甲"就是甲癣，很多常年不愈的足癣患者往往发展为甲癣，两者常常互为因果，所以如果患者合并有足癣和甲癣，应一并治疗。

足癣治疗的注意事项

1. 不可乱用药 首选抗真菌制剂，不能使用一些含皮质类固醇激素制剂等的外用药，如复方醋酸地塞米松乳膏（皮炎平）、氟轻松（肤轻松）等。激素外用药只能导致皮损扩散、蔓延和炎症加重。还有的患者为了早日清除皮损，未考虑到外阴、股部皮肤较薄嫩的特性，自行使用一些刺激性很强的外用药物，或者进行强烈搔抓以及用热水烫洗等不良刺激，结果导致外阴、股部刺激性接触性皮炎或湿疹样改变，使病情明显加重，可表现为外阴及股部渗液。

2. 需坚持用药 外用抗真菌药时可略扩大涂药面积，一般超出可见皮损范围的 2~3 厘米，皮损边缘的"正常"皮肤可能已经被真菌感染。一般每日 1~2 次，疗程 2~4 周，症状消失后（一般需 2 周左右），即使患处皮肤看来已恢复正常，也要继续坚持用药。很多患者见皮肤好转即刻停药，其实此刻真菌尚未完全清除。从专业上讲需要达到临床治愈和菌学清除，所以仍需坚持用药半个月到 1 个月。

3. 注意患处透气、卫生 足癣患者，特别是需要长期站立或行走的人，容易形成温暖潮湿的鞋内环境，有利于真菌的生长，所以应尽量穿着轻便透气的鞋子。

4. 切忌搔抓、热水烫洗 手癣易来自于搔抓足癣、股癣、头癣等的直接接触传染，通过搔抓从足向手传播是最常见的途径，所以，切忌用手直接搔抓，这样可减少手癣及其他部位体癣的发生。此外，有些患者因为瘙痒而喜好用热水烫洗，结果导致湿疹化表现。应尽量避免这些不良刺激。

第 5 节 日晒后皮肤瘙痒发疹，可能是多形性日光疹

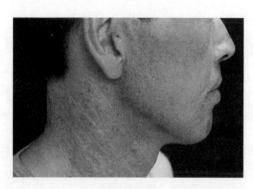

多形性日光疹

之前我们提到了防晒对减少紫外线慢性累积性损害的重要性，也许你会觉得：少涂一次防晒霜，应该不会马上就长皱纹或者得癌症吧？然而很多人却还受着日晒的另一种折磨，就是短期可见的"日光性皮炎"。

前段时间遇到一位网上咨询的患者，诉天气炎热以来双上肢出现了多个瘙痒明显的丘疹，我观察了该患者的皮损，发现均位于容易暴露的手臂曲侧，就向她求证是否经常在户外活动。原来这位患者非常喜欢户外运动，感觉来了，甚至会顶着烈日来个说走就走的耐力跑！在此，我要给朋友们提个醒，炎炎烈

日，请合理安排户外运动的时间和运动量，避免高温和紫外线对皮肤造成伤害！

多形性日光疹，是最常见的日光性皮肤病，春季和初夏最严重。患者常在日光照射几小时内，于日光暴露部位出现丘疹、水疱或斑块，持续数天，一部分有家族发病倾向。

临床表现

1. 发病季节　春夏季发病。反复发作，持续多年。

2. 常见人群　中青年女性多见。

3. 与日晒有明确关系　日晒可诱发，避光一段时间，病情可缓解。诱发试验可明确：用两倍红斑量中波红斑紫外线（UVB）照射同一部位，每天 1 次，共 3 次，可诱发皮疹。

4. 皮疹部位　多见于暴露部位，如面颈、前胸 V 字区、双手背及前臂伸侧等。

5. 皮疹特点　常于持续日光暴露后 30 分钟至数小时发生皮疹，为多形性皮疹如红斑、丘疹、风团、水疱、小结节等，也可出现苔藓样皮损。瘙痒明显，多于 7 天左右消退，不留瘢痕。

多形性日光疹好发于暴露部位，如面颈、前胸 V 字区、双手背及前臂伸侧等

预防是重点

1. 防晒是避免复发的前提　如穿长袖衣、戴宽沿帽、外涂防晒霜等，出门前 15～20 分钟涂布防晒霜（如 SPF15 或 30/PA++），避免食用光敏性食物或药物（具体哪些属于光敏性食物，在本书第 2 章第 4 节里有详细介绍）。

2. 训练机体对光线照射的耐受能力　冬春或春夏交替时要逐渐增加光照量，**以避光为原则**参加户外活动，尽量选择在上午 9 时前和下午 4 时后，接受小剂量短时间的紫外线照射，逐渐增加光照量，提高机体对光线照射的耐受能力。

治疗

1. 对症治疗 口服抗组胺药如西替利嗪、氯雷他定等，皮疹处外用炉甘石洗剂或皮质类固醇霜剂。

2. 其他口服药物 如烟酰胺、羟氯喹、沙利度胺，严重者可短期使用激素如泼尼松。

第 6 节 防晒，我需要怎么做？

"硬防晒"

防晒，你一直"以为"的是

1. 不出门就不用防晒；
2. 只有夏季、晴天才需要防晒；
3. 出门前抹一遍防晒霜就能管用一整天；
4. SPF 值越大越好；
5. 购物网站低价囤积几件薄款防晒衣。

防晒，你需要知道

1. SPF 越大，通透性越差，妨碍皮肤正常分泌呼吸；

2. 防晒霜出门前 20 分钟抹，出门时再抹一次；每次 $2mg/cm^2$；每隔 2 小时抹一次；

3. 对于水上项目运动者，则要求 SPF、PA 值更高，并且需要其脂溶性高，才能够较长时间耐水浸泡。海边的辐射是一般情况下的近 20 倍，去海边游泳要用专业的防晒油。

4. 雪地会反射阳光、紫外线，因此雪后也要加强防晒。

5. 网购的廉价五彩防晒衣往往都是没用的，甚至防晒效果还不如一般的深色 T 恤！

防晒——遵循 ABC 原则

A——avoid，避免日晒，B——block，
遮挡防护，C——cream，防晒霜。所以防
晒不是仅仅涂防晒霜就万事大吉，重点是
避免正午太阳晒。黄褐斑、激光术后患者
更需注意。

日晒伤

我曾经在门诊遇到过一位女患者，去
年夏天的一个周末，她领着 8 岁的儿子去
"南京水魔方水上乐园"玩耍，按照前面说
的内容比较规范地给自己的面颈、前胸部和孩子的全身多次涂抹了防晒乳，而自
己的后背及肩部完全由她儿子用小手照葫芦画瓢地随便抹了几遍。就这样尽情玩
了半天，晚上回家后她开始觉得有火辣辣的感觉，白天暴露的部位都变红了。她
看着儿子嫩嫩的皮肤完好无损，再看看自己的脸、脖子和前胸也没什么问题，便
擦了修护霜和保湿霜休息了。可第二天，红斑转变成暗红色，上面还起了许多水
疱，轻轻摩擦水疱周围的红斑，就撕下一层薄薄的皮。

她这才急了，没想到会这么严重，便赶紧来医院找我求助。我检查后诊断为
II 度日晒伤，并告诉她：这是小孩子没把防晒霜涂到位，才导致当妈的后背皮肉
受苦。并叮嘱她不要撕破疱皮，以防止感染。告知她继续使用修护霜和保湿霜，
不要受到刺激，用凉的纯净水湿敷，再加口服药治疗。

日晒伤，又称日光性皮炎，为强烈日光照射后引起的急性皮肤炎症，是由于
中波紫外线过度照射，在皮肤上发生的急性光毒性反应。多见于春末夏初，人人
都可发病，特别是浅肤色、妇女和儿童等。日晒伤的发病高峰多为水上运动后或
高原沙漠活动后的两三天，愈合较慢，有些患者的情况可能会逐渐加重。

水上紫外线更强

在水上、沙滩或者雪地活动，不仅有阳光的直射作用，还有通过大气层、海

利用紫外线感测器，在固定距离测量电子设备反射光对人体造成的辐射

面、海滩等反射光线的作用，因而会加重皮肤损伤，所以，去水边、海滩游玩更应注意加强防晒的力度。

被忽视的紫外辐射：户外使用智能手机和平板电脑反射光伤皮肤

来自美国新墨西哥大学的研究者通过特殊装置进行试验，利用常见的智能手机和平板电脑，对比测量上述设备的反射光情况，结果显示，较之基线数据，电子设备的反射光的确增加了使用者的紫外线暴露水平，对皮肤健康将会造成长期性不良伤害。

如何选择和使用防晒霜

目前市场上的新型防晒制品几乎均是宽谱的，即可同时防护长波黑斑紫外线（UVA）及中波红斑紫外线（UVB）的。

1. 防护 UVB，看 SPF 值

如 SPF15 是指 15 倍的防晒强度，假设一个人在没有抹防晒霜的情况下晒 15 分钟皮肤开始出现红斑，那么抹上 SPF15 的防晒霜后，可保证她在 15 分钟 ×15 倍后才会晒伤皮肤，以此类推。倍数越大，防晒时间越长，防晒效果越好；但系数高的产品往往含有大量物理或化学防晒剂，对皮肤的刺激较大一些，容易堵塞毛孔，甚至滋生暗疮和粉刺。如果是长时间的户外活动，应该选 SPF30 左右的防晒霜。室内活动为主的人比如办公室的工作人员，SPF15 即可。因为 SPF 越大，其通透性也差些，会妨碍皮肤的正常分泌与呼吸。

2. 防护 UVA，看 PA 值

PA 分为三级：PA+ 表示可以延缓肌肤晒黑时间 2～4 倍，PA++ 表示可以延缓 4～8 倍的时间，PA+++ 表示可以延缓 8 倍以上。

防晒霜一般需要 20 分钟左右才能发挥作用，且防晒能力随着皮肤暴露时间的推移而下降，因此必须在出门前 20 分钟就涂抹完毕，出门前再补充一次，效果才好；在使用剂量上，一般的涂抹量为 $2mg/cm^2$，面部一次应该涂抹约 1 枚一元硬币大小的量，并每隔 2～3 小时抹一次。而对于水上项目运动者，则要求 SPF、PA 值更高，并且需要其脂溶性高，才能够较长时间耐水浸泡。海边的辐射力极强，SFP 最好是 50 或以上，要用专业的防晒油。

SPF、PA 知多少

· SPF15 表示在 15 分钟（假设皮肤初始晒伤时间）×15 倍后的时间里才会晒伤皮肤，以此类推

· PA+ 表示可以延缓肌肤晒黑时间 2～4 倍，PA++ 表示可以延缓 4～8 倍时间，PA+++ 表示可以延缓 8 倍以上

购买防晒衣，需看紫外线防护系数值

国家质检总局颁布的《纺织品防紫外线性能的评定》，只有当样品的紫外线防护系数（UPF）值大于 30，UVA 的透过率小于 5% 时，才能称之为"防紫外线产品"。有调查对网购的五彩防晒衣 UPF 值进行分析，测试结果：两件分别从网上和小商品市场购买的防晒外套，UPF 均只有 3，远远低于防紫外线产品标准值，而随机购买的两件黑白 T 恤，UPF

市售的五彩防晒衣

值均为 50+；远远高出前面 3 件。也就是说，网购的廉价五彩防晒衣往往都是没用的，浅色衣服对紫外线的防护作用很差，特别是那种白得耀眼的棉质服装里面往往含有荧光增白剂，它还会把有害光反射到没有保护的脸部，真是得不偿失。

防晒小贴士

1. 炎炎夏日，尽量避免上午 10 时至下午 2 时的阳光照射；

2. 做好"硬防晒"：备好防晒衣、遮阳伞、宽檐帽及太阳镜；

3. 防晒霜的使用能使防晒事半功倍；

4. 不要大量摄入光敏性食物如灰菜、荠菜、柠檬、芒果等；

5. 习惯在户外使用具有反射光能力电子设备的人群，需注意这类反射对皮肤的损伤。

6. 晒后修复：晒后 6～8 小时，局部冷敷降温、舒缓、补水保湿及美白。

防晒，还要配合饮食——避免光敏性食物，多吃帮助防晒的食物

除了外在的防晒措施外，还应重视综合性预防措施的运用，如减少光敏性食物如芹菜、香菜、柑橘、柠檬、芒果、菠萝等的摄入（具体哪些是光敏性食物，参见第 2 章第 3 节内容）。

帮助防晒的食物

富含维生素 C 的蔬菜及水果：番石榴、奇异果、草莓、圣女果等。

豆制品类：大豆异黄酮，抗老化、抗氧化。

坚果类：维生素 E，抗氧化、消除氧自由基。

谷类：维生素 B、E。

茶：茶多酚，抗氧化、消除自由基。

第 7 节　晒后修复，做好四步

晒后 4～6 小时皮肤变红、发烫、刺痛，后来会逐渐感到皮肤脱水、干燥，

3～4天后就会有色素沉着的改变了，也就是会变黑，再后面甚至会发生脱皮。及时做好晒后修复能减轻皮肤色素沉着，减少后续的美白工作，达到事半功倍的效果。那么，如何做好晒后修复呢？这就需要我们根据皮肤不同时期的不同表现，给予不同的护理，从而达到修复的目的。

发红发烫——冷敷降温

一般来说，晒后4～6小时是急救的黄金时间。首先，我们应尽快回到室内或阴凉处，对于一些轻微晒伤（无水疱），最需要的就是局部降温、镇定抗炎，可减少皮肤屏障功能破坏、降低紫外线诱导的活跃的黑素细胞功能，从而从源头上减少皮肤水分的丢失及晒后色斑的产生。如果身边有以下材料，不妨试试。

1. 牛奶或生理盐水

（1）将牛奶或生理盐水置于冰箱冷藏室，或直接将其与冰块混合；

（2）用干净的毛巾或纱布浸透；

（3）敷在晒伤的部位5～10分钟；

（4）重复多次。

牛奶的脂肪、蛋白质和pH值对肌肤具有舒缓、修复的作用，另外，较低的温度可以使皮肤血管收缩，减轻炎症的红肿热痛等症状。

2. 绿茶

（1）取新鲜的绿茶用开水冲泡冷却，置于冰箱冷藏室，或直接将其与冰块混合；

（2）使用方法同牛奶。

不仅可以起到舒缓肌肤的作用，还能减轻因晒伤带来的疼痛感。此外，新鲜的绿茶含有丰富的茶多酚，能对抗紫外线造成的损伤。

干燥紧绷——补水保湿

在日照产热、出汗及冷水湿敷后，皮肤水分大量蒸发、极度缺水，此时，我们可使用补水的面膜或凝露，因为肌肤此时还处于炎症敏感期，比较脆弱，所以，最好不要使用含香精、胶原成分的产品以及自制的面膜，产品成分越单一越好，防止发生过敏。同时，还应多喝水，补充体内丢失的水分。

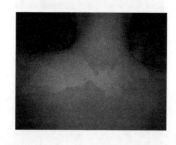

色素沉着——美白补水

经过一番急性期炎症后，就过渡到炎症后色素沉着期了，这时候，肌肤处于一个相对稳定期，可以使用一些含维生素 C、维生素 E 等美白成分的产品，减轻色素沉着的产生及加快其恢复，并继续防晒。当然，这期还是要做好补水的辅助工作。

脱皮结痂——软化保留

这时候，皮肤其实已经处于恢复期了，就像一场汹涌的海啸过后，岸边留下了一片狼藉，原先的表皮轻度剥脱，逐渐由新生的表皮代替，然而这些表皮就像新生的婴儿一样，仍处于脆弱敏感期。

对于外面的脱皮，我们不要强行撕去，这样不仅可能会损坏本来正常的组织，还失去了痂皮对新生组织的保护作用。这时候，可以局部涂抹一些无酒精等刺激性成分的乳液、霜等，使痂皮软化，并伏贴于皮肤表面，以保护下面的组织，加快修复，尽快重建我们的皮肤及其屏障。

第8节　夏季蚊虫滋扰，怎么办？

一个梅雨季节后的明媚早晨，刚一坐下，就见一位老太太火急火燎地赶过来："骆主任，您快帮我看看，我疼得受不了了！"老太太眼泪都快流出来了。

仔细一问才知，年近七旬的刘奶奶见天气难得出晴，就带着孙子下楼去转转。吃完早点后，她去垃圾箱旁边扔垃圾，刚靠近就见一只黑色的苍蝇般大小的虫子飞了出来，她还没回过神儿来，左手中指指尖就被叮了，她顿觉一阵刺痛，正准备伸手去抓，虫子就不见踪影了。刘奶奶只觉一阵火辣辣地胀痛，再看看自己的手指，又红又肿，她立马按压手指挤出来一点血，然后赶回家，用冷水冲洗了好几遍，又涂上了一盒女儿前几个月从泰国带回来的青草膏，仍无济于事，便立即赶来了医院。

问完病史后，我立即用手指按住她的中指根部，并带她去针灸科，请针灸科的主任帮忙，她马上给刘奶奶左手中指放血，手指肿胀很快减退了些，胀痛感觉也大大缓解了。回皮肤科门诊后我又给患者开了氯雷他定（开瑞坦）和小量泼尼松等口服，并开了季德胜蛇药及青鹏软膏等外用，交代她赶紧回去用药，24小时后来复诊。

第二天，她如约来到门诊："骆主任您的处理招数真是管用啊！您看我手指现在完全好了，不红不痛了！"我检查了一遍，手指果然完全恢复正常了。

每当梅雨季过后，气候潮湿、温暖，草丛、垃圾堆就成了蚊虫的安乐窝，有时刚靠近就会见一群小虫子飞出来，运气不好可能就会遇到刘奶奶这种情况，让人措手不及。这些毒虫的体内含有毒液，由多种抗原成分组成，当其口器刺入人体后，唾液或毒液也随之进入人体，引起皮肤的过敏反应，使局部出现红斑、丘疹、水疱，发生"虫咬皮炎"，常发生于身体的暴露部位。特点是皮疹中央常有针尖大小的刺吮点，患者自觉疼痛或刺痒，严重者还可伴有全身中毒症状，苦不堪言。

应对虫咬皮炎，首先我们应尽量明确是什么虫子引起的。日常生活中，较常见的有蠓、螨、隐翅虫、刺毛虫、跳蚤、虱类、臭虫、飞蛾、蜂等。下面简单给大家介绍这方面的知识。

刺毛虫的毒刺刺入皮肤后，开始时感觉刺痒、灼痛，过后即感外痒内痛，刺伤部位出现小的丘疹，周围有水肿性红斑。

蠓虫叮咬后皮疹散在分布，奇痒难忍，叮咬部位出现风团或水肿性红斑，有的可变成水疱。

隐翅虫皮炎常常是由于毒虫侵犯皮肤后患者自行搔抓或拍打导致毒液释放刺激所致，2～4小时后皮肤出现点状、条索状水肿性红斑、丘疹或水疱、脓疱，有瘙痒和灼痛感，也可有小范围的流行。

另外，天热过后，大家都铺上了凉席，凉席多数是由藤、蒲草、竹篾等制成，常常是"螨虫"寄生、繁殖的场所，被叮咬或接触其分泌物后可引起螨虫皮炎，皮疹呈水肿性红斑、丘疹，有的中央有虫咬瘀点或点状黑褐色痂，先发生于

220

暴露部位，后侵及衣服被覆部位，颈、躯干多见，重者泛发全身，为持续性剧痒，夜间为甚，患者身上常常伴有抓痕，出现继发感染。

值得提醒的是：蚊虫叮咬不一定只局限于叮咬部位，有的会在躯干、四肢伸侧出现多发的皮损，即"丘疹性荨麻疹"，是由于个体素质对叮咬昆虫的唾液过敏所致。夏天的门诊常见到这种患者，全身皮肤散在红色丘疹，顶端可有小水疱，皮肤娇嫩的幼儿或女性甚至出现大片肿胀及大疱，瘙痒剧烈。

有一次三伏天我到扬州出差，在外院的风湿科病房会诊一个系统性红斑狼疮的 24 岁女患者，患者夜里睡觉时右侧面耳部被一个又黑又大的毒蚊叮咬后，整个右耳及右脸都红肿起来，加上家人用热盐水对其进行"消毒处理"，第二天中午患者眼睛都肿胀得就只剩一条缝了，右侧面耳部高度肿胀，极度瘙痒达 3 周之久……她老公当场用手拍死了这只害人的"大毒蚊子"。这又是一个"虫咬皮炎"反应极重的例子。医生为控制这个患者的皮炎，连续一周每天使用 40mg 剂量的泼尼松治疗。

梅雨季节，蚊虫叮咬，可大可小，预防是第一步。

1. 应保持环境卫生、注意防虫灭虫；衣服、凉席应勤洗勤晒，防虫藏身；

2. 儿童户外玩耍，要涂防虫叮咬药物；

3. 若隐翅虫等毒虫落到皮肤上，不要拍打，应用物品轻轻挑开。

4. 小孩被蚊虫叮咬后常常就知道哭，不能提供详细可靠的病史，如果平时就爱哭闹的小孩，家长可能往往忽略这点，导致就诊不及时。所以，这个季节带孩子的家长需要注意到这一点，尽量让孩子少去那些潮湿、不干净的地方玩，并保持室内通风、干燥。

5. 近年来，常有人被蜱虫叮咬的报道。在此告诫大家，一旦被蜱虫叮咬，千万不要生拉硬拽、强行拔出，以免把蜱头和螯肢断埋在皮肤中，应该用酒精、煤油、蚊香等办法将蜱虫"麻醉"，让它自行松口，或用液状石蜡、甘油使其窒息松口。

6. 如果发现患处有**毒毛**，可以尝试用胶布粘贴拔除，局部涂薄荷炉甘石洗剂或湿冷敷；**蜂螫皮炎**应先拔去毒刺，局部外涂 3% ~ 10% 氨水或 5% ~ 10% 小苏打水。

❶ 被胡蜂螫后，皮肤立刻红肿、疼痛，甚至出现瘀点和皮肤坏死

❷ 蜂毒穿透皮肤，进入血液

❸ 毒液通过血液循环系统，在体内蔓延

毒囊和毒刺

蜜蜂

7. **隐翅虫皮炎**需尽早用肥皂水清洗皮肤，然后涂抹薄荷炉甘石洗剂或糖皮质激素霜剂，若红肿明显或有糜烂面，可用 1：5000 或者 1：8000 高锰酸钾溶液冷湿敷。

8. **蜈蚣蜇伤**后立即用肥皂水冲洗，用吸奶器或拔火罐法尽量吸除毒汁，局部涂搽氨水或小苏打水，但切忌湿敷，否则易出现水疱、糜烂或组织坏死，可口服南通季德胜蛇药片或上海蛇药，或将该药用药水调成糊状，外涂患处。

经过以上快速处理后，需尽快赶到最近的诊所或医院就诊，途中可以用手按压住患处近心端，减缓毒液扩散、蔓延，切不可掉以轻心！

过敏体质的人不要擅自使用花露水、清凉油、风油精等，因为这些药物中的某些成分可能会加重皮肤过敏反应，导致接触性皮炎。某些常用药水、工具药房一般都能买到，可以放在家中备用。

第 9 节　夏季高温出汗多，捂出痱子怎么办?

夏季到来，各地就开始陆续启动高温模式了，这时常有家长抱着宝宝来就诊，头上戴着帽子，身上裹着小薄毯子，里面也穿得蛮严实的，真有点里三层、外三层的感觉，宝宝头面部、颈子、腋窝、背部都是密集的红色小丘疹，总是在衣服上蹭，晚上也睡不好，叫人好心疼。

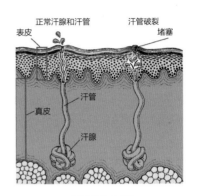

痱子发生机制

为什么会长痱子?

如右图所示，痱子的发生是由于环境中的气温高、湿度大，出汗过多、不易蒸发，致使汗腺导管口闭塞，汗液不能顺利排出、发生潴留，最后因内压增高而发生破裂，外溢的汗液渗入并刺激周围组织发生炎症，于汗孔处出现丘疹、丘疱疹和小水疱。人们常说"痱子"是捂出来的，就是这个道理。

什么人容易长痱子?

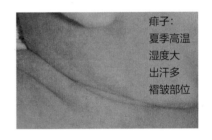

痱子:
夏季高温
湿度大
出汗多
褶皱部位

痱子一般多见于儿童，特别是襁褓中的小婴儿，出现在颈、胸背、肘窝、腘窝等皱襞部位，也可发生在头部、前额等多汗部位。夏天本来就热，加上宝宝排汗不畅，妈妈或者家里的老人又担心其受凉盲目添加衣服，就更容易发生痱子了。

三招教你认识痱子: 部位 + 小丘疹、丘疱疹 + 颜色

根据汗腺导管损伤和汗液溢出部位的不同，临床上分为以下几种类型:

1. 晶形粟粒疹 顾名思义，就是像水晶一样晶莹剔透的小水疱，又称白痱，由于汗液在角质层内或角质层下汗管溢出引起。常见于高热大量出汗、长期卧床、过度衰弱的患者。

2. 红色粟粒疹 比较常见，可以是小丘疹或者是丘疱疹，周围有红晕，又称红痱，汗液的溢出发生在表皮稍深处。自觉轻度烧灼、刺痒感。

3. 脓疱性粟粒疹 又称脓痱。多由红色粟粒疹发展而来，顶端有一个针头大小的脓疱。

4. 深部粟粒疹 又称深痱，由于汗液在真皮上层特别是在真皮 - 表皮交界处汗管溢出引起。常见于严重和反复发生红色粟粒疹的患者。皮损为密集的皮色小水疱，内容清亮，不易擦破，出汗时增大，不出汗时缩小。当皮疹泛发时，面部、腋窝、手足可有代偿性出汗增加，其他汗腺功能基本丧失，全身皮肤出汗减少或无汗，可造成热带性汗闭性衰竭或热衰竭，患者可出现无力、困倦、眩晕、头痛等全身症状。

痱子的辨识度还是蛮高的，老百姓一般都能看出来。但有时候，还是需要好好鉴别一下的，比如说夏季皮炎，也是夏天常见，有明显的季节性，而且一般都是在大片红斑基础上出现丘疹、丘疱疹，伴有剧烈瘙痒。此外，婴儿的痱子还容易和婴儿湿疹混淆，前者是暂时性的，后者则是慢性、反复性的，搔抓后常会有黄色渗液，一年四季都可能发生，常在冬季复发或加剧。此外，湿疹可发生于任何部位。

发生痱子怎么办？

痱子主要是局部治疗。可外用清凉粉剂如痱子粉外扑，或用清凉止痒洗剂如1% 薄荷炉甘石洗剂、1% 薄荷酊；脓痱可外用 2% 鱼石炉甘石洗剂、黄连扑粉。

瘙痒明显时可口服抗组胺药，脓痱感染时选用抗生素。

这里，需要提醒大家注意的是：皮肤有溃烂后就不能使用痱子粉；不要将成人用和儿童用的混淆，因为成人痱子粉中一般含有硼酸，而在小儿痱子粉中是禁放硼酸的。另外，成人痱子粉与小儿痱子粉所含的药物、剂量都不相同，儿童要选购专供儿童使用的

宝宝误将手上的痱子粉舔到嘴里怎么办？

痱子粉。

孩子手上搽了痱子粉后，总是不注意就被舔到了嘴里，妈妈会担心影响孩子健康。这里，提一下之前被炒得沸沸扬扬的某公司"爽身粉事件"。中国香料香精化妆品工业协会就此作了说明。协会表示，滑石粉在化妆品中常作为润滑剂、吸收剂、填充剂、抗结块剂、遮光剂等使用，广泛应用于各种化妆品，特别是粉状化妆品中。但由于滑石粉原料中会伴有石棉类杂质，而石棉具有致癌性，因此，需要严格控制化妆品中的石棉含量。

原国家食品药品监督管理局发布相关规定，规范了粉状化妆品及其原料中石棉测定方法，并要求凡申请特殊用途化妆品卫生行政许可或非特殊用途化妆品备案的产品，其配方中含有滑石粉原料的，申报单位在产品申报或备案时，应提交该产品中石棉杂质的检测报告。国家标准《滑石粉》（GB/T 15342—2012）中"化妆品用滑石粉"也要求"石棉矿物""不得检出"。

《化妆品卫生规范》（2007年版）和《化妆品安全技术规范》（2015年版）中，均将滑石粉列为化妆品限用组分，可用于"3岁以下儿童使用的粉状产品和其他产品"，并规定当用于"3岁以下儿童使用的粉状产品"时，需在标签上标注"应使粉末远离儿童的鼻和口"。

因此，大家应该放心的是，正规的爽身粉、痱子粉都是通过了国家化妆品的安全检查的，是温和安全、不具有毒性的。如果实在担心，家长也可以尽量选择在孩子熟睡的时候轻轻搽一点在手上。另外，还可以在手上局部抹一些玉米淀粉等可以食用的干粉代替痱子粉，既可以保持局部干燥，孩子不小心食入后也不会影响健康。

如何预防痱子的发生？

1. 保持室内通风、凉爽，以减少出汗和利于汗液蒸发。

2. 衣着宜宽大，便于汗液蒸发。及时更换潮湿衣服。

3. 经常保持皮肤清洁干燥，常用干毛巾擦汗或用温水勤洗澡。对于出汗多的宝宝，可以随身携带汗巾，随时更换、擦拭。

　　4. 多食用清热解暑、化湿的食品，如西瓜、苦瓜、绿豆汤、金银花露等。

　　5. 痱子发生后，避免搔抓，防止继发感染。

第 10 节　又见老朋友——冻疮

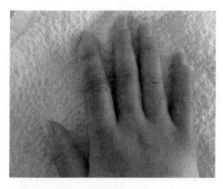

冻疮

冻疮是冬季的常见病。病因主要有两个：气候与个体的易感性。到了冬季，很多人会在耳廓、面颊、手足部位出现冻疮，来年春暖时消退，到了秋末初冬就又出来了。

寒冷而潮湿的地区，冻疮的发病率较高，如在多雨湿冷的英国，每年发病率达10%。冬季我国南方气温虽然明显高于北方，但冻疮的发病率却与北方接近，部分地区如长江中下游一带甚至还可高于北方。这是因为北方气温低但较干燥，而南方冬天湿冷，雨雪多，并且缺乏北方较完善的室内暖气供应系统。

　　第二个是易感性问题。即便生活在同样的环境中，每个人的情况也有差别，这说明遗传易感性亦有一定影响。研究表明，易患冻疮者大多末梢血液循环较差或手足多汗，在受冷后极易出现微循环障碍。职业也是影响冻疮发病的因素之一，在寒冷季节需室外作业或与冷水接触较多的人，如环卫、餐饮工作人员、家庭主妇等，发病率高于一般人群。特别是长江中下游一带很多餐厅、饭店的服务员，由于冬季接触洗涤工作，既湿又冷，来门诊看病时大多是红肿着双手来的。

　　冻疮的直接诱因是寒冷，但原因还有别的，也可以继发于其他全身性疾病，如贫血、内分泌障碍、慢性粒细胞单核细胞白血病、巨球蛋白血症、冷球蛋白血症、抗磷脂抗体综合征、雷诺病、神经性厌食等，均可诱发冻疮。

冻疮一旦发生，治疗的关键是摆脱湿冷环境，保持冻疮局部温暖和干燥，否则治疗难以奏效，即使一时好了也容易复发。环境改善了，甚至可不治而愈。冻疮的治疗可以参考下面的方法进行。

1. 注意局部保暖、干燥，受冻部位不宜立即烘烤和用热水浸泡，同时加强锻炼与营养，增强体质，促进血液循环，治疗贫血及其他消耗性疾病。

2. 皮损未破溃者，可外用 10% 樟脑醑、10% 樟脑软膏、冻疮膏或蜂蜜猪油软膏（70% 蜂蜜和 30% 猪油）。温水浸泡后搽药，反复揉擦，效果较佳。已破溃者，先用生理盐水清洗创面，再用 5% 硼酸，或 10% 鱼石脂软膏，或 0.5% 新霉素软膏，或 20% 紫草软膏涂敷，最后用无菌纱布包扎。局部还可采用物理治疗，如光疗（红外线、远红外线、紫外线、激光等）、电疗、温疗、水疗、声疗、磁疗、体疗（按摩、推拿）等，需在专科医生指导下进行。患者在家中也可试用 100 瓦灯泡代替红外线仪进行照射治疗，可经常按摩，促进血液循环。

3. 系统用药须在医生指导下进行，可口服一些血管扩张剂，如硝苯地平、地尔硫䓬等。系统用药有一定的禁忌证，如低血压及冠状动脉病变患者就不能服用。也可口服温经通络类中药。

冻疮预后一般较好，但若不注意保暖、干燥，在同样寒冷环境中易每年复发。

防止冻疮需做到"三防"，即防寒、防潮和防静

1. 防寒 在野外或室外时穿戴御寒衣帽、手套，室内寒冷时宜装取暖设施。夜间需要久坐工作者更应注意防寒保暖，冬季要用温水，宜戴软皮手套。一般来说，棉手套比五指分开的手套更具有保暖性。工作或劳动时可戴工作手套，以防冻伤；涂少量凡士林可减少皮肤散热，也有保温作用。鞋袜、内衣的大小、松紧要合适，不要过紧过小。

各型保暖手套

2. 防湿　经常保持衣服、鞋袜的干燥，受潮后及时更换，手足多汗的人冬季手脚也总是冰凉的，末梢循环不好，更应注意及时调整更换。在凉水中劳作后应及时擦干手，保持皮肤干燥。

3. 防静　避免肢体长期静止不动，坐久了、立久了要适当活动，以促进血液循环，减少冻疮发生。

第9章

他／她的皮肤需要加倍的呵护

——宝宝和宝妈的皮肤护理

第1节　准妈妈常见的皮肤问题

　　国家二孩政策的放开，使我们周围又热闹了许多，尤其是儿科、妇产科和皮肤科，妇产科忙着优生，儿科忙着优育，我们皮肤科就更是要忙着她们的"面子问题"，也许要跟着宝妈和宝宝们忙个一年半载的，也许要忙个十年八年的……

　　我有个朋友的女儿小丽，天生丽质，尤其在意"面子"的保养，她一直都是同龄人群中亮丽的风景。她也是我的常客，特别喜欢向我咨询护肤方面的问题。去年从国外读完书回来就和相恋五年的男友结婚了，婚后生活甜蜜，前不久刚刚怀了宝宝，就更立志要做个美丽的辣妈。可惜，事与愿违。随着妊娠月份增加，她的皮肤渐渐变黑了，尤其是腹部中线和腋下、颈部，脖子上出现了一些软软的小肉刺；额头上冒出了密密的粉刺，偶尔还有一两个小脓疱。爱美的小丽着急了，买了些祛痘美白的产品，可是家里人说什么也不让用，就怕对孩子有什么影响，她只好再次来找我。

　　小丽的烦恼恐怕绝大多数的准妈妈都会遇到，有些是正常的，有些却不是，我们先来说说哪些情况是正常的。

　　1. 皮肤色素沉着　怀孕后，人体内的雌激素、孕激素和促黑激素增多了。这些激素都会使黑素细胞产生的黑素增加。所以孕妇的身上就容易发黑，最常见的部位就是外阴和乳晕。到了孕后期，肚子的中部会出现一条黑黑的条纹叫做黑线，严重的时候脖子和腋下也会发黑。另外，在孕期痣也会增大、颜色加深。这些一般都是良性改变，对身体和胎儿没有影响。

　　2. 掌红斑和蜘蛛痣　掌红斑顾名思义就是手掌的红斑。很多人怀孕后手掌变得比以前红了许多，有点像肝炎患者的手，于是十分担心。虽然掌红斑是激素水平升高的表现，在不同的情况下可要区别对待哦。肝炎的患者肝脏灭活激素的能力下降，体内激素水平升高，这是不正常的升高；而孕妇体内的激素升高是正常的生理反应。各位准妈妈可不用为这个担心。此外，蜘蛛痣和掌红斑产生的原因是一样的，但是表现有所不同。蜘蛛痣的中心是一个粟米大小的小红疙瘩，周边放射状的红血丝，就像一只小小的红蜘蛛。最喜欢长在面部、颈部和上胸部。

　　3. 多毛症和脱发症　毛发的增多可能很多孕妇都没有注意到，在孕期中，平时该脱落的毛发这时候不脱落了，所以毛发就相对增多了。这些多出的毛发在产后 4～6 个月后会自然脱落。这里提到的产后脱发也是一种正常现象。只要是少量的、均匀的脱发，没有明显的头皮红斑、头皮屑、瘙痒、脱发斑，那就不必太担心。有相当一部分产妇在生产后会出现掉发相对增多，通常随着时间的推移慢慢会恢复正常。如果大量掉发且持续时间长，建议来医院咨询妇产科或者皮肤科医生，因为有些可能是产后出血导致的席汉综合征的表现之一。

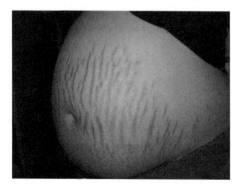

妊娠纹

　　4. 妊娠纹

　　说到怀孕自然不能不提妊娠纹。妊

娠纹非常常见，可发生于 90% 以上的孕妇，可能由腹部膨胀、激素水平和遗传易感性增加共同造成。妊娠纹重在预防，在孕期适当控制体重，少许使用一些防妊娠纹的植物油或乳液从怀孕 4 个月开始每日按摩。如果产生了妊娠纹在产后可以使用射频、点阵激光等后续治疗。

5. 皮肤软纤维瘤 最好发在脖子、外阴。主要表现为细长的、柔软的小突起。除了影响美观其他无需理会，在生产完的一段时间后，软纤维瘤可能自行消退。即使有一些不消退，也可以通过冷冻、激光等方法去除。

以上是正常生理情况下的皮肤表现，妊娠期比较容易发生的疾病主要有湿疹、痤疮、妊娠痒疹、妊娠疱疹等。这些常常需要有专业医生的诊断治疗。

第 2 节 准妈妈常见或重要的皮肤病

妇女在怀孕后，由于内分泌改变及胎儿生长发育的需要，母体会发生一系列适应性的变化。孕妇容易患哪些皮肤病?

孕妇夏季常见皮肤病

1. 痱子 孕妇由于皮下脂肪增厚，汗腺、皮脂腺分泌增加，如汗液排泄不畅就容易起痱子。孕妇在夏季应该注意勤换衣、勤洗澡，多喝祛湿、清热的饮料等。如果长了痱子，可搽些含薄荷、冰片的爽身粉。此外，痱子一旦被抓破就会继发感染，甚至出现全身不适、发热等症状。此时孕妇要及时去医院，切忌自己随意处理。

2. 汗斑 夏季皮肤受汗液浸渍，最易招致各种真菌的感染，引起汗斑、体癣和股癣等。汗斑在医学上称为花斑癣，是一种皮肤真菌病。天热汗多又没有及时清洁的情况下容易诱发此病。在夏天孕妇这样的体质当然容易"中枪"了。处理时要抗真菌治疗，也要注意不能使用皮质类固醇激素，因为激素会助长汗斑发展。

3. 虫咬性皮炎　一般情况下人们喜欢傍晚散步，喜欢在有绿色植物的小区、风景区散步，孕妇更是如此。提醒一下孕妇们，怀孕期间所呼出的气体因含有多种不同的化学物质，容易成为蚊虫叮咬的目标呢。被蚊虫叮咬后，孕妇可用家中的湿肥皂涂在患处，也可以试试用凉水湿敷，或用薄荷叶、大蒜挤出汁擦在被咬处。此外，沐浴液中加几片维生素 B_1，它的特殊气味能达到驱蚊防虫效果。很多杀虫止痒的药品孕妇都不宜用，使用药品时孕妇一定要看说明书上的禁忌。也要注意孕妇尽量不要用蚊香等化学品驱蚊，最好的防蚊办法是用蚊帐。

4. 色斑类皮肤病加重　夏季太阳光强烈，黄褐斑和雀斑等色素本来就易加重。加之妊娠期雌孕激素增加与黑促素也增加，黑色素生成增多，可进一步引起皮肤色素加深。

孕妇期可见的重一些的皮肤病

工作 30 多年来我已经与妇产科的几位专家合作治疗过多例皮肤病颇为严重的孕妇患者，还吃到过好几次红鸡蛋和得到过感谢呢。我还有一位在妇幼医院工作的博士研究生做了有关方面的临床科研工作。

1. 妊娠疱疹　主要表现为水疱，多出现在妊娠 4～5 个月，开始时可有全身不适、瘙痒与低热。数天后可在四肢、手足、头面部出现红斑、水疱甚至大疱等损害，疱破后结痂伴发热及剧烈瘙痒，22% 患者在妊娠 8～9 个月皮疹自行消退，多数产后 3 个月恢复正常。治疗可在医生指导下服用泼尼松（强的松）。

2. 妊娠瘙痒疹　多发生在妊娠中间 3 个月，主要在腹部，多局限在妊娠纹上，以后扩散至周身。表现为小丘疹，伴剧痒，常因搔抓而有血痂，皮肤变粗变厚。治疗与妊娠疱疹相同。

3. 妊娠丘疹性皮炎　表现在身体各处，有红斑，风团样丘疹，表面常覆盖着痂，剧痒。本病在分娩后迅速消退。治疗需用大剂量激素。

4. 疱疹样脓疱病　是一种只发于孕妇的发热伴脓疱性皮损的严重皮肤病，皮肤的基本损害是在红斑基础上出现无菌性脓疱，伴寒战、高热、呕吐、腹泻和关节痛。常伴有低钙血症所致的手足搐搦。检查血象见白细胞总数增多，中性粒细胞增高，还可发生低白蛋白血症和低钙血症。终止妊娠或分娩后脓疱一般可逐渐消退，但再孕可复发。**阿维 A 虽是治疗无菌性脓疱病的首选，但孕妇脓疱病千万不能使用。激素对本病有较好疗效，但孕妇也不宜过多使用。由于本病对母儿均有不良影响，特别对孕妇伤害更大，甚至会危及生命，故发病严重者考虑提前终止妊娠。工作 30 多年，我自己就接触过好几例这样的孕妇患者，那些抢救过程至今历历在目……**

5. 妊娠期念珠菌性阴道炎 表现为白带增多，阴道有黄色奶样排泄物和灰白色膜，外阴痒，难以忍受，由于搔抓可出现局部皮肤增厚。应该到医院皮肤科或者妇科做阴道分泌物化验，如查到念珠菌即可确诊。可用制霉素素栓剂或外搽 1%~2% 甲紫（龙胆紫）。

除了上述几种常见的需要关注的皮肤病外，妊娠期间，原有的皮肤病可能会加重，如银屑病、风湿病中的系统性红斑狼疮等，应尽量在疾病的缓解期考虑妊娠，妊娠前、中、后各期都要多多咨询有关科室的医生，严密监测孕妇及胎儿各种发展事态。

怎样才是处理孕期出现的皮肤问题的正确方式？

由于担心使用药物可能会影响胎儿的发育，许多患者出现了相关皮肤症状后选择的是能忍则忍，结果呢，导致病情越拖越重。有一次在门诊遇到一位孕妇，20 周后面部出现数个瘙痒性丘疹，一直扛着不治疗，最后面部发展成弥漫性的水肿性红斑、渗出结痂明显。此时患者有两大困扰：一是因瘙痒导致睡眠质量下降，二是面部皮损严重渗液结痂影响了容貌，在我将病情控制治好后，她非常后悔没有早点求医、及时就诊，自己忍受这么久的痛苦，还表示要以其亲身经历告诉她的好姐妹"怀孕期间有了难受的皮肤病不要自己扛着忍着"。

对此，我想对各位准备做妈妈的朋友说，怀孕期间如果遇到皮肤问题，千万别拖！及时去正规医院寻求皮肤科医生的帮助才是正确的处理方式！医生会权衡利弊，制定出个性化的治疗方案，让你们的容颜，像迎接新生命的心情一样美丽！

第 3 节　准妈妈的护肤经

小丽很关心护肤品的使用，那么到底孕期可不可以用呢？

在孕期大部分的护肤品是可以安全使用的。清洁、保湿、防晒这些程序还是有必要的。由于孕期肌肤比较敏感，可以选择一些天然成分的、针对敏感肌肤的护肤品。提倡强烈日光下加强些硬防晒措施，比如出门戴帽子、打伞等。功能性护肤品如美白、祛痘的产品可能有一些成分不利于胎儿的发育，含有以下成分需要避免：

1. 维 A 酸类衍生物　很多抗痘、缩毛孔产品的有效成分就是它。维 A 酸类衍生物通过皮肤吸收到体内，可能使胎儿致畸。

2. 各种精油　精油的分子量比较小，容易透过皮肤的角质层，进而被吸收入人体，加上精油的成分比较复杂，尽量不要使用。

3. 果酸　由于孕妇的皮肤比平时更加敏感，果酸有一定的刺激性，最好还是避免使用。

4. 重金属盐类　一些不合格的美白产品可能会添加重金属盐类，重金属可能影响胎儿脑部发育，进而导致宝贝出生后智力低下。

5. 彩妆产品　指甲油里有酒精，唇彩里有色素，虽然通过皮肤的量极少，还是尽可能不用吧。如果不小心用了几次，也不必太担心。

皮肤科医生最爱说，皮肤是身体的一面镜子。稳定的情绪、充足的睡眠、合理均衡的饮食、适量的运动，健康的这四大基石对保证皮肤的健康也是颇有益处的。也许在孕期皮肤会出现这样那样的问题，出现了问题很多药物的使用受到了限制，可是恬淡满足的表情足以弥补皮肤的小瑕疵。总说怀孕的女人是最美的，我想一定指的是这个。

希望各位辛苦的准妈妈越来越美丽！

第4节　妊娠纹，还有救吗？

想想近几年娱乐圈明星生娃蔚然成风。大S、徐若瑄、杨幂、章子怡等都已晋升为辣妈，而时下范冰冰、高圆圆等众女神都感情美满，生娃也是迟早的事啦。当然，作为女神，她们也免不了会像普通女人一样经历孕期的种种生理改变，怀孕后，腹部、四肢近端及乳房上原本光滑而细腻的皮肤逐渐消失，取而代之的却可能是满腹的妊娠纹，而这应该是她们最不能容忍的吧！

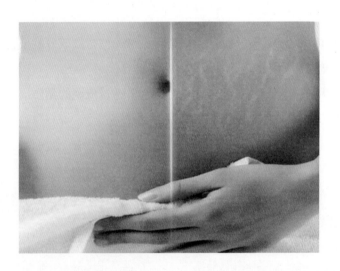

妊娠纹是怎么产生的？

妊娠纹也是膨胀纹，女性常常发生于怀孕中后期间。**妊娠纹的产生主要是内分泌因素和皮肤机械性作用的共同结果。**准妈妈们的雌孕激素水平升高，加之体重明显增加，皮肤受到很大的牵拉力，致使皮肤因弹性纤维变性而变得脆弱。

当女性怀孕超过3个月时，增大的子宫突出于盆腔，向腹腔发展，腹部开始膨隆，弹性纤维开始被迫拉伸，尤其是怀孕6个月后更加明显。当超过一定限度时，就会引起弹性纤维的断裂，破裂面在就会皮肤上出现了粉红色或紫红色的不规则纵形裂纹，这就是妊娠纹，产后皮肤上的纹路渐渐褪色，最后变成银白色。

哪些人群更容易发生妊娠纹？如何预防？

体重是产生妊娠纹的重要相关因素。孕前体重偏重，或孕期体重增长过多，或宝宝较大，都会增加妊娠纹出现的几率，常见于以下人群：

1. 产妇年龄较轻者　年龄较轻的产妇（尤其 < 20 岁者），更容易产生妊娠纹，这可能与年轻皮肤中的原纤维蛋白脆性增加有关。

2. 较高的基础体重指数（body mass index，BMI）= 体重（kg）/ 身高（m）^{2}。（正常：18.5 ~ 24.99）。

3. 孕期体重增加较多者；

4. 胎儿出生体重较大者。

5. 有妊娠纹家族史的孕妇等。

说到预防，首要的是避免以上提到的高危因素。总的来看，年龄过轻、体重过重、胎儿过大颇为要紧。在减少高危因素出现的同时，下面几点对于预防妊娠纹的出现有一定的帮助。

1. 均衡饮食，适当增重　准妈妈们需要摄取营养，丰富的蛋白质能够增加皮肤的弹性及修复能力。但补充营养千万不要过度。体重增加过多，不仅会增加产生妊娠纹的几率，更重要的是会大大增加发生糖尿病、妊娠高血压综合征、产时产后出血的可能。建议在怀孕期间每个月体重不宜增加超过 2 千克，而整个怀孕过程中最好控制在 12 ~ 15 千克。

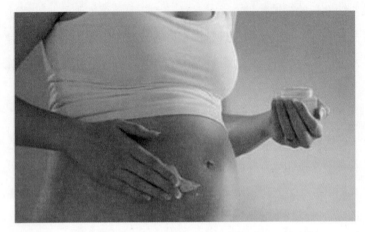

2. 适当锻炼 孕期需要适当的锻炼，这能够增加皮肤弹性，同时也可以增加腰腹部肌肉力量。步行、伸展运动等都是不错的选择。

3. 适度按摩，外用橄榄油等 按摩在一定程度上可以增加皮肤弹性，促进血液循环。而橄榄油的外用目前仍存在争议，一部分人认为其对预防妊娠纹有一定作用，而另一部分人则表明其并不能降低妊娠纹的发生率。这仍需要进一步的研究。

已经出现妊娠纹，如何治疗？

1. 外用药物 人们早已通过实验发现局部应用维A酸治疗妊娠纹是有效的，乙醇酸合并维A酸软膏还可增加妊娠纹中的弹性纤维含量。此种方法比较适用于哺乳期结束后的妈妈们，但妊娠期的准妈妈们不要使用。

2. 激光治疗 强脉冲激光（IPL）具有选择性光热作用，对治疗妊娠纹安全有效。1064nm Nd：YAG激光能有效增加真皮胶原的含量，同时能够作用于血管内皮细胞，所以对于妊娠纹有效果，铒点阵激光也同样有效果。从改善妊娠纹颜色而言，对于红色、紫红色的妊娠纹可以选用染料激光，1064nm Nd：YAG激光去除皮下新生血管。一般而言，激光治疗的副作用小，只有轻微疼痛，但作用也较弱。

3. 射频技术 黄金微针射频用于治疗具有松弛断裂的妊娠纹效果明确。射频原理是用偶联方式将高能量传输至皮肤，引起胶原收缩，诱发新胶原生成，是目前能促进胶原纤维生成的最有效技术，所以疗效明确。在本书写作时中国医科大学皮肤科的李远宏教授还在招募妊娠纹志愿受试者进行黄金微针射频和非剥脱点阵激光的治疗，我们期待他们将有好结果汇报给大家，造福于妈妈们。

4. 等离子体（plasma） 空气中的氮气在单极射频发出的高频电磁波激发下，会使得其每个原子获得更多动能，形成类似于电浆的高能量状态（plasma／等离子体），产生剥脱作用和极大的热效应，使妊娠纹上变薄变性的表皮剥脱，同时启动皮肤的自我修复机制，刺激表皮重新生长、深部胶原再生和重塑。从而达到很好的治疗效果。

第 5 节　月子里的宝宝能学游泳吗

当今越来越多的宝妈、宝爸注重孩子的培养，希望孩子不仅有健康的体魄，更有聪明的才智和良好的适应社会的能力。新生儿游泳不仅单单是皮肤与水的接

触，更是视、听、触觉、平衡觉的综合系统传递，不仅让新生儿身体素质提高，而且能促进智商、情商的发展，从而使新生儿身心健康发展。

单单从医学上来讲，新生儿游泳好处很多。游泳能使新生儿重温母亲肚子里的环境，使新生儿感到安全；游泳增加胃肠道激素如胃泌素、胰岛素释放，使新生儿食欲大增，而且胃肠道激素还能促进对食物的吸收，游泳的新生儿体重增加会较正常新生儿快。同时游泳也促进生长激素水平的分泌，加速新生儿生长。游泳让新生儿四肢舒展，动作协调性得到训练，能刺激神经和骨骼的发育。游泳会消耗一定的体力，游泳后的新生儿通常会睡得香。独自睡时睡得安稳，睡眠时间较长，从而建立正常睡眠节律，减少哭闹。

但是新生儿游泳也并非完美无缺，单从皮肤上来讲，游泳也有潜在的隐患。新生儿皮肤没有发育完全，特别娇嫩，容易受到病毒、细菌以及一些化学物品的侵害，容易患上感染性或过敏性皮肤病，如新生儿脓疱疮、新生儿脐炎以及接触性皮炎。

新生儿脓疱疮是比较危险的疾病，严重者就会发展为葡萄球菌烫伤样皮肤综合征（SSSS 综合征），前不久无良媒体报道保温箱烤死的宝宝，其实是不幸患上此病死亡的。新生儿脐炎是游泳后较常见的疾病，我在门诊就曾遇到过一大群人簇拥下来看病的小宝贝，说游泳后孩子肚脐红肿了，哭闹不安。打开包被，宝宝脐周红肿，脐部已经溃烂，有渗液，闻上去有股臭臭的味道。赶紧带孩子到治疗室做清创处理，并涂以莫匹罗星软膏（百多邦）和氧化锌油。告诉家长每日碘伏清洗后涂药，如果红肿不消退或加重及时就诊。并耐心告诉家长孩子脐部已经感染，不再适合游泳，如果任其发展下去，会导致腹部感染，甚至导致腹膜炎、败血症，危及宝宝生命。

也有些新生儿抱过来时满身遍布大小不一的红斑、脱屑，部分有破溃渗液，整个看起来像花地图。就有家长找我抱怨到："骆主任啊，你看我们家宝贝，几次游泳下来咋成这样，是不是他们游泳池水不干净？我们要找他们算账，花了钱也算了，可怜我们宝贝了，每天哭闹，睡眠也差了，小手不停抓，小脸都抓破了。"这种宝宝是典型的湿疹，游泳时间过久，皮肤的油脂层受破坏，导致皮肤屏障功能破坏，家长又不及时应用润肤霜，使湿疹加重，严重者会出现破溃渗液。还有部分新生儿接触游泳圈导致严重的接触性皮炎，整个脖子鲜红的水肿性红斑，患儿哭闹不安，不停搔抓。

建议各位宝妈宝爸，游泳虽好，但也要慎重。如果您的宝贝患有湿疹、新生儿脓疱、脐部感染或皮肤破溃等皮肤疾患暂缓游泳，不要使宝贝的疾病雪上加霜。正常的没有皮肤疾病和一些其他影响宝宝游泳的内外科疾病，请在游泳之后用流动的清水冲洗婴儿全身，用干净毛巾擦干，用碘伏消毒脐部，及时应用润肤剂或婴儿油。如果患上皮炎最好去医院治疗，以免延误病情。

第6节　宝宝湿疹，别忘了保湿霜

宝宝湿疹，民间俗称"奶癣"，我们皮肤科称之为"特应性皮炎"（atopic dermatitis，AD）。特应性皮炎病因复杂，容易反复发作。特应性皮炎多于儿童发病，与其皮肤屏障发育不完善有关。

从医学上讲，宝宝的皮肤功能和结构与成人有很大的差别。婴儿皮肤的厚度仅有成人皮肤的 1/10，儿童角质层厚度一般在 15 层左右，细胞间连接少，成人在 25 层左右，因此，宝宝皮肤屏障功能弱不禁风。所以湿疹也常见于 3 岁以下的宝宝。北京儿童医院对 0 ~ 7 岁的儿童特应性皮炎进行经皮水分丢失（transepidermal waterloss，TEWL）测定，显示比正常儿童丢失水分增多超过 50%。

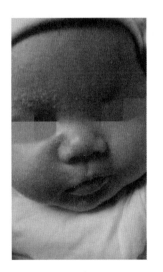

湿疹

因此，特应性皮炎宝宝大多数皮肤屏障功能差，油脂分泌少，皮肤干燥粗糙，更有很多宝宝还可能同时患有轻重不一的鱼鳞病，先天性因素加剧皮肤干燥，过分干燥的皮肤更加敏感，从而诱发和加重宝宝的湿疹。

一般宝宝湿疹在冬季发作严重，夏季缓解，也与冬季气候干燥导致宝宝皮肤干燥有很大关系，因此治疗和减少宝宝湿疹发作，润肤是关键。

前面讲过皮脂是润滑皮肤、保持皮肤水分、保护皮肤的生理性物质。由于来自于母体雄性激素的影响，新生儿期的皮脂分泌相对较多，但随年龄的增长，至幼儿时期，其皮脂分泌呈下降趋势，不能有效地保护宝宝娇嫩的皮肤。如果不及时应用相应的护肤品，会出现幼儿皮肤干燥，且容易患皮肤病。如果宝宝有湿疹则屏障功能相对于正常宝宝更差些，油脂分泌更少。所以国内外的共识均是注意使用保湿润肤剂。

治疗宝宝湿疹，润肤是关键，无论孩子是在皮炎湿疹的发作期还是在缓解期。只有合理应用有效的保湿剂，才能增强屏障功能，缓解宝宝的皮肤干燥，从而减少湿疹发作，减少其他药物的应用。目前无论是国内还是国外，大量的临床案例告诉我们，**保湿润肤都是湿疹的一线基础治疗，即使缓解期停用了药物，也一定要坚持使用保湿剂。**

使用婴幼儿保湿剂前最好先涂少许于前臂内侧皮肤上：观察两天看有无痒肿现象，若无反应再用于全身。湿疹患儿保湿剂需每天使用，但需避开红肿破溃渗液处。保湿剂在浴后皮肤没有完全干燥的情况下应用效果更好。

选择合适的婴幼儿保湿剂也要慎重，不能盲目。对于婴幼儿保湿剂，要特别强调高度安全性。首先，护肤保湿剂要根据婴幼儿皮肤特点专为他们量身定制，且有一定的品质要求，生产过程卫生安全。其次，婴幼儿保湿剂应该是无刺激性和过敏性，原料必须纯度高、杂质少、无刺激性及无过敏性，对眼睛的刺激要求极低或无刺激。最后，一些成年人的护肤品不能随便用于婴幼儿，不仅起不到保护效果，反倒会导致孩子皮肤的刺激过敏或其他皮肤疾患发生，这会给孩子及家人带来更大的麻烦。

第 7 节　剖宫产儿更容易患过敏性疾病

宝宝严重的湿疹，会影响他的生长发育，而又由于其反复性、难以根治的特点，一家人都纠结和忧心如果第一个宝宝有湿疹，第二个宝宝会不会也发生类似的情况。事实上，宝宝湿疹确实与遗传有一定关系，它是在遗传的基础上，再加上多种环境因素的作用最终形成的。一般来说，如果父母双方都有过敏性疾病，比如过敏性皮炎、过敏性鼻炎、过敏性结膜炎等，那么其子女患过敏性皮肤病的概率约是 50% 以上；如果父母一方有，小孩患病的概率是 25%～50%，如果父母双方都没有，小孩的发病率是 17%～25%。

门诊常常见到湿疹的宝宝，这时候我们都会询问其有没有过敏性鼻炎、哮喘，特别是对于大一点的孩子，或者问其父母有没有这些毛病，得到的答案往往都是："医生，你真神了！确实有过敏性鼻炎，一到春天就不停打喷嚏、流鼻涕，实在是受不了！"其实，不是神，正因为过敏体质者，这些往往都是同时存在的，尤其是从小就有湿疹的。而在南京居住的人，一个很大的感触就是南京的梧桐絮，南京满城都是高大的法国梧桐，一到春天，到处都是纷飞的毛絮，实在是过敏体质者心中难以言说的痛！

但是，还有一种情形是例外的，那就是剖宫产分娩。临床研究显示，对于无家族过敏史的剖宫产儿，其过敏风险增加 23%，而对于有家族过敏史的剖宫产宝宝，过敏风险将增加 3 倍。世界卫生组织对剖宫产率设置的警戒线仅仅是 15%，而在我国剖宫产却司空见惯——2010 年，世界卫生组织调查公布：中国在 2007 年 10 月至 2008 年 5 月间的剖宫产率高达 46%，部分地区甚至高达 70%～80%，为世界第一。

为什么剖宫产儿更容易患过敏性疾病？简单回答如下：人体最大的免疫器官是肠道，有益的细菌尽早在肠道中定植，能帮助健康肠道菌群的建立。而剖宫产过程中，宝宝接触不到妈妈产道内的有益菌，加上手术过程中抗生素的使用和母乳喂养的延迟，导致宝宝肠道内的正常菌群往往定植较晚。临床研究显示，剖宫产宝宝肠道健康菌群的建立会比自然分娩的宝宝晚约 6 个月，宝宝免疫系统的发育因此受到影响，抵抗外界刺激的能力明显不够，所以患过敏性疾病的风险有提升。

目前我国有五分之一的宝宝正在遭受过敏困扰。当今医学界也尚无有效方法能够彻底治愈。过敏症状一旦发生，将有可能伴随宝宝很长的时间，甚至一生。一般来说，婴幼儿早期的过敏多为食物过敏，主要表现为湿疹。随着宝宝年龄的增长，湿疹会慢慢减轻或者消失，但这并不意味着过敏的痊愈，新的过敏症状还会随着宝宝自身及外界环境的改变接踵而至。据统计，曾患过敏性湿疹的宝宝，日后患哮喘和过敏性鼻炎的风险是一般宝宝的 3 ~ 8 倍。3 ~ 7 岁是哮喘发生的高峰期，7 岁后的过敏症状主要表现为过敏性鼻炎，一直到三四十岁都维持一个较高的发病率。**也就是说，随着年龄的推移，呈现有：特应性皮炎（儿童湿疹）—食物过敏—过敏性哮喘—过敏性鼻炎这样一个趋势，而湿疹往往是这个过敏进程的起点。**

当你们看到上面的描述，想象一下孩子可能要经历那么漫长的病程，是不是可以尽量选择自然分娩，尽力去减少由剖宫产可能带来的那些不利影响呢？

纯母乳喂养 4 ~ 6 个月可有效预防宝宝过敏

虽然过敏尚不能完全治愈，但是可以通过科学的喂养方式来预防，帮助剖宫产儿远离过敏。全球许多国际权威机构，包括世界卫生组织、世界过敏组织、欧洲儿科肠胃病、肝病营养委员会等均建议，纯母乳喂养 4 ~ 6 个月可有效预防宝宝过敏。除了满足婴幼儿成长所需的全面、均衡的营养素之外，母乳中还含有大量的免疫抗体及益生菌，能帮助宝宝健康肠道菌群和免疫系统的发育，抵御过敏性疾病。对宝宝来说，母乳中的蛋白质是"自己的"，而牛奶蛋白则很容易被尚未发育成熟的免疫系统识别为危险的外来物质，从而导致过敏。**数据显示，婴幼儿人群中，近 90% 的过敏是由牛奶等 6 种食物过敏原引起的。**此外，母乳喂养本身是有菌喂养过程，吸吮乳汁的过程中，妈妈乳头和周围皮肤的细菌得以进入宝宝肠道并尽早定植，有助于实现宝宝肠道菌群平衡，宝宝遭受过敏困扰的几率也会大大降低。

第 8 节　皮肤有问题的宝宝能不能打预防针？

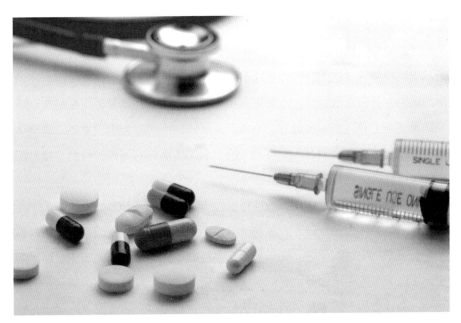

　　打预防针（也叫疫苗接种）的普及极其有效地降低了婴幼儿传染病发病率，给宝宝带来福音，给整个人类健康带来了福音。宝宝在各个生长阶段都必须按时打各种预防针，但并非所有的宝宝在任何时候都能接种疫苗。很多患有皮肤疾患的宝宝也不适合接种疫苗，应暂缓接种。

　　通常影响疫苗接种的婴幼儿常见的皮肤病包括两种：感染性皮肤病和过敏性皮肤病。感染性皮肤病主要包括病毒感染和细菌感染。病毒感染如单纯疱疹、带状疱疹、手足口病、水痘、麻疹等疾病。如果湿疹患儿感染单纯疱疹，会导致患儿 Kaposi 水痘样疹，使患儿高热，严重者危及患儿生命。手足口病是目前流行较多、危害较大的病毒感染，易引发脑炎，已经造成一些患儿死亡。

水痘、麻疹也是较重的传染病，特别是麻疹，高热易导致惊厥损伤大脑，抵抗力低的麻疹患儿会出现麻疹病毒性肺炎、麻疹病毒脑炎等并发症，危及患儿生命。这些疾病本身对患儿造成很大创伤，严重者危及生命，因此患上此类疾病期间不适合疫苗接种，应等宝宝痊愈再休息一两周后考虑接种疫苗。如果强行接种，会导致宝宝免疫力进一步下降，甚至导致更大伤害。如果宝宝已经患过水痘和麻疹，痊愈后也不需要再接种相应的疫苗了。

细菌感染性皮肤病常见脓疱疮、葡萄球菌烫伤样皮肤综合征、猩红热、毛囊炎以及皮肤疖肿等。这类疾病也不能接种疫苗。葡萄球菌烫伤样皮肤综合征是较严重的感染，易引发败血症，危及患儿生命。猩红热易并发肾炎和心肌炎，近几年发病率逐渐上升，也不容忽视。毛囊炎以及皮肤疖肿也会引发发热，蜂窝织炎导致败血症。接种疫苗后患儿免疫力下降，会加速疾病的发展，特别是接种部位有化脓性皮肤病，更不能接种疫苗。

过敏性皮肤如湿疹发作期、急性接触性皮炎、荨麻疹等过敏性体质的小儿，打预防针后会加剧过敏反应，尤其是麻疹疫苗，百白破三联疫苗等致敏原较强的预防针，更易产生过敏反应。随着生活水平提高，异种蛋白摄入增加，环境污染严重，湿疹的患儿逐渐增多。湿疹厉害的宝宝先不急于打预防针，特别是湿疹发作期间，有破溃渗出的患儿，因为疫苗含有异种蛋白，会加重宝宝的湿疹，导致破溃渗出加剧，易引发继发感染，特别是继发单纯疱疹感染和严重的细菌感染。待湿疹控制好了，再按疗程补种疫苗。荨麻疹患者接种疫苗后会使病情加重，导致过敏性休克的风险增高。这些过敏性疾病的患儿在接种疫苗前，建议到专科医生处咨询，在评估病情许可的情况下接种。

其他一些常见的自身免疫性皮肤病，如红斑狼疮、皮肌炎、银屑病等，在发作期间也不适合接种疫苗。各种药物性皮炎，特别是重症药疹也要暂缓接种疫苗。

第 9 节　宝宝是该多晒太阳还是该防晒？

　　我们经常听到儿科医生告诉家长：应该多带孩子出去晒太阳，可以补钙，有助于孩子骨骼发育，否则容易得佝偻病，特别是早产儿。那么问题来了，因为我们皮肤科医生一直在强调防晒，对于成人尚且如此，何况是皮肤娇嫩的小宝宝呢？研究资料表明，一个人 18 岁前受到的紫外线伤害占一生中的 80%，一次起疱性的晒伤就可使以后患皮肤癌的危险增加一倍。那么，怎样既能保证孩子骨骼发育，又能保证不被晒伤呢？宝宝多大可以用防晒霜呢？想必这些都是让很多家长们困扰的问题。

宝宝每天要晒多久的太阳？

　　人体所需的维生素 D，其中有 90% 都需要依靠晒太阳而获得。肌肤通过获取阳光中的紫外线来制造维生素 D_3，身体再把维生素 D_3 转化为活性维生素 D，这种类型的维生素有助于提高对钙、磷的吸收，促进骨骼的形成，而维生素 D 也因此被称为"阳光维生素"。

研究发现，1 平方厘米皮肤暴露在阳光下 3 小时，可产生约 20 国际单位的维生素 D。即使将婴儿全身紧裹衣服，只要暴露面部，每天晒太阳 1 小时，也可产生 400 国际单位维生素 D，接近人们每天维生素 D 全部需要。每次晒太阳的时间长短随婴儿年龄大小而定，要循序渐进，由十几分钟逐渐增加至 1 ~ 2 小时为宜，或每次 15 ~ 30 分钟，每天数次。也可晒一会儿，然后到荫凉处休息一会儿。且要注意给宝宝戴个宽檐帽，保护眼睛。

宝宝多大可以用防晒霜？

在 1999 年 8 月之前，美国儿科学会并不建议给 6 个月以下的宝宝使用任何防晒产品，因为这类产品从没有在这么小的宝宝身上做过试验。但在这之后，情

况有了些许变化。虽然美国儿科学会仍然认为，保护这么大月龄的宝宝免受日晒伤害的最好办法是让他待在树荫、遮阳伞、婴儿车里，并给他穿上长袖衣服、戴上帽子。但如果无法实现上述条件，也可以在宝宝脸上和手上涂少量的防晒霜。

最好选用 100% 纯天然成分，或植物提取成分的产品，切勿选择含有化学有机成分或者植物油的防晒品。并且一定要购买儿童专用的防晒霜。最好选择"物理性"防晒霜，这是一种由氧化锌或二氧化钛制作而成的防晒产品。化学性防晒霜中的东西会被皮肤吸收，这可能会引起刺激或过敏反应，而物理性防晒霜的成分只停留在皮肤表面，能形成一层阻挡太阳光线的屏障。

但需要提醒的是：半岁以下的婴儿，因为年龄小、皮肤稚嫩，最好不使用防晒霜。如果要外出，妈妈最好给孩子选择质地较好的棉质衣服，戴上遮阳帽或者打上遮阳伞，避免阳光对皮肤的直接照射，而且尽量避开正午时间外出。跟大人们一样，夏季孩子们出门的最佳时间也是在早上 10 点之前，下午 4 点之后，此段时间的太阳既能增强皮肤的适应能力，也能避免强晒对皮肤的伤害。

第10章

细数皮肤上的斑斑点点

——雀斑、黄褐斑、黑变病、痣、白癜风

　　这里，我们要谈论一个大家经常会问到的问题：我为什么会变黑？首先，我们要知道，这里的"黑"并不是我们之前所说的"黄白黑"三色人种中的黑，而是人们常说的一种"病态"的黑，比如说日晒和其他炎症后的色素沉着，或者是黄褐斑等色素增加性皮肤病，它可以是褐色、青色、灰色、黄褐色、蓝褐色等——"此黑非彼黑"。

　　在无外部刺激条件下，与生俱来的肤色称为构成性肤色，是我们肤色的基线水平，也就是说以后无论是变白还是变黑都是在这个水平上。而晒后或者受伤等其他因素导致的变黑则为此基础上的色素沉着，被称为附加性肤色。

　　我们常常说的"变黑"，主要是黑素细胞、黑素的生成异常所造成的皮肤病，以及少数非黑素色素性皮肤病。比如说以下几种常见情况：

　　1. 黄褐斑　一般女性较多见。是表皮基底层和棘层黑素增加，但无黑素细胞的增多。

　　2. 颧部褐青色痣　除颧部青褐色表现外，眼白上还常有色素斑。表皮正常，主要变化在真皮上部，胶原纤维间可有细小的黑素细胞，含有许多大小不一的黑素体。

3. 太田痣　常位于单侧额眉部、眼部及面颊。黑素细胞量较多，且位置较表浅，充满黑素颗粒，散布于真皮中上部。

4. 雀斑　芝麻大小，有人形容这样长满雀斑的脸像块"烧饼"。表皮基底层黑素增加，而黑素细胞数目正常，与正常表皮黑素细胞相比，形态变大、突起增多、变长，黑素体饱满呈棒状，似黑种人的黑素细胞。

5. 咖啡斑　有牛奶和咖啡混在一起的感觉，因此又称之为"牛奶咖啡斑"。黑素细胞增多，角质形成细胞和黑素细胞内可见散在异常大的黑素颗粒（巨大黑素体）。

6. 炎症后色素沉着　常与面部有过皮炎、外伤有关，或治疗后造成的。黑素沉积于真皮上部和浅层血管周围，主要在噬黑素细胞内，而不是黑素细胞。

以下，我就来重点谈谈皮肤上的这些斑斑点点。

第1节　雀斑：传说，天上有一颗星管你脸上那雀斑

雀斑，这个名字听起来就给人一种活泼机灵的感觉，脑海里不由自主地浮现出了如麻雀一般叽叽喳喳的小女孩，甚是可爱，而古往今来，文人们对脸上有雀斑的女孩普遍都是有偏爱的，像《红楼梦》里的鸳鸯："蜂腰削肩，鸭蛋脸面，乌油头发，高高鼻子，两腮几粒雀斑"，寥寥数笔，一个可人儿就出场了。

再来看看现代诗人余光中，他老人家不仅偏爱雀斑，还觉得"迷人全在那么一点点"，这点点雀斑正是"为妩媚添上神秘"，并为雀斑专门作诗一首——

如果有两个情人一样美一样的可怜

让我选有雀斑的一个

迷人全在那么一点点

你便是我的初选和末选，小雀斑

为了无端端那斑斑点点

蜷在耳背后，偎在唇角或眉间

为妩媚添上神秘

传说　天上有一颗星管你脸上那雀斑

信不信由你，只求你

不要笑，笑得太厉害

靥里看你看得人花眼

凡美妙的，听我说，都该有印痕

月光一满轮也不例外

不要，啊不要笑得太厉害

我的心不是耳环，我的心

经不起你的笑声

荡过去荡过来……

"凡美妙的，都该有印痕"，这是对雀斑多么唯美又温暖的解释啊，可这些文绉绉的内容终究只是安慰人的，摆在现实中，还是有很多爱美的女性讨厌这"美妙的印痕"。

诗人的眼里，雀斑是由天上的一颗星主管的，这确实说出了雀斑的一个重要特点就是遗传，一般妈妈有，女儿也会有。通常是 3～5 岁出现，女性居多，好发于面部，特别是鼻和两颊部。表现为针头至米粒大，淡褐色到黑褐色点状斑，大小不一，也就是我们通常说的"黑色的小点点"。

虽说是遗传，但日光的曝晒对雀斑皮疹的发生却是一项必需因素，可促发和加重皮损。所以患者一般从春末夏初开始，皮疹逐渐增大、增多、颜色加深，秋末冬初开始逐渐变小、减少、颜色变淡。

来门诊治疗雀斑的患者常常困惑的问题就是：雀斑怎么治？激光治疗会痛、

会留疤吗？一次激光就能消除干净吗？会不会再复发了？

我们的答案是：Q 开关的系列激光、强脉冲光治疗雀斑疗效可靠；激光治疗雀斑一般是安全、副作用小的；Q 开关系列激光治疗一般 1～2 次，强脉冲光 3～5 次；复发情况因人而异，但少晒太阳为妙。

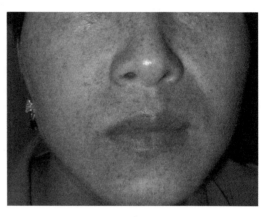

雀斑

目前治疗雀斑比较成熟的是 Q 开关的系列激光（包括 Q 开关倍频 Nd：YAG 激光、Q 开关红宝石激光和 Q 开关翠绿宝石激光）和强脉冲光（IPL），前者是通过"选择性光热作用"理论，所谓选择性，是使用适当能量的激光，使色素颗粒爆破，而爆破的色素颗粒碎屑则被巨噬细胞吞噬吸收，经淋巴系统代谢排出体外。

换句话说，激光治疗雀斑就像是工程建设或是矿山开采上用的"爆破"一样，Q 开关的系列激光和强脉冲光就是特定的炸药，医生就是爆破工程师，负责制定爆破工程项目的施工计划或方案，以保证爆破工程项目能够顺利、安全地实施，最后还要参加爆破事故的调查和处理。也就是医生通过对你的皮损进行评估后，决定用什么激光，用多大能量，确保能有效去除雀斑的同时又不会损伤周边的正常皮肤，最后再观察你的术后反应，并采取及时有效的方法来处理。

"什么，激光相当于炸药！"听到这句话，你肯定会望而却步了，这里提醒大家注意，它们二者只是原理相似而已，激光的威力当然不能与炸药同日而语。Q 开关系列激光能量一般为 $2～8J/cm^2$，强脉冲光一般为 $25～35J/cm^2$，且由于激光能量与生物组织的作用时间很短，从而避免了热效应对周围组织的损伤，这样可减少留有瘢痕的可能，因此说激光治疗雀斑是比较安全的。

Q 开关倍频 Nd：YAG 激光治疗后皮损局部立即呈现灰白色，1 周左右就会结痂、脱落、愈合。能量的大小与治疗后的副作用有一定关系。

而对于 Q 开关红宝石激光，患者的肤色深浅影响治疗效果，皮肤修复也存在个体差异。肤色越浅，治疗效果越明显，术后色素沉着越不易发生。反之亦然，深肤色的人群更需注意能量的选择，在这种深肤色人群中可能更容易引起长期或永久性的色素减退。

Q 开关翠绿宝石激光作用类似于 Q 开关红宝石。

强脉冲光很容易清除基底层的黑素颗粒，其备有的冷却系统可降低周围组织的温度从而降低损伤程度，术后仅有暂时性红斑和轻微烧灼感，大部分皮损颜色暂时沉着，约 1 周后皮损脱落愈合，这方面优于 Q 开关系列激光。因此，强脉冲光能缩短停工时间，痛苦小，不良反应少，一般局部仅有灼热感，偶见紫癜、水疱、色素沉着或减退，这多因能量过高、治疗中光斑重叠等引起。

Q 开关的系列激光治疗大部分 1 ~ 2 次可愈，而强脉冲光最大的不足是一次清除率低，只能使雀斑变淡，需多次治疗（3 ~ 5 次），间隔需 3 ~ 4 周，但优点是可均匀祛除雀斑的色素。

值得注意的是，在亚洲黄种人群中，接受不同波长的 Q 开关激光治疗后出现炎症性色素沉着（PIH）的几率约为 10% ~ 25%。所以，为防止色素沉着和术后大量复发，患者应尽量避免紫外线照射，外用高效防晒产品（SPF30 + 的物理性或化学性的防晒产品）是必要的，必要时口服维生素 C、维生素 E 等。

2015 年中国医美界也开始了最先进的皮秒级激光治疗色素病的时代，下面一节我们就单独介绍一下这个"非同凡响"的激光祛斑技术。

第 2 节　皮秒激光——目前最先进的激光祛斑技术

激光祛斑的原理就是我们在本章第 1 节治疗雀斑时提到的"爆破"：通过激

光仪器发射特定波长的光，其聚焦的高能量将黑色素分解击破，继而排出体外、达到美白祛斑的效果。

皮秒激光技术是目前最先进的一种激光技术，是利用它的超短脉宽来美白祛斑的。2012 年通过美国 FDA 认证被用于皮肤疾病的治疗。

皮秒激光可以去除哪些色斑？

皮秒激光几乎能解决各式色素斑，如雀斑、老年斑、咖啡斑、颧部褐青色斑、太田痣、日晒斑、文眉等，都有很好的疗效，更是治疗难治性文身的金标准。而且，皮秒激光在黄褐斑的治疗上也是有了较好的前景。国内几家拥有皮秒激光的单位正在开始应用皮秒激光治疗黄褐斑，结果令人拭目以待。

皮秒是多少秒？有什么优势？

1. 快速高效安全

生活中我们用到"秒"，已经是很短暂的瞬间了，但激光的脉冲时间则是"短之又短"，传统的激光是纳秒级的，1 纳秒 = 1 千万分之一秒，也就是每个激光发射的脉冲持续时间（脉宽）为 1 千万分之一秒，那么，皮秒又是个什么级别的呢？我们看看下面这个换算关系：1 秒 = 10^3 毫秒（millisecond）= 10^6 微秒（microsecond）= 10^9 纳秒（nanosecond）= 10^{12} 皮秒（picosecond）= 10^{15} 飞秒（femtosecond）。

你没有看错，皮秒就只有万亿分之一秒！这是一个多么短的时间，你应该是难以想象的，这有什么意义呢？

根据我们前面提到的"选择性光热解作用原理"，激光的作用时间越短，靶组织内吸收积聚的激光能量就越不容易向周围组织扩散，就更集中局限在需要治疗的靶目标内，达到祛除黑色素的同时，不伤及周围正常组织的目的。并且人体的免疫系统会吞噬这些破碎的色素颗粒将其排除体外，因此是非常安全的。

皮秒激光脉宽只有传统 Q 开关纳秒激光的千分之一，在此超短脉宽下，光能来不及转换为热能，几乎不产生光热效应，能量被靶目标黑素颗粒吸收后产生光机械效应被爆破成碎粒，只需要纳秒激光一半的能量便能达到治疗目的，不良反应自然更小，而且治疗次数也从原来的 10 次可缩短至 2 ~ 3 次，且刺激黑色素的增生（反黑）风险也在减少。

我们知道，激光在祛斑的过程中发挥着"炸药"的作用，将黑素"爆破"，如果说传统的调 Q 激光是把黑素击碎为一堆"鹅卵石"的话，那么，皮秒激光就是将其击为碎为"细沙"，这不仅大大提高了"爆破率"、减少了"爆破"次数，也减轻了后续的免疫系统"清理"这些碎片的负担。

总之，皮秒激光对色素颗粒击碎更为彻底，疗效更好、治疗次数更少、不良反应更小。与其他治疗祛斑方法相比，治疗更彻底、复发率非常低，并且有效降低反黑概率。

2. 一箭双雕——"祛斑 + 嫩肤"

高效皮秒级脉宽激光的点阵模式还可以在皮肤中产生细小的冲击波，从而启动皮肤自身的修复机制，使得皮肤产生新的胶原，美白、嫩肤"一箭双雕"！

第 3 节　是黄褐斑、太田痣，还是颧部褐青色痣？

黄褐斑这个词，大家都很熟悉，很多人不用去医院就知道自己面部有黄褐斑。多数女性从二十多岁或者怀孕开始，面部就会开始出现少量褐色的斑片，而且随着年龄的增加还会增多，但在停经后黄褐斑也会变淡些。黄褐斑是面部的黄褐色色素沉着斑，其发病与紫外线照射、摩擦过度、滥用化妆品有关，还与妊娠、长期口服避孕药、月经紊乱有关。但有的黄褐斑经常和颧部褐青色痣等同时存在，这不仅对普通人，就是对医生都是要努力去鉴别的两种病。

经常在门诊遇到一些 30～40 岁的女性，一来就说："骆主任，您好，听说你们这有激光可以治疗很多色斑，你看我脸上这个色斑是黄褐斑吗？可以治吗？"这类患者通常都是双面颊散在分布大小不等的棕黄色、黄褐色斑片，边缘明显，并且对称分布，其中还散在多个孤立不融合的灰褐色斑点。

这时我还会仔细检查一下看看患者两侧面部是否都有对称性的斑片，以及巩膜上有没有深色斑点。很多患者常常是两侧对称分布的青褐色斑片，这就是颧部褐青色痣，有些患者单侧发病，且巩膜还有点发蓝色，而这其实是太田痣。

其实以上三种病鉴别起来并不复杂。

黄褐斑常在 20 岁以后出现，表现为淡黄褐色、暗褐色斑片，形状不一。典型皮疹位于颧骨的突出部和前额，也可累及眉弓、眼周、鼻背、鼻翼以及上唇等部位。而且一般不会出现在眼睑和口腔黏膜，色斑边缘清楚或呈弥漫性。色斑深浅随季节、日晒及内分泌等因素而有变化。来诊时患者常自称日晒后、夏季或者心情郁闷时会加重，月经也不太规则等。这么明显的表现诊断是不难做出的，就连患者自己也是心知肚明的。

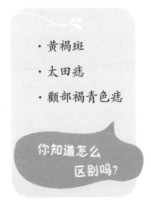

· 黄褐斑
· 太田痣
· 颧部褐青色痣

你知道怎么区别吗？

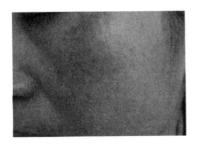

黄褐斑

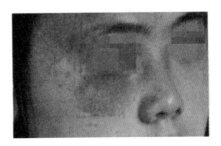

太田痣

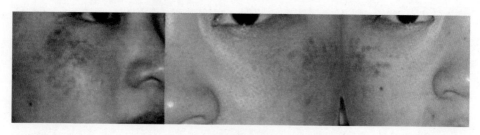

颧部褐青色痣

太田痣常出生时就有，呈淡青色、深蓝色或蓝黑色斑片，大部分分布在一侧，患者的结膜、巩膜可呈青蓝色，多是自幼发病。

颧部褐青色痣呈蓝棕色斑片，直径 1～5mm，圆形或不规则形，境界清楚。数个至数十个，通常为 10～20 个。对称分布于颧部、鼻侧、眼眶、前额等处，以 30～40 岁女性多见，黏膜不受累。

一般说来，黄褐斑病因复杂、病机不清、容易复发，需要综合治疗，包括：①常规防晒，特别在夏季；②氢醌、熊果苷、传明酸（氨甲环酸）抑制酪氨酸酶；③维生素 C、维生素 E 抗氧化还原色素；④果酸、维 A 酸加速表皮细胞新陈代谢；⑤中医中药等；在这里要提醒的是，要慎用激光光子治疗；而太田痣及颧部褐青色痣则适合于首选调 Q 系列激光治疗，以及现代更新更强的皮秒激光治疗。

第4节　滥用化妆品，小心变成"黑脸张飞"！

在门诊看过一位 40 来岁的女性患者，额、颞、面颊、下颌、颈部等处有弥漫性境界不清楚的褐色、蓝灰色斑，部分排列成网点状，大部分融合成大小不一的斑片，上覆微细的粉状鳞屑，其边缘的毛孔周围有小的色素斑点。

我怀疑是劣质化妆品引起的，就问她多久了，近期都用过什么化妆品。

她说前前后后差不多有半年了，确实一直在换用各种化妆品。她是一位家庭主妇，整天在家带带孩子、做做家务，闲来就逛逛购物网站，每次看到化妆品打折就忍不住想买，看着广告满天飞，她也没主见，就各种杂牌的都买来试试。用了一段时间的时候只是脸上发红，两侧脸颊有烧灼感、刺痛，特别是太阳晒的时候，还有点痒，后来就逐渐变成暗红色、褐色、黑色的了，她就不停地换各种化妆品、护肤品，但还是越来越严重，皮肤质地也不比从前了，非常粗糙，整个成了"黑脸张飞"了。

根据患者临床表现和病史，我的诊断是"瑞尔（Riehl）黑变病"。

瑞尔（Riehl）黑变病听上去很洋气，其实也可以称为"女子面部黑变病"，或者是"色素性化妆品皮炎"，因为是由瑞尔于1917年首次报道才命名的。主要发生在面部，患者常有使用粗制化妆品史。损害初为局限在毛孔周围淡褐色至紫褐色斑，呈特征性粉尘样外观。以后逐渐加深而呈深褐色、蓝黑

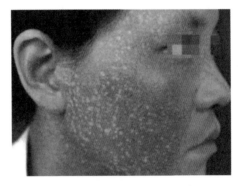

瑞尔黑变病

色或黑色斑，呈弥漫性或斑片状，主要分布于颊部，重者扩及整个颜面。在色素斑中心往往呈网状结构，多数患者在发病初和病程中因反复致敏，伴有不同程度瘙痒，就像这位患者现在这样。

患者听说是用化妆品用坏的，顿时像泄了气的皮球，满肚子的悔恨。

"谁知道会这样啊，自从当了家庭主妇，日子久了怕老公他会嫌弃我这个'糟糠之妻'，就想着把自己打扮得好看一点。没想到起了反作用，要是早知道会过敏什么的，我就不用了啊，我现在恨不得能像《画皮》里那样换张脸！"

"骆主任，我现在这样有没有什么办法可以快点好？"

同黄褐斑一样，这个病也非常难治，尤其是到了这种份儿上。由于皮肤的新陈代谢28天一个周期，故而皮肤黑变病的治疗不可能在短期之内产生很明显的疗效，需要有足够的耐心坚持治疗。

我先给患者开了两个疗程的治疗：维生素C每日3.0g及谷胱甘肽（古拉定）

每日 1200mg 静滴 10 天，还开了氨甲环酸片（妥赛敏）、维生素 E 及六味地黄丸，每天分次口服，纳米微晶片导入氨甲环酸；并反复叮嘱目前她除保湿外停止使用一切杂牌、无牌化妆品，局部外用复方熊果苷，熊果苷是一种提取自杜鹃花科植物熊果叶子的有机成分，能够抑制黑素生成。

患者连声道谢后起身离开，看着她的背影，我不禁感慨，其实，女性不应该过度依赖化妆品修饰美貌，虽然说"女为悦己者容"，但是如此这般也真是弄巧成拙了。女性真正的美丽是由内而外散发出的气质，自立自信的女人才最有魅力。

第 5 节　过度追求美白，美女竟成"花猫脸"

许女士今年 36 岁，前阵子来门诊找我，她来时双眼眶周、额部发际线处及下颌角连续性一指左右宽的规则褐色斑疹，而在颧骨附近的面颊和额部却是瓷白色斑疹，整个面部一副"花猫脸"状。

她告诉我，她 10 个多月前在美容院因唇部手术全脸用碘伏消毒，回家后，怕会有感染，竟然坚持一个礼拜没有洗去那个碘伏脸！后来的结果大家可想而知了吧：全脸所有涂擦部位都出现了褐色的色素斑，她只好回头找美容院，强烈要求"包治好"。美容院为了化解矛盾，不仅用自己的手段为她尽心治疗，还带着她遍访名医。

辗转多处，他们均给她按黄褐斑诊治，先后用维生素 C 超声导入、果酸换肤，医院也给予她口服维生素 C、维生素 E、祛斑中药及美白面膜贴敷等治疗，许女士自己还买了美白效果的"柠檬菊花枸杞茶"配合着喝，前前后后差不多用了 10 个月，面颊是白了许多，甚至超过她颈部和手部的皮肤颜色，但眶周却没有白下来多少。于是，她再次要求美容院给她上激光去黑斑，但激光的效果却适得其反，眶周额头处皮肤棕色越发严重了……

山穷水尽，许女士也就来到了我的门诊。她是由美容院的负责人陪同着一起来的，进门时戴着口罩、帽子，一见到我就立马摘下，并指着自己黑白相间的脸，说道："骆主任，您看看，就是他们美容院给整的，都怪那个黄色的碘伏，整来整去的，现在我的整张脸都成这样了。"说完，她扭头看了一眼站在后面一直小心翼翼赔笑的负责人，那个负责人一脸无奈，用近乎乞求的眼神看着我。

老实说，我也觉得美容院挺冤的，碘伏作为常规消毒用，本来就有导致色素沉着的作用，可是她却把碘伏留在脸上一个礼拜不洗，这可不会是美容院交代的啊。后来发生色素沉着洗不掉了，却把责任都推给了美容院。

她边说边翻弄自己的包，从里面拿出来一张去年暑假时和儿子在天安门前合影的照片，她指着照片，理直气壮地强调："骆主任，我这张脸以前很好的啊，你看，多白啊，一点斑都没有。"

照片上的她皮肤确实白白净净的，基本属于我们前面谈到的 II 型皮肤，真有点接近白种人的那种白了，一脸灿烂的笑容显得很年轻，跟旁边的儿子倒像是姐弟了。我又仔细观察了眼前患者的这张脸，就像一张地图一样，颜色有深有浅，除了白的白黑的黑不均匀外，还有散在红色针头至绿豆大小的丘疹。我又对比了患者脸和脖子，发现脸上她认为正常肤色的部分居然比脖子还白！

正常人一般不会出现这样的情况，因为脸比脖子更加暴露于阳光中，唯一的解释是：患者为退黑斑折腾了 10 个月之久，她所用的药物及生活饮食又都是减少色素沉着的，这些药物、饮用柠檬茶及面膜等也对原本正常肤色起了作用，而色斑处，她主要是接受了局部激光治疗，按她自己的说法，这些光电治疗她的色斑基本是毫无效果，甚至还有色素沉着加重的感觉了。她现在脸的情况真是"白的更白，黑的还黑"，形成了色素紊乱，彻头彻尾整成了一张"花猫脸"！针对她的发病起因和处理过程，我给她的诊断是：炎症后色素紊乱。

因为患者和陪同的人关系特别，作为医生，这时候说句公道话是很有必要的，我告诉她："碘伏本来就有色素沉着的作用，人家给你术前消毒，并没有让你一个礼拜不洗啊！炎症后色素沉着多因外伤、炎症刺激，激活皮肤黑素细胞产生的局部继发性病理反应所致。可是你后来又长时间大剂量地使用了维生素 C、维生素 E、柠檬茶等，都是具有褪色素、美白的作用，所以现在正常的皮肤也比以前白了，这就是矫枉过正。他们给你用激光治疗也是可以的，但由于技术问题或者个人体质差异，可能会出现有效、色素减退、色素加深三种情况。"

1. 如果激光能量只"激碎"了细胞内的黑素颗粒，而没有伤及黑素细胞，那会起到比较理想的消除色素沉着的作用，也就是有效的。

2. 如果能量过大就会伤及黑素细胞，也会导致黑素细胞破坏及合成黑素能力降低，造成人为的色素脱失、色素减退。

3. 如果能量过低，不仅不能"激碎"黑素颗粒，反而还会刺激黑素细胞合成黑素增加。

总而言之，许女士的问题主要是一开始碘伏在面部存留时间太长，所以留有黄褐色色素沉着，这时候肌肤处于炎症、敏感期，反复激光治疗可能诱发或加重表皮炎症反应，一旦刺激、破坏了表皮层的黑素细胞，改变了黑素细胞和一些免疫细胞的活性，甚至可以导致黑素合成增加，形成和加重炎症后色素沉着。所以，这时激光可能起了反作用，造成了色素紊乱。

许女士听完我的分析后，也确实觉得自己理亏，低下头没说什么，气焰稍微退了些，一旁美容院的负责人满脸感激地看着我，一个劲儿地说道："其实，只要能治疗好我们也就放心了，我看着也确实比之前淡了些。"

许女士之所以会由一个爱自拍的"辣妈"变成了现在这样一天到晚蒙面见人的"宅女"，归根到底还是由于自己的过度处理。因此，再次提醒广大爱美女士，在选择激光治疗时切不可贪快，更不要在有炎症的基础上胡乱折腾，需要去正规的医院接受治疗，否则效果往往适得其反。

许女士来到我这里后，我就让她停止了所有系统性美白药物的使用，只在色斑处外用熊果苷，其他治疗也主要是针对痘痘及抗炎等，并嘱其面部不要再使用任何激光或者其他不明成分的化妆品等。后来复诊了几次，每次效果都较前明显好转，黑白对比不再像以前那么强烈了。真心期待着她早日全面康复，再现她白皙细腻的肌肤和阳光灿烂的笑容。

第6节 "美白丸"，真会让你"白成一道闪电"？

现如今，外用防晒、美白、抗氧化护肤品当仁不让地占据着美白的基础地位；各种化学换肤、光电技术、水光注射等美白界"贵族"也变得越来越亲民；而应运而生的各色"美白丸""美白粉"则更是毫无争议地成为了当"夏"的新晋"网红"和代购热点。这里，不得不提醒"美白"的发烧友们，一定要理性冷静地对待这些产品，**本书第 1 章第 2 节里，我就说过**，从你出生的那一刻起，你皮肤的基本"色号"已经被基因决定了，"黑"也是没有办法逆转的事，这些内服的美白产品虽然价钱不菲，但绝可能让你"白成一道闪电"！

不管内服还是外用，其实唱的是同一首"美白主打歌"

前面我就说过，美白化妆品最主要的机制就是**作用于黑素细胞**，尤其是通过**抑制酪氨酸酶**而发挥美白作用。翻看市售的"美白丸""美白粉"的配料表，不难发现，形色各异的美白产品，成分大多都很眼熟，比如维生素 C、维生素 B、维生素 E 等，当然也有的有些眼生，像半胱氨酸、还原型谷胱甘肽、氨甲环酸等，读起来就透着一股高大上的科技感。但在皮肤科医生看来，无论是眼熟还是眼生的成分，主打的其实都是**"抗氧化"**，或者对抗紫外线或其他炎症因素造成的氧化应激损伤，或者是抑制酪氨酸酶的过度激活。这一点上，内服和外用的美白产品可以说是"殊途同归"。例如，内服美白产品中的维生素 C、维生素 E 早已是业内公认的抗氧化剂，在皮肤科治疗黄褐斑、瑞尔黑病变者处方中，口服维生素 C 或者静滴含维生素 C 的液体，都已经是常规方法。半胱氨酸、还原型谷胱甘肽、氨甲环酸等这些看起来很复杂的名字，不仅也有着类似的**抗氧化作用**，更重要的是也可以**抑制酪氨酸酶的活性**。

只堵一两个"漏洞"，怎么敢说一定会让你白？

读到这里，你难免会想，既然有些抗氧化成分，比如维生素 C 的"抗黑"的作用已经如此明确了，那干脆简单粗暴一点，每天多吃一点维生素 C 片，不就人人都可以变白了吗？

哪有那么简单！美白药物的机制虽然明确，但我们所谓的"皮肤黑"的**原因却是错综复杂和含糊不清**的：除日晒变黑外，炎症也会导致色素沉着，激素的变化可能会让皮肤暗淡，熬夜等不健康的生活也会让皮肤状态紊乱，产生黄褐斑等皮肤问题。具体到每一个人，状况也不一样，因为每一个人皮肤的特性、复原能力都不同。打个比方，出现了问题的皮肤，情况可能像一口多个孔在漏水的大缸。即使"美白丸"的成分在理论上能抗氧化和抑制黑素颗粒形成，也只是堵住了其中的一两个"漏洞"而已，很难讲对每个人都一定能达到预期的美白效果。

口服的美白方法反而"绕了远路"？

在"美白丸"的热潮之前，也曾有过另一个类似的被炒得火热的概念——口服"胶原蛋白"来补充皮肤里的胶原蛋白。但是，通过口服的胶原蛋白，要先经过消化道的消化分解成氨基酸，然后经肠道吸收，再被运送到皮肤重新合成胶原蛋白，这条道路可谓是"山长水阔"！明显有些不靠谱。同样，对"美白丸"也存在类似的质疑：人体并不是一个简单的反应容器，吃下去的东西既不会保持原样，也不是你想让它去哪里就去哪里。

幸运的是，和胶原蛋白相比，"美白丸"中的抗氧化成分状况要好一些。以维生素 C 为例，科学实验已经证明，即使是口服，它的**靶向作用器官**仍然比较明确。但在很多皮肤科医生看来，口服的方法还是有点"绕了远路"，对一些比较严重的炎症后色斑类或是黄褐斑患者，很多皮肤科医生宁愿选择静脉点滴"美白"药物，也就是为了减少药物"绕远路"的情况。

说到底，更有效率的美白方法还是直接将有效成分输送到皮肤中：比如，用只有头发丝千分之一粗细的纳米微针在皮肤上开放出极小的"通道"，随后将氨甲环酸等有效成分直接涂抹到脸上，皮肤具有的弹性随后会"关闭"这些小通道，而有效的活性成分便被锁在了皮肤中。

天生"黑妹"想"白成闪电"？几乎没有可能！

前面我们就介绍过，不同人种，按照肤色可以分为六型。这个"色卡"，从1到6逐渐加深。白种人一般是1型、2型，黄种人以3型、4型为主，印度尼西亚及印度等南亚国家多数是5型，黑人则是6型。而我们的肤色会在"色卡"的什么位置，其实是写在基因里，从出生就决定的。出生后受到风吹日晒等外界环境的影响，也只会是让肤色逐渐加深。而任何保养和"美白"，充其量不过是在朝着"复原"肤色的方向来努力。

也就是说，如果一个人的肤色是4型，想通过保养使皮肤"越级"白到3型，这在目前几乎是不可能的。除非大面积破坏黑色素，当然，这种方法代价实在巨大。也就是说，天生的"黑妹"们是无法通过口服美白产品来"白成一道闪电"的。

想要破除黯沉还需综合调理

皮肤的健康与靓丽，说到底，是一项综合工程，影响因素众多。比如说长时间熬夜会导致内分泌失调，使皮肤干燥、黯淡无光，弹性差，出现痘痘、皱纹等现象；饮食油腻，过油、过咸、过甜都会表现在皮肤上；育龄期前后女性由于激素的变化，面色黯沉、色斑等问题也非常容易出现，这些都会导致女性皮肤"变黑"。

所以在临床上，在针对痤疮、色斑等问题对症治疗之外，皮肤科医生有时还会给患者开一些中药调理，更会提醒患者要保持健康的生活方式。因为，只有**身体在"平衡"的状态，皮肤才会健康**。

第7节 大千世界，人各有"痣"

说到痣，大家都不陌生，每个人身上或多或少都有痣，也就是我们皮肤科医生所指的色素痣。

色素痣是一种良性的新生物，是黑素细胞的局部异常聚集形成的。它可以随着年龄的增长而增多，往往在青春发育期增多，而且其发生率与种族、性别有关，男性色素痣较少，白种人色素痣较多。

色素痣可在形状、颜色、毛发等多个方面表现不同，如乳头瘤样、圆形、疣状以及与皮肤相平，有些可有一根至数根毛发附着；而且由于痣细胞的色素含量不同，其可呈棕色、褐色、蓝黑色、暗红色或正常肤色等多种颜色。

相信大家都发现自己身上的痣有平的，有凸的，那么这些痣有没有一个统一的分类呢？根据痣细胞在皮肤中的分布部位，我们将其分为交界痣、皮内痣和混合痣三种。

交界痣其痣细胞位于真皮、表皮交界处，外观上看一般是与皮肤相平的，偶稍高出皮肤，其可发生于身体的任何部位，尤其是手掌、足底和外阴部。

皮内痣听起来应该在"皮肤内"，其实不然，其痣细胞起源于真皮，外观上常呈半球状隆起，直径可至数厘米，表面可有毛发生长，其多

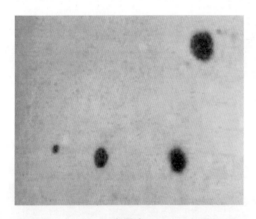

交界痣

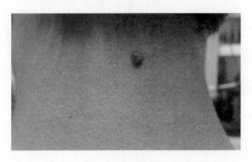

皮内痣

发生在头、颈部，一般不发生于手掌、足底或外生殖器部位。

混合痣常同时有交界痣及皮内痣的两种表现。一般平滑无毛，颜色较深的色素痣为交界痣的可能性大，稍高出皮肤而且有毛的色素痣为混合痣，半球形或有蒂的色素痣为皮内痣可能性较大。

色素痣一般不需治疗，但有很多人认为面颈部色素痣影响美容而要求治疗。目前国内治疗色素痣的方法主要有化学法、冷冻法、高频电刀法、微波法、激光法、外科手术法。一般来说，直径大于 4mm 的痣，我们都会建议手术切除，因为这是最安全的方法。其他方法会直接刺激痣细胞，可能导致恶变、这时候的物理治疗就像"捅了马蜂窝"一样，后果一发不可收拾。而手术切除是将整个痣"一锅端"，

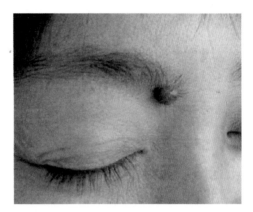

混合痣

完全不会碰到痣细胞，所以不用担心恶变，而且切下后的痣还直接送去做病理检查，就是用显微镜判断细胞的良恶性，如果是恶性的，则正好切除了局部病灶，这也是肿瘤治疗的一部分。这样既避免了刺激恶变的可能，又达到了微整形美容的目的，岂不是一举两得的好事。

化学法是用腐蚀性的药物将痣祛除，现在主要是在有些小的美容院使用，因为方便快捷，很多人都会去做。但是，这其实是很不安全的，因为这些化学药水对皮肤有伤害，可能会损害到正常皮肤，甚至会留瘢痕。由于多年的工作经历，我见到过多个"化学点痣"后的患者，复发的几乎占 80%，留有凹陷性瘢痕的也占 30% 左右。我曾在门诊见到一个女患者，左侧鼻唇沟处有一颗绿豆大小的色素痣，十几年前去用了化学治疗。可是不幸的是，痣不仅没有清除掉，又新长了出来，痣周围的皮肤也留了很大一个瘢痕，非常惹眼，她当时很难过，一直也没敢再试其他的办法，也是最近才经儿子劝导，来我这里看看有没有什么好办法。

我给她进行了手术切除治疗，并告诉她，如果她十几年前就手术切除的话，肯定现在已经完全看不出来了。因为她的痣在鼻唇沟处，手术切除通常会沿着鼻唇沟切一条长约 1.3cm 的刀口，然后缝三针，等到一周就愈拆线了，会有短期的色素沉着，但她的肤色白，2 个多月后也就只有一条细线了，正好顺着鼻唇沟，完全看不出来。而她现在整个痣连着瘢痕的范围不仅扩大了，也早就变形了，这时候切除无疑就没有那么好看了。

第 8 节　怎么判断痣有没有恶变——从肉眼、皮肤镜到显微镜

相信大家都看过电影《非诚勿扰》，剧中孙红雷饰演的李香山是个土豪，一掷千金，可惜却死于脚背上的一颗痣恶变，发展为恶性黑素瘤，最后多脏器转移，晚景凄凉。

电影播出后，皮肤科门诊里一度涌来了一大批要求去痣的患者。可是人身体上痣那么多，没有必要都去手术切了啊！那么，怎么判断你的痣是不是恶变了或者有恶变的倾向，从而更好地防患于未然呢？

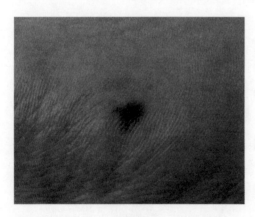

色素痣

约 50% 的恶性黑素瘤源于色素痣，一般良性痣特征为直径 < 3mm，着色一致，边缘整齐，表面光滑，表皮柔软，大小和颜色恒定，典型的先天性痣（即先天性小痣）极少数恶变，应该减少摩擦及外来因素损伤痣体。除美容需要外，一般无需过于担心。

但是，发生在掌、跖、腰围、腋

窝、腹股沟、肩部、口唇、生殖器等处易摩擦受损部位应密切观察、警惕癌变。

痣发生恶变，都有先兆症状，一般有几个月到数年的转变过程。我们可以自己通过肉眼观察，如果痣突然扩大、隆起、边缘开始不规则、形状不对称、颜色不均匀，或者与周围皮肤的界线不清晰等；又或者原本正常的痣表面出现了脱屑、糜烂、渗液、出血等；皮肤上长痣一般是不会有什么感觉的，而如果你近期突然出现异常感觉，如瘙痒、压痛等……以上这些情况要引起警惕，你的痣已经在"骚动"，它可能已经不再愿意安心做一个"本本分分"的"小痣"了！

我们皮肤科医生总结了痣恶变的一些征象，肉眼可从以下 A、B、C、D、E五个方面先大致评估：

正常	黑素瘤	症状	体征
		非对称性	痣的一半和另一半不对称
		边界	痣的边缘不规则
		颜色	痣的颜色深浅不一
		直径	直径大于铅笔上的橡皮

A（asymmetry）代表不对称，普通痣呈两边对称，而恶性黑素瘤两边不对称；

B（irregularity boundary）代表边界不规则，普通痣边缘光滑，与周围的皮肤分界清楚，而恶性黑素瘤边缘则参差不齐，呈锯齿状改变；

C（color variation）代表色彩多样化，普通痣一般为棕黄色，棕色或黑色，而恶性黑素瘤常在棕黄色或棕褐色的基础上掺杂粉红色、白色、蓝黑色；

D（diameter）代表直径，普通痣一般小于5mm，而恶性黑素瘤常大于5mm；

E（elevation）代表皮损隆起、进展。

如果皮损符合A、B、C、D、E标准，应高度怀疑恶性黑素瘤，以前我们都会劝患者最好能手术切除，术后在显微镜下观察该组织是否有癌变的细胞，因为这才是确诊的"金标准"。但是很多患者只要一听到要"手术"，就会心生畏惧，即便这只是个小手术，但他们在确诊之前还是比较排斥的，特别是在不重要的非美容的部位。现在，皮肤科已经多了一些无创性的诊断，比肉眼看得更深、更清楚，同时患者也没有什么痛苦。这里我就要介绍皮肤科医生的第三只眼——皮肤镜和皮肤CT。

> 鉴别痣，皮肤科专家有"利器"！

鉴别色素痣和黑素瘤的第三只眼——皮肤镜

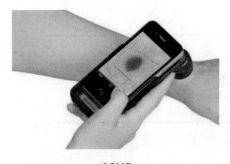

皮肤镜

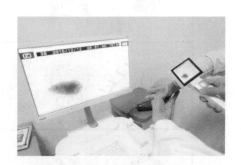

皮肤镜

就像消化科有胃镜、肠镜，呼吸科有气管镜一样，皮肤镜作为皮肤科的一大法宝，堪称皮肤科的"照妖镜"。比如说，下图这位患者，她自从甲状腺癌术后就特别在意身体上的任何小变化，前不久发现两个脚的大脚趾趾甲都变黑了，她吓得寝食难安。来诊后给她在皮肤镜下一照：原来只是甲下淤血！很多人鞋头小或者跑步等挤压脚趾都会出现这样的情况，由于是慢性的损害，很多人都没有什么感觉，常常是发现的时候趾甲已经是淤血变黑了，继而难免虚惊一场。皮肤镜还真有点像一个"照妖镜"，很多肉眼难以辨别的皮损到了它面前就立刻现原形，免去了活检等有创性检查。

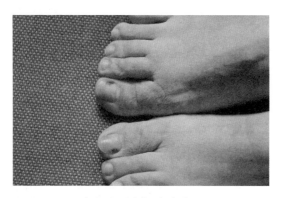

肉眼看两侧趾甲都有变黑

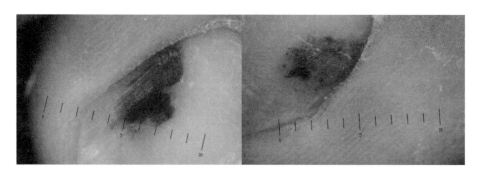

皮肤镜下表现为甲下淤血

皮肤镜又称皮表透光显微镜，其本质上是一种可以放大数十倍的皮肤显微镜；就像眼科的检眼镜、耳鼻喉科的耳镜一样，是用来观察皮肤色素性疾患的利器。一个有经验的皮肤科医生借助皮肤镜技术可以使色素性皮损的诊断准确率比肉眼提高10%～20%。皮肤镜图像分析技术能对色素性皮损进行动态监测与随

访，能进一步提高早期诊断黑素瘤的准确率和降低截肢率，实施相关手术方案的
依据。这里我们就粗略介绍下皮肤镜下色素痣和黑素瘤的形态差别（如下图）。

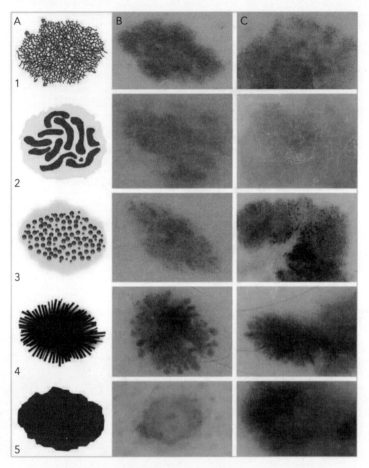

A 列：皮肤镜下结构图解；B 列：色素痣；C 列：黑素瘤

1A. 色素网，1B. 色素痣的规则色素网，1C. 黑素瘤不典型色素网

2A. 负性色素网，2B. 色素痣（复合性 Spitz 痣）中心及对称性负性色素网，2C. 黑素瘤的负性色素网

3A. 聚集的球形，3B. 黑素细胞痣聚集的球形，3C. 黑素瘤的不典型球形及不典型色素网

4A. 条纹，4B. Spitz 痣（良性）的条纹（伪足），4C. 黑素瘤的不典型条纹

5A. 同质性蓝色色素，5B. 蓝痣的同质性蓝色色素，5C. 黑素瘤的同质性蓝色色素，伴局部同质性色彩

第 9 节　白癜风：起效慢，信心 + 耐心

记得猴年大年初五，第一个门诊患者是一对夫妇带来的一个 15 岁大的儿子，这个孩子从四五岁起，屁股上就有一小块白斑，家里姑姑正好也是医生，说没什么大事，所以也就没在意，但后来就逐渐增大变多了，特别是近一年，白斑基本散在全身了。

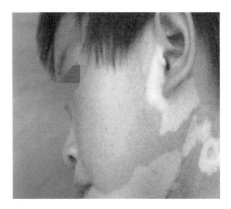

白癜风

我将孩子全身仔细检查了一遍。孩子身上白斑确实较多，脸上、躯干、腿上都是，大片大片的，呈圆形、椭圆形，边界清楚，部分白斑上面的毛发也是白色的，摩擦后白斑发红。很明显，是白癜风。

白癜风是一种常见的后天性皮肤色素脱失病，是由于皮肤的黑素细胞减少或功能消失引起的，我国汉族人的发病率约为 0.05% ~ 0.2%，表现为局部皮肤出现白斑，瓷白或乳白色，其上毛发变白的几率为 10% ~ 60%。

门诊经常遇到这样的患者，特别是小孩，如果身上有一两块白斑，总担心是白癜风，希望医生能帮忙确诊。其实在皮肤科以白斑为主要表现的病少说也有十来种，比如无色素痣、贫血痣、单纯糠疹、老年性白斑等常见病，还有一些少见的，比如白斑表现为皮肤 T 细胞淋巴瘤（MF）、结节性硬化、斑驳病、原田小柳综合征等。我之所以会摩擦，其实是鉴别是否为贫血痣，如果摩擦后白斑变红就可以排除贫血痣，不变红再稍微用力点看看，如果始终不变红，那么多半就是贫血痣了。

以上这些表现为皮肤白斑的病，在不典型的时候，都是需要仔细鉴别的，因为老百姓对白癜风都是有些排斥的，一旦扣上"白癜风"的帽子，对他们来说，

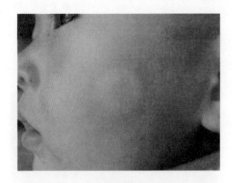

单纯糠疹

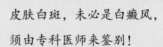

皮肤白斑，未必是白癜风，
须由专科医师来鉴别！

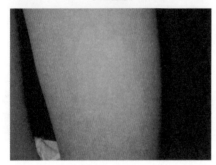

无色素痣

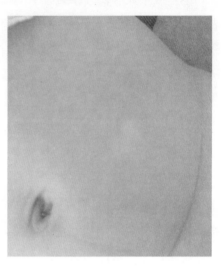

贫血痣

无疑是给孩子和家长平添了心理负担。所以我常常会仔细询问病史，了解患者的发病时间、白斑的变化等。

如果后天才有的白斑在变大、扩展，或者其他部位有新发的，那么白癜风的可能性就大了。如果白斑一出生就有或者出生后不久就有的，但基本就不再明显变化，或者只随着体表面积的增长基本成比例增大，更可能是无色素痣或者贫血痣等。一次有一个8岁的女孩，在颞顶头皮处有一成人拇指甲大色素脱失斑，后来连长出的头发也是白色的，从出生不久就一直按白癜风治疗，中西医结合，内用、外用结合，仍然毫无复色进展。当父母带着孩子来我这里会诊后，我告知家长这不是白癜风是无色素痣，他们将信将疑地看着我，后来给孩子做了Wood灯和皮肤CT，其结果也都是排除了白癜风。

我在这里简单介绍一下Wood灯和皮肤CT在色素类疾病中的应用。

诊断白癜风的重要手段——Wood 灯、皮肤 CT

Wood 灯，又称过滤紫外线灯，它是通过 320～400nm 长波紫外线照射患处，从黑色素对紫外光的折射、反射情况鉴别白癜风的。如果照射处黑素减少则折光强，显浅色；黑素增加则折光弱，显暗色，从而呈现出不同程度的白斑（淡白、乳白、云白、瓷白），间接反映出黑色素脱失情况，由此辨别是否为白癜风，还能筛查出肉眼看不到的已经发生的病变。此外，Wood 灯还可以用来鉴别我们前面提到的"鬼脸面膜"。

Wood 灯

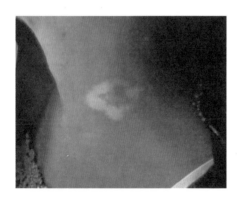

Wood 灯下白癜风表现为瓷白色、边界明显

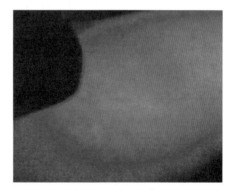

Wood 灯下白色糠疹表现为淡白色，境界不清

Wood 灯下的白癜风是瓷白色，边界明显。临床上肉眼有时难以发现正常皮肤特别是白皙皮肤上的浅色斑，也可以借助 Wood 灯来观察而得以确认。对于一些淡白色皮损、不全性白斑，边界模糊的白斑疾病，如脱色素性痣、白色糠疹、结节性硬化、炎症后色素减退斑等白斑病，在 Wood 灯下则多表现为黄白色或灰白；花斑癣为棕黄色或黄白色；贫血痣的淡白色皮损则不能显现。

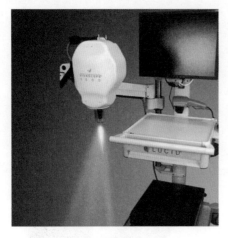

皮肤 CT

皮肤 CT，本质上是一台显微镜，安全无辐射哦！

皮肤 CT，乍一听，很多人肯定是拒绝的，以为是做 CT 会有辐射！事实并非如此，此 CT 非彼 CT。

皮肤 CT 实际上就是激光共聚焦扫描显微镜，它是以激光作为光源，通过正常和病变皮肤成分对光的反射及折射率差异呈现出明暗程度不同的黑白图像。简单地说，就是一个可以观察到表皮直至真皮浅层的放大镜，可以直接反映白癜风的病灶部位，清晰地呈现出这个部位黑色素细胞缺失的情况。与传统病理活检相比，它具有无创无痛、患者舒适度高以及检查迅速等优点。婴幼儿只需在熟睡状态下即可轻松完成检查。

与 Wood 灯相比，皮肤 CT 不仅可以分辨是否为白癜风，还可以细致地分析出皮损状况和黑色素的脱失程度等，对久治无效各种类型的白癜风患者采用三维皮肤 CT 能直接扫描出白斑皮下黑色素细胞的数量或黑色素细胞是否存在，为治愈白癜风提供了可靠依据。

皮肤 CT 在白癜风诊疗方面的应用主要如下：

1. 白斑的鉴别：通过比较白斑区与周围正常皮肤色素含量的差别来鉴别是否为白癜风，其敏感性和特异性较 Wood 灯更好。

2. 白癜风进展期和稳定期的判别：通过比较周围正常皮肤的色素环，比较皮损区域色素缺失与残留比例等判断该皮损是否为进展期。

3. 白斑复色情况追踪及随访。

关于白癜风的遗传问题

一般白癜风孩子的父母看病时都很焦虑，一个劲儿地念叨："医生，我们都不相信是白癜风，觉得不可能，怎么会得这个怪病呢，我们家都没有这种情况啊！以后孩子要是结婚生子了，会不会遗传给下一代？"

白癜风发病与遗传有一定关系，通常认为是有遗传背景的免疫异常性疾病，一级亲属（父母）的遗传几率为 10%～15%，二级亲属（爷爷或外公）的遗传几率较低，约为 5%～10%。因此，准确地说，**白癜风还有遗传的可能**。

有个孩子有白癜风病史十几年，但最近一年才明显加重，我看到他手背上有散在几处不小心被家里炒菜的油溅到的部位好转后也留下了相似的白斑，这是同形反应，表明白癜风正处于进展期。

所谓同形反应，是指白癜风患者皮肤在遭受机械性、压力、搔抓破损后和摩擦（如紧身衣、过紧的胸衣、裤带、月经带、疝托等），使原先正常的皮肤白变或原来的白斑扩大。其他形式的局部刺激，如烧伤、晒伤、放射线、冻疮、感染等也可有此反应，甚或因此反应而泛发全身。没有同形反应的皮损多为稳定型，对光化学疗法效果好；同形反应阳性者的皮损多为扩展型，对光化学疗法反应较差，而应用糖皮质激素治疗效果较佳。

根据病情发展，白癜风可分为进展期和稳定期。

在进展期，白斑增多，原有白斑逐渐向正常皮肤移行、扩大，境界模糊不清，容易产生同形反应并加重病情。在进展期，皮肤 CT 检查时发现黑素细胞环变得模糊不清，晚期这个环基本完全消失。稳定期时白斑停止发展，境界边缘色素加深。

白癜风是难治性疾病，疗程长，见效慢，需做好持久战的准备。进展期治疗以阻止其继续发展为主，需口服及小面积外用糖皮质激素；对于稳定期的白癜风，光化学疗法是不错的选择，即光敏剂加长波紫外线照射治疗。内服或外用光敏剂后，配合适当阳光或中长波紫外线照射，并结合患者肤色及治疗反应随时调整照射时间、剂量与药物浓度。也可以采用自体表皮移植或黑素细胞移植治疗。

由于个体差异，白癜风的治疗因人而异，在选择治疗方案之前，首先应确定白斑的类型和期别。其次，要判断一种治疗药物是否有效，一般至少要经过 2 个月左右的观察，所以，患者不应随便更换治疗方案，且应该去正规的医院接受个体化治疗。

其实，白癜风的治疗上还应注意适当应用心理治疗。首先，白癜风除了影响美观外对人生命的健康不构成任何威胁，从这个角度上讲本病并不可怕；另外，白癜风目前虽然没有特效方法，但如果坚持规范化治疗，大部分患者是可以得到很好控制或者治愈的，大可不必那么悲观。所以，家长应该配合医生帮助孩子认真治疗。家长要积极乐观，并把这种积极乐观的情绪传递给孩子。

正确对待激素

这个孩子现在正处于病情进展期，所以我给他开了"泼尼松"口服，抑制免疫反应，控制病情进展，家长看到处方后，再次提出质疑："医生，我家里的姑姑反复叮嘱说那些药名里带了'松'的都是激素，副作用很大，是不能给孩子用的。"家长态度很坚决，他们虽然一再表示配合治疗，但一旦涉及药物的副作用，他们就有些犹豫了。

确实，激素是一把典型的"双刃剑"，前面第 2 章里我就提到过长期外用激素的副作用，而大剂量系统用激素可出现肾上腺皮质醇增多症（向心性肥胖、满月脸、水牛背、皮肤紫纹、痤疮、多毛等类库欣综合征表现），代谢紊乱（激素性糖尿病、高血压、负氮平衡、水电解质紊乱），消化性溃疡，骨质疏松，继发性感染，肾上腺皮质功能不全，精神异常等副作用。所以运用时更需慎重，尤其是对于儿童。但是对于白癜风患者，特别是进展期白癜风，激素的使用又是必需的，那么，如何能更大程度地取其利、避其害，当是皮肤科医生为患者考虑的。一般来说，外用激素乳膏是比较微量的，是对局部组织的炎症、过敏反应等起作用，是短效小剂量的。面部外用激素多选择弱效激素，剂型上多选用膏剂，一般急性皮疹不超过 10 天，慢性皮疹不超过 1 个月。

对于进展期白癜风，如为局限型，可局部治疗为主，如外用激素或钙调神经磷酸酶抑制剂（他克莫司、吡美莫司）等；局部光疗可选窄谱中波紫外线（NB-UVB）、308nm 准分子激光及准分子光、高能紫外光等。而对于进展期的散发型、泛发型和肢端型患者除了局部治疗外，还可加用中医中药、免疫调节剂、系统用糖皮质激素治疗。

部分白癜风常常和自身免疫性疾病相关，如甲状腺疾病、糖尿病等。患者体内也存在对抗黑素细胞的抗体，可见，白癜风的发病机制之一是与免疫有关，所以，对应激状态下进展期及泛发性白斑迅速进展及伴发免疫疾病者，建议系统性使用糖皮质激素治疗以阻止进展期的病情发展。激素能抑制自身抗体对黑素细胞损伤的免疫反应，促使色素的恢复。

2009 版《白癜风治疗共识修改稿》中就儿童白癜风用药作了如下专门指导：提出对于 < 2 岁的儿童局限性白斑可采用间歇外用中效激素治疗，> 2 岁的儿童可外用中强效或强效激素。而临床最为棘手的快速进展期儿童白癜风细则推荐采用小剂量激素口服治疗，推荐口服泼尼松 5 ~ 10mg/d，连用 2 ~ 3 周。如有必要，可以在 4 ~ 6 周后再重复治疗一次。

激素治疗，该用时还得用！

以上用药方案，都是经过专家们反复讨论，以求达到最佳效果，并将副作用降到最低。此外，我用激素时，一般都会叮嘱患者早晨 8 点餐后顿服，因为这时激素的副作用是最小的，且餐后服用可减少对胃黏膜的刺激。所以，患者或者家属应该配合医生的治疗，做到彼此信任。

第11章

脱发与多毛

——有人多，有人少

第1节 "鬼剃头"为哪般?

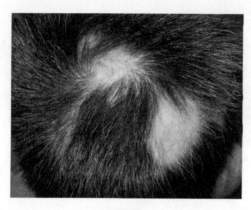

斑秃

一个大雪纷飞的周末,普通门诊的患者很少,一位衣着朴素的姑娘走了进来。她表情有些焦急,一口较为难懂的带有乡音的普通话,还好此时患者很少,我耐心地与她沟通着。

"小姑娘,你慢慢说,哪里不舒服?"

她搓了搓手,一把将头上戴的毛线帽子摘下,拨着头顶的头发说:"医生,俺,俺得了'鬼剃头'!!俺害怕!俺们村上的老人说这是鬼来找俺啦!"

我哭笑不得,心想,咱还能当回道士,为她驱驱鬼。

"小姑娘,你别怕,我来看看。"

说着我戴上一次性的塑料手套拨开她头顶的头发,只见她头顶偏左侧及后脑勺有几片约硬币大小椭圆形区域寸草不生,但头皮看上去很正常,没有炎症、破溃、萎缩、瘢痕等,十分光滑。我将她脱发区边缘的头发拉了拉,并没有拔出头发,这也是一种检查,叫做拉发实验,脱发区边缘头发松动,很容易拔出,称为拉发实验阳性。患者脱发处皮肤并无炎症表现,基本排除脱发性毛囊炎。

我先问她:"你是做什么工作的?有没有接触过什么化学试剂?或者吃过什么药?"这么问是为了看看有没有可能是因为化学试剂或者药物造成的副作用,她搓了搓手回答道:"俺是浴室修脚搓背的,身体很好,从来不吃什么药的。"

"你这样有多久啦?"

"已经好几个月了,有一次上工的时候,俺们那儿的大姐说的,俺一摸才知道这里一小块头发都没啦!!一直不见长,范围好像还扩大了!俺想到小时候村里有个小伙也这样，年轻力壮、无病无难的，眼瞅着好好的一头头发一天比一天少，村上的老人就说是鬼剃头！鬼半夜来找他啦，一定是他平时干了亏心事！可俺什么坏事都不曾干，怎么也来找俺呀！"

她像连珠炮似的，噼里啪啦一通交代，最后都哽咽了。

我继续问道："你谈朋友了吗？谈多久了？在一起了吗？"她有些惊异，但坚决否认了。

你也许会奇怪，一个脱发，与性生活有什么关系？

有一种脱发称为梅毒性脱发，脱发区头皮无瘢痕形成，但边缘呈虫蚀状，脱发并不完全，且数目较多，但也并不完全如此，我也曾见过梅毒性脱发初期脱发范围很小，且只有一个脱发区。但这个女孩否认有这方面的经历，暂时可以排除这种诊断。

排除了以上多种可能，通常这种突然发生的局限性脱发，脱发区皮肤正常，可诊断为斑秃。

斑秃，即俗称的"鬼剃头"，为一种突然发生的局限性斑片状脱发，可发生于身体任何部位。按病期可分为进展期、静止期及恢复期，进展期脱发区边缘头发松动，很易拔出，称为拉发实验阳性，拉出的头发在显微镜下可见毛干近端萎缩，这就造成头发根部上粗下窄，像一个"惊叹号"。如损害继续扩大，数目增多，可互相融合成不规则的斑片。

我检查完，看到病历上写着 23 岁，这姑娘长相倒很清秀、朴实，但脸上分明透着焦虑不安和自卑，再加上头发稀少，更显得憔悴了。

若是放在现在，各种资讯丰富，像这么大的女孩没几个会信这种迷信吧，但那时候还有很多从小山村出来打工的女孩，她们文化程度不高，来到南京这样的大城市打工，初入社会，容易受到各种诱惑及欺骗，还相信这种"老说法"的真是不少。

"你太紧张了，哪来什么鬼怪呢，你也说什么坏事都没干过，怕什么呢？"

她似乎感到一些安慰，又挠挠头，露出将信将疑的尴尬笑容，问道："那医生你说说，这是嘛回事？"

斑秃的病因目前尚不完全清楚，可能与遗传、情绪应激、内分泌失调、自身免疫等因素有关，可能属于多基因疾病范畴。遗传易感性是斑秃发病的一个重要因素，约 25% 患者有家族史，此外，神经精神因素被认为是重要的诱发因素。

也就是说，患者可能存在斑秃的易感性，但门诊很少看到有遗传倾向的，大多数患者都是年轻人或中壮年人，学习工作压力大、精神紧张、抑郁时容易发生。

我问道："最近工作、生活有没有什么烦恼？"

她搓了搓手，点点头说："俺们本来活就重，只有三个人倒班，最近还走了一个，我修脚搓背都要干，浴室又开到一两点，睡得也不好。"

"为什么睡不好？这么累应该一沾枕头就睡着了呀。"

她又搓了搓手说："家里情况不好，晚上想心事，睡不着。"

我看她一紧张就搓手，睡眠不佳，语速飞快，这些都是心理焦虑的早期表现，工作的压力、心理的负担都是造成她年纪轻轻就脱发的"罪魁祸首"。

这个女孩拉发实验阴性，表明正处于斑秃静止期。静止期时脱发斑边缘的头发不再松动，大多数患者在脱发静止 3～4 个月后进入恢复期；恢复期有新毛发长出，最初出现细软色浅的绒毛，逐渐增粗，颜色变深，最后完全恢复正常。

"主任，俺这个头发会长好吗？会不会最后全掉光了？"

斑秃病程可持续数月至数年，头发多数能再生，但也可能复发，脱发愈广泛，再发机会愈多而头发再生机会愈少。头皮边缘部位（特别是枕部）毛发较难再生。斑秃继续发展出现头发全部脱失，称为全秃，严重者眉毛、睫毛、腋毛、阴毛和全身毳毛全部脱落，则称为普秃。全秃和普秃病程可迁延，且发病年龄越小，恢复的可能性也越小。

患者听完，更加沮丧："那应该怎么治疗啊？俺好害怕。"

关于斑秃的治疗，最应该从源头着手，尤其像这种心理因素造成的斑秃患者，应该先注意缓解焦虑情绪。

值得一提的是，相当多的证据提示，斑秃的发病与免疫机制相关。如斑秃常与一种或多种自身免疫性疾病并发，桥本甲状腺炎、糖尿病、白癜风患者及其亲属患本病的几率比正常人明显增高；斑秃患者体内存在自身抗体；在进展期，毛发毛囊周围有以 Th 细胞为主的炎症细胞浸润；部分斑秃患者对糖皮质激素治疗有效，而糖皮质激素正是抑制免疫、炎症的有效药物。

所以，对于稳定期的斑秃如发展到比这个女孩更大范围或更多的皮损可以选择外用或皮损内注射激素，外用米诺地尔、刺激剂等；而泛发进展期的斑秃则需中等剂量的激素治疗、接触性免疫疗法、米诺地尔外用制剂等；而对于顽固严重的斑秃甚至需要口服糖皮质激素以及应用中医中药疗法等。

"小姑娘，你现在最重要的应该先要保持轻松的心态，不要想太多事。"

她无奈地叹口气，片刻后又眉头紧锁，说道："主任，俺也不想，俺就是愁哇，俺家条件不好，俺爹死的早，俺妈跟人跑了，俺还有两个弟弟妹妹靠我养呀，俺每天躺到床上就想起他们，本来俺还想再打份工，但最近浴室里忙，俺一直没机会出去找。俺的文化不高，钱多的活也找不到，俺都愁死了。"

她说着说着又搓起手来。

我很同情地看着她："你这种心理的焦虑是可以克服的，现在先从不搓手开始。我再给你开药。"

于是我立刻开好处方，让她取药，她并不愿意，她说："医生，这药得不少钱吧？俺不想继续看了，只要知道不是鬼剃头就行了。"

说着说着她就站了起来，转身向外就走，我忙想拉住她，被她一挣就松开了，然后只能眼睁睁看着她逃跑似的出了门，等我追出门去已不见她踪影。

这就是一个少女最基本的需求——照顾好自己、照顾好家人。我想如果不是被"鬼剃头"的故事吓到了，她一定不会来就医的，排除了阴鬼索命，就可以继续安心地生活和工作下去。她这些让

> 心病还需心药医，
> 解铃还须系铃人，
> 祝愿这个可爱的女孩早日康复！

人"恨铁不成钢"的想法全部建立在对家人的爱与责任上，我一面为她生气，一面又感叹她这份"穷人的孩子早当家"的心气儿。

第2节　男女都可能有雄激素性脱发

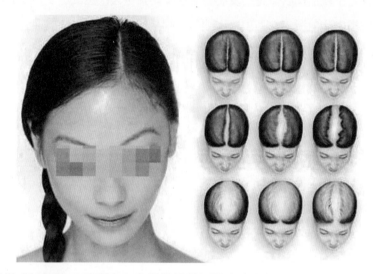

雄激素性脱发，是临床上非常常见的困扰患者和医生的顽疾，多会给患者造成生理和心理上的双重影响，门诊上经常有此类患者来到我这里找回"从头开始"的自信。

刘女士今年32岁，第一次来我门诊时，带着帽子，面容憔悴，她一进门我就寻思着，她这是来看啥病的？

她环顾了诊室四周，见没有人，就自己主动跑到门边把门反锁上，然后拿掉帽子，我这才恍然大悟。

她这个年纪的女性，本该是头发乌黑浓密、自信闪亮的时候，可她头发稀疏，前额的发际线明显后移，她一坐下就满腹牢骚。

"骆主任，你可帮帮我吧，我这两年头发越来越少了，反复看过好多家医院，药用了好多，别管是吃的药还是外用的药，西药还是中药，结果都是一样没有让我的头发长起来，还越来越少了，我可愁死了，工作干得也不顺心。哎，我都快看不到希望了，骆主任，您快帮我想想办法吧。他们都说是什么'雄激素性脱发'，我说这个雄激素不是男人才有的激素，怎么我也会得这样的脱发症呢？"

男性型雄激素性脱发一般从青春期后开始，从前额两侧开始，出现头发密度下降，头发纤细稀疏，逐渐向头顶延伸，额部发际明显后退，形成"高额"，前额发际线呈 M 形；或头顶开始脱发；也有额部和头顶同时开始脱发。脱发渐进性发展，额部与头顶部脱发可相互融合，严重时仅枕部及两颞残留头发。脱发区皮肤光滑，可见纤细的毫毛，皮肤无萎缩。一般无症状，伴有脂溢性皮炎时可有头皮发痒、发红等表现。

虽说是雄激素性脱发，但女性同样也可能会出现，女性型雄激素性脱发一般较男性轻，多表现为头顶部头发逐渐稀疏，一般不累及颞额部。顶部脱发呈弥漫性。脱发的进程一般缓慢，其程度因人而异。50% 的女性患者如果不治疗，到 50 岁时，头顶头发可明显稀疏，但极少发生顶部全秃。

女性脱发

我问她家里人是否有类似症状。

她告诉我："我爸、我叔都有这种脱发，但是他们是男的呀，都说男人这样是'聪明绝顶'，可我也这样像什么话呢？我现在什么米诺地尔搽头、家乡土方长头发的药水都用过了，没多大用！骆主任，这怎么办？是不是会掉秃顶了呢？"刘女士焦虑地向我求助。

典型的雄激素性脱发一般有家族史，与遗传相关，并且在男性是显性遗传，发生率较高，女性为隐性遗传，所以女性发病率较低，且女性即便发生症状也比较轻，不至于出现秃顶的情况。一般是在青春期后发生的，头皮秃发区有一种叫做 5α- 还原酶的，其活性比不秃发区明显增高，可使头皮处睾酮转变成双氢睾酮增多，且患处头皮双氢睾酮受体的敏感性也增加，双氢睾酮可使毛囊缩小直至萎缩消失，生长期毛发数目减少，表现为毛发密度明显减少。

雄激素性脱发的治疗主要分为药物及手术治疗。药物治疗方面，目前被美国食品药物管理局（FDA）批准在全球用于治疗雄激素性脱发的药物主要有抑制 5α- 还原酶的内用药非那雄胺片（保法止）和外用制剂米诺地尔两种，非那雄胺片是一种针对雄激素性脱发病因和发病机制的治疗药物，口服该药可降低血清和

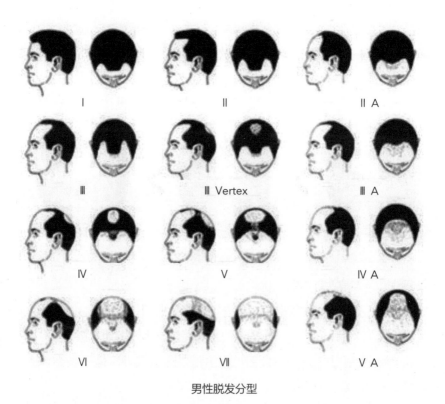

男性脱发分型

头皮中双氢睾酮水平而发挥治疗作用，一般每天 1 片，连服 6～12 个月以上。这两种药一般要使用几个月后才会有效果，并且有 30% 左右的患者对这两种药物无效。另外，可配用复方甘草酸类药物及应用中医中药疗法等。

第 3 节　毛发移植有效吗？

　　药物治疗无效的脱发患者可以考虑外科治疗方法，就是现在比较流行的毛发移植手术。当听到"手术"这一词大家可能会觉得有些疑虑甚至是害怕，其实毛发移植手术就是用显微外科手术技术将后脑勺部分健康的毛囊组织移植于患者秃顶、脱发的部位，存活后的毛囊会生长出健康的新发，新发一般不会再次脱落，并且还可以经得住正常的吹发、烫发及染发，最大程度地改善脱发状况。这项手术安全性高、创伤小、成功率比较高。

哪些患者可以进行毛发移植？

　　能不能进行毛发移植我们要从移植效果方面来分析。一般来说，轻中度的雄激素性脱发移植效果较好，头部瘢痕性脱发中瘢痕较浅且瘢痕下血运较好的移植后效果也可以，除皱后的脱发、感染形成的脱发移植效果也可以。

　　既然是毛发移植手术，那免不了要问：毛发供体来自哪里呢？这就要从毛发移植原理说起了。我们所看见的毛发其实就只是由死亡角质细胞形成的长杆，没有神经、血管，这样我们才能舒心、不痛不痒、不流血地剪头发、剃胡子。但毛发真
正的生命之源是毛囊，它是毛发生长的基本单位，发之根本。健康强壮的毛囊就像是春天播下的种子，只要种在肥沃的土壤上就能生根发芽。

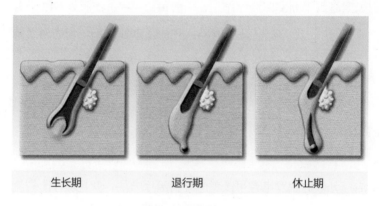

| 生长期 | 退行期 | 休止期 |

毛囊生长周期模式图

　　大多数患者的脱发呈典型的地中海——头顶部头发稀少甚至"寸草不生"，两侧及后枕部一圈的头发却是"风景这边独好"。这种现象与毛囊结构异常有关。头顶部的毛囊由于结构上的先天性缺陷，即使有丰富养分、充沛雨水的"土壤"做基础，发霉了的种子早已失去生命不息的活力。而结构正常健康的毛囊主要分布在两侧及后枕部，这些部位的头发不受雄激素代谢的影响，提供了头发移植的毛囊来源，这些正常毛囊即使移植到秃头部位，仍然能保持原有的生物学特性不变，不会脱落。并且两侧及后枕部的头皮面积是前、顶部头皮的4倍，通过自体毛囊移植技术将一部分健康结构的毛囊重新分配到脱发的部位，从而长出自然、永久存活的自然新发来，达到整体美观的效果。其实毛发移植技术并不是像字面所说的那样将现成的毛发移植，我们医生操作的只是种子的搬运工。

毛发移植四步法

　　简单地说就是四步法——挑摊子、找种子、挖坑、播种。挑摊子就是局麻后在枕后或头两侧切取一块"长势喜人"的头发，再在这好摊子上把我们所需要的毛囊种子给分离找出来，接着在光秃秃的山丘上面打上微小的坑，种子就能种在坑里等待着生根发芽了。现在毛发移植技术的进步是毛囊单位提取术，移植的毛发除了有自己后脑勺的毛发，还有人工纤维毛发，可以直接插秧似地种在秃发区。

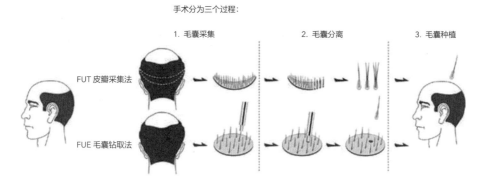

手术分为三个过程：

1. 毛囊采集　　　　2. 毛囊分离　　　　3. 毛囊种植

FUT 皮瓣采集法

FUE 毛囊钻取法

毛发移植手术示意图

第 4 节　面部多毛、痘痘 + 妇科疾病，或是多囊卵巢综合征

正当三伏天，诊室里有气无力的冷气仅起到了通风效果，窗外晃眼的白光让人觉得全身燥热。而来就诊的这个女孩却穿着长衣长裤，还戴着口罩，齐刘海就像锅贴似的紧贴着脑门，几缕头发束间还能看到汗滴子。

我心想这应该是个白癜风的患者吧，要不然怎会把自己裹得如此严实？我带着疑惑低声问她有什么不舒服的。她警觉地看了看周围，准备摘下口罩。我环顾四周，其他候诊的患者站在门口瞪大眼睛狐疑地看着她。反正也要检查一番，我索性把她带到检查室问病史。

她摘下口罩，捋起袖子，只见她二十五六岁，正值青春好年华，但是脸上油光满面，毛孔粗大，面颊及颈部是典型的痤疮皮疹，还遗留了不少的褐色色素沉着和瘢痕。她无奈说道："从上高中时开始脸上就一直不停冒痘痘，最近这几年都长到脖子上面，而且医生你看，"她指着自己的嘴唇继续焦急地说道，"近一年来我发觉自己上嘴唇像长了胡子一样，手臂上和腿上的汗毛也疯长一般，我都不敢穿短袖和裙子了！"她这样一说，我发现她的体毛确实较一般人要明显些。我接着说："你这个青春痘也长了六七年了，应该也治疗折腾不少，效果怎么样呢？"她长叹了口气："高中还有上大学期间外用一些治痘痘的药，不吃辣的还能好，就是最近这一两年不知怎么搞得特别严重，皮肤也是越来越粗糙。"我心里嘀咕着排除治疗不规范和痤疮丙酸杆菌耐药问题等因素，根据现在皮疹的分布情况还有对于药物的反应，这与普通的青春期痤疮还是不同的。

这些表象都需要排除高雄激素血症，而与之紧密相关的女性最常见的内分泌疾病就是多囊卵巢综合征，关于这个病其实我在第 6 章第 3 节"都快 50 了，还长痘痘？"里就有提到，它也是女性"迟发性痤疮"的一个常见病因。

我又继续询问了一下她的月经及生育情况。此刻她已经哽咽，抹了抹眼泪，接着说："医生，不瞒你说，我结婚四年了一直怀不上小孩，压力很大，头发掉得特别多，每次来月经不规律而且少得可怜！"我脑海中迅速闪现妇产科老师对于多囊卵巢综合征的俗气概括——"肥鸡不易下蛋的"，这是一种很形象的称呼，即患者表现为体型肥胖、多毛症、不孕。虽然这位患者体型偏瘦，但还是必须排除多囊卵巢综合征。我开了性激素水平检测及子宫与附件彩超，并让她去妇科看看，在后来的随访中确实证实了我的想法。

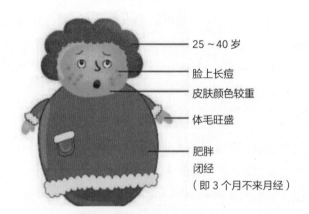

25～40 岁

脸上长痘

皮肤颜色较重

体毛旺盛

肥胖

闭经

（即 3 个月不来月经）

多囊性卵巢综合征的特征

多囊性卵巢综合征（PCOS）是育龄期女性最常见的内分泌疾病，某些患者其实在青春期已开始出现一些迹象，主要是月经紊乱导致的不孕和高雄激素相关的临床表现。与皮肤科相交叉部分就是对于怀疑有高雄激素表现的患者需要警惕这方面的疾病。那高雄激素临床表现主要有哪些呢？

1. 多毛症 通俗点讲就是在排除遗传因素外，毛发分布、长度及浓密程度更接近男人一些，这是雄激素增高的重要表现之一。据调查，我国多囊性卵巢综合征患者多毛现象多不严重，主要分布在上唇、下腹和大腿内侧。青春期多毛相对成人来说出现缓慢，亦不严重，但相比痤疮来说能更为有力地提示高雄激素血症。

2. 高雄激素性痤疮 多囊性卵巢综合征患者多为成年女性痤疮，痘痘、皮疹多半长在下颏和下颌部位，伴有皮肤粗糙、毛孔粗大，具有症状重、与月经周期有关、时间长、顽固难愈、一般治疗反应差的特点。

3. 女性型脱发 多囊性卵巢综合征患者20岁以上即开始脱发。主要发生在头顶部，仅是毛发弥散性稀少、脱落，它既不侵犯发际线，也不会发生光头。但在2013年美国内分泌学会多囊卵巢综合征诊疗指南中指出雄激素性脱发暂不能作为青春期高雄激素血症的临床依据。

4. 皮脂溢出 体内过量的雄激素促使皮脂分泌，使患者头面部油脂过多，毛孔粗大，鼻唇沟两侧皮肤发红、油腻，头皮屑多伴痒，胸、背部油脂分泌也增多。这些可以认为是高雄激素性痤疮的伴随表现。

说这么多总结就一句话：生理上的"女汉子"！

这些高雄激素的种种表现对于女性来讲是一种致命打击，给患者造成很多的压力。轻度多毛症可

> "女汉子"也可能是疾病的表现！

采用剃刮方法，市面上所售的脱毛膏也是可以用的，但这些方法并不是持久的毛发去除方法。激光脱毛可作为相对而言"一劳永逸"的手段。但是对于多毛和痤疮的治疗只是解决表象问题，对于多囊性卵巢综合征应系统用药治疗以降低雄激素目标，从而达到改善"面子"问题，但患者的生育问题有时还是难以解决的。皮肤科医生在接诊此类患者后需及时进行转诊，避免延误病情。

第 5 节　美少女脱毛记

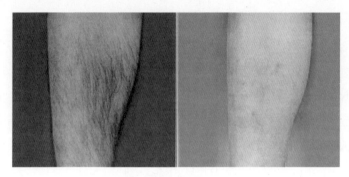

脱毛前后对比

　　每个爱美女性总是希望自己的皮肤光滑白皙，体毛过重则成了部分女性心中的痛，无论是腋毛、腿毛，还是胡须，她们都是不允许有深色毛发的。谈起脱毛，每个女性都能列举出多个方法，刮除、蜡脱、药脱等，受此困扰的女士或先生肯定也是尝试过一些，但结果总是不尽如人意，总是"野火烧不尽"，甚至是一代更比一代长，或有其他的不良反应，疼痛、过敏等，深受其苦。现在医疗技术日新月异，难道就没有一种无痛且一劳永逸的办法吗？答案是肯定的，今天我向大家推荐一项被认为安全、有效的永久性脱毛新技术——激光脱毛。

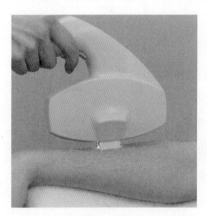

激光脱毛

　　小瑜今年已经 26 岁了，还没有谈过恋爱，因为她从小就是个"毛孩"，四肢体毛都很长、很密，周围的小伙伴都拿她当怪物看，夏天别说是裙子了，连短袖 T 恤都不敢穿，甭管多么烈日炎炎，她都穿着长裤长褂遮盖着，生怕一不小心就露出浓密的"黑毛"，她也尝试过用刮毛刀刮，但是感觉还是不断地长出来，又听人说刮掉的毛会长得更多，她便又感到后怕。

　　苦恼了这么多年的小瑜那天来到门诊找到我，眉头紧锁，对"激光脱毛"也没有多大信心，只是抱着"死马当活马医"的心态来试试看，但是还是有点害怕，于是，一来便向我抛出了一连串的问题。

什么是激光脱毛？

　　激光脱毛技术运用的主要原理也是选择性光热作用，即某一颜色的物质对某一特定波长的光吸收率最强。

　　毛发由毛囊长出，毛囊中含有丰富的黑色素，黑色素对于775nm和800nm波长的单色激光具有很强的吸收率，光被毛囊中的黑色素吸收转化为热能，毛囊局部产生热效应，使毛囊温度升高，当温度上升到一定程度时毛囊结构发生破坏，从而达到永久性脱毛的目的。并且此波长的激光只有黑色素对它最敏感，这些黑色素优先吸收激光并且转化成热能，使局部产生高温，只破坏毛囊，而不损伤周围皮肤，从而达到永久脱毛的目的，且基本没有副作用。

　　激光脱毛对身体各部位如面部、腋下、四肢、私密处等都有效，效果明显优于其他传统脱毛方法。

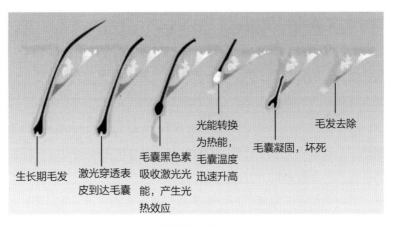

生长期毛发　　激光穿透表皮到达毛囊　　毛囊黑色素吸收激光光能，产生光热效应　　光能转换为热能，毛囊温度迅速升高　　毛囊凝固，坏死　　毛发去除

激光脱毛原理

激光脱毛会影响排汗吗？

不会。汗液是从汗腺汗孔排出的，毛发是生长在毛囊的，汗孔和毛孔完全是两条不相干的通道，激光脱毛打的靶子是毛囊，是不会造成汗腺损伤的，当然不会影响排汗。

激光脱毛会很痛吗？

根据个人敏感性的不同，有些人会没有任何疼痛感，有些人会有轻微的疼痛，但就像橡皮筋弹在皮肤上的感觉一样，都不需要使用麻醉药。

激光脱毛后会不会出血感染？

激光脱毛是目前最安全、有效和永久的脱毛方式，作用柔和，只针对毛囊，不会造成皮肤损伤，更不会出血感染。有时在治疗后可能短时间内会有轻微的发红、肿胀，略做冷敷即可。但一般不会有局部皮肤破溃，一般在数小时或数天后就会自动消退。但是，在这里值得引起注意的是，我们黄种人肤色深浅不一，如果操作人员能量参数设置过高了，这样给肤色深的人脱毛就会造成灼烧和起疱。因此，一定要选择一家正规的机构，由有经验的专业人员操作才能保证安全。

激光脱毛一次就可以了吗？

虽然激光脱毛效果明显，但很多人都以为一次治疗就可以搞定了，其实不然。毛发的生长一般分为生长期、退行期和休止期。处于生长期的毛发含有的黑色素最多，此时吸收的激光最多，脱毛的效果最好。而处于休止期的毛囊，黑色素含量少，效果较差。一个毛发区域，同一时期一般只有 1/5 ~ 1/3 的毛发处于生长期，因此，一般第一次治疗后可以看到 10% ~ 25% 的毛发减少，一般要等 6 ~ 8 周后新的毛发长出来后再脱，方达到理想效果。

此外，毛发的颜色、厚度、治疗部位等，都会影响效果。深色的、粗大的毛发容易被脱掉，而浅色的、细软的汗毛相对就难脱一些。一般腋下、面部 1 次 /

4 ~ 6 周，四肢、躯干 1 次 / 6 ~ 8 周，一般需要 3 ~ 6 次治疗效果较为理想，而
女性嘴唇上的毛发又浅又细密，所以次数会更多，有的甚至需 8 ~ 10 次。一般来
说，治疗总共需 3 ~ 6 次，平均 4 次左右，毛发才会得到彻底去除，次数越多，
效果越好。

激光脱毛可以达到永久性脱毛效果吗？

一般而言，经多次的激光或强光治疗后毛发的清除率可达到 90%，即使有毛
发再生，也是更少、更细软、颜色更淡。

激光脱毛前后需要注意什么？

使用激光脱毛前 4 ~ 6 周禁用蜡脱法脱毛。做完激光脱毛后 1 ~ 2 天内少洗热
水，1 ~ 2 个星期内不能在太阳下暴晒。

了解了上述这几个问题后，小瑜终于定下心来接受治疗。两次治疗后，她信
心倍增，第三次来的时候她亲昵地挽着一个帅小伙过来找我，娇羞地躲在他身
后，跟我打招呼，我会意地笑了，"哟，瞧你俩，多登对啊！"我打趣道。小瑜
调皮地冲我眨眨眼，低声对我说："骆主任，这次可不可以让我男朋友帮我剃毛
呢？""原来这次还自带了专业的剃毛师呢！"小瑜听完，两片红云爬上脸颊，
"骆主任就会笑话我！"

小瑜所说的剃毛专业术语称"备皮"，就是在每次激光治疗前，先用一次性
的脱毛刀将要除去的长一些的毛发全部刮去，以便在进行激光脱毛时，激光光子
的能量可以不被这些有黑素的毛干部分给吸收和浪费掉，这样可以集中能量于毛
囊里的黑素，而将毛囊"连根拔起"。

三次治疗后，有一天在门诊，突然听到人群里有个娇滴滴的声音在叫我，我
抬头一看，眼前一位小美女穿着绿色碎花裙子，露出雪白的胳膊和长腿，手里捧
着一束百合花，我差点就没认出来是小瑜！"骆主任，谢谢您！这个夏天，我终
于可以穿裙子啦！"

我想，这应该也是她的春天吧！

第12章

如何干预皮肤衰老，
实现逆生长？

人类皮肤的老化进程是不可避免的，即便我们注意了防晒、保湿，不管有多么不情愿，皮肤都会随着岁月的流逝而出现种种问题如皱纹、松弛、色斑、黯淡等，我们终究无法做到青春永驻。难道衰老真的无可救药了吗？我们只能乖乖坐以待毙吗？写到本书的最后，我们结合自己团队 15 年的工作积累，还是归纳一下目前医学界、医美界是怎样努力抗衰老的吧。

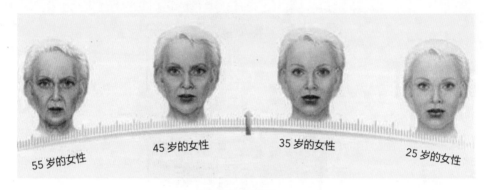

衰老示意图

第 1 节　抗衰老护肤品，你了解多少？

日光中**紫外线**的反复照射是环境中影响皮肤老化的最重要因素；因此抗皮肤老化的化妆品通过保湿和修复皮肤屏障功能、促进细胞分化、增殖，促进胶原合成、抗氧化、防晒等达到目的。

研究证实，局部外用抗氧化剂如维生素 C、维生素 E、维 A 酸、氨甲环酸等能够保护皮肤免受紫外线损伤，它不仅能减轻外在的光老化，还能够延缓内在的衰老，并且在发挥这些作用的同时不会产生不良反应。我们团队 10 余年的实验证实：传统中药黄芩苷、人参皂苷、绿茶提取物茶多酚中的主要活性成分没食子儿茶素没食子酸酯（EGCG）来自于葡萄籽的原花青素（OPC）、大豆低聚肽及橙皮苷（HPD）等都具有显著的抗氧化损伤作用，都可被用于皮肤光老化防护的化妆品中。

"抗衰老"，已成为全球面部护肤产品中使用率增幅最快的三大产品之一，精华、面霜和眼霜成为目前市面上抗衰产品的主要类型，价格不菲。很多产品都宣称加入了"某某提取物""细胞因子"等高大上的成分，或者运用了某种高科技……总之，越说得高大上，消费者越容易买账，还乐此不疲。那么，抗衰老护肤品的秘诀在哪里呢？其实，这些神奇的抗衰成分，一旦遇到科学，就会揭开其神秘的面纱，展现出其简单易懂、朴实的内涵。

维 A 酸——最有效、最广泛使用的抗衰老成分

皮肤科的一大法宝——维 A 酸，这个我在第 6 章第 1 节里就介绍过它的祛痘功能了，是痤疮治疗的一线药物。而这里，我还要告诉你，维 A 酸等还具有镇定消炎、促进胶原蛋白的新生、促进细胞生长、抗光老化、除皱、抑制黑色素、改善肤质等多种功能。虽然不一定被业余的美容圈所认可，但可以说是皮肤科医生眼睛里的"万能成分"。2000 年，我在美国 Boston 大学学习时，我的导师 Barbara 就一直外用维 A 酸制剂，从希腊来的白人 Mornika 医生才 31 岁就开始使用维 A 酸了。我自己回国后开始渐渐使用医院的维 A 酸乳膏，一周 1～2 次，以眶周、眼角为多，加配保湿霜或硅油或者多磺酸黏多糖乳膏（喜辽妥）等。

> 骆丹教授作为专业医师，明了用药适应证，普通人还是要去正规医院咨询医师哦！

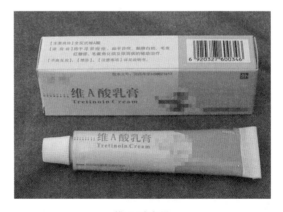

维 A 酸产品

维 A 酸的浓度从 0.025% ~ 0.25%，浓度越高越容易刺激皮肤，有些年轻细腻的皮肤一下子还受不了这种微弱剥脱作用的刺激。外用维 A 酸引起的刺激性反应被称为"维 A 酸皮炎"，表现有发干、刺痛、发红或者脱皮等，所以可以与硅油或保湿霜混用降低浓度减少刺激，这样二者取长补短，达到保湿除皱的双重功效。另外，维 A 酸具有光敏性，所以建议避光或每晚使用，白天主要是以保湿和防晒为主。一般来说，40 岁左右的黄种人和 30 岁左右的白种人，肌肤开始有肉眼可见的老化表现、细纹的时候，是开始使用维 A 酸类产品的适合年纪，能有效减缓皮肤老化的进程。

但是，需要提醒大家的是：对于大众消费者来说，在要求有效的同时，更希望护肤品是安全的。因此，考虑到某些人对维 A 酸的刺激敏感性和非专业医生无法准确把握安全浓度和剂量，**在所有相关的护肤品中，均不可以使用活性维 A 酸，而是其衍生物：视黄醇，虽然其效能只有维 A 酸的 1/20，但间断性长期使用，也会有很好的抗衰老效果。**

维 A 酸分子结构　　　　　　视黄醇分子结构

初次使用视黄醇产品也是这样，须慢慢开始，可以一周一次，再逐渐增加使用次数；没有异样可以 3 天一次，只能在晚上使用；如果出现不适，停止一段时间再开始使用，慢慢使肌肤适应。同时，配合保湿和防晒的护肤品一起使用，可以达到事半功倍的效果。外出时最好使用 SPF > 15 的、同时有防护长波紫外线功能的防晒霜。

果酸——保湿美白、嫩肤抗衰

果酸换肤，相信大家都不陌生，我在第6章第4节里就提到过果酸对闭合性粉刺和痘印有很好的效果，这里我再谈谈它的嫩肤美白作用。

果酸是从各种水果或酸奶等天然物质中提炼出来的有机羟基酸，学名叫α-羟基酸，简称为AHA，其对皮肤的作用可分为表皮效应、色素效应与真皮效应三方面。

1. 表皮与色素效应　果酸可造成角质形成细胞间桥粒瞬间剥脱，加快角质层细胞脱落，避免不正常的角质堆积，使皮脂腺分泌物排泄通畅，可以去除粉刺、祛痘、淡化痘斑等。同时，果酸还可促进表皮细胞的活化与更新，并促进黑素颗粒的排除，降低黑色素生成，减轻色素沉着。

2. 真皮效应　果酸破坏了角质细胞之间的连接，启动损伤重建机制，激活真皮成纤维细胞合成和分泌功能，使胶原纤维、弹性纤维致密度增高，皮肤更加紧实，富有弹性。促进胶原蛋白和糖胺聚糖的合成，与其他细胞间基质的合成，促进真皮释放出更多的透明质酸，增强皮肤的保水能力，使皮肤柔润。果酸还具有抗氧化的能力，因此可以用作防止皮肤老化、减少细纹；果酸可改善真皮浅层毛细血管扩张皮肤循环，整体提升肤质，提亮肤色，使肌肤更加细腻光滑。

一般来说，果酸相对分子量小，水溶性和渗透力强，容易被皮肤吸收。护肤品中加入的果酸浓度要比医学上使用的低，一般在10%以下，因此更安全，长期使用也是有一定效果的，为减少其刺激性，需注意配合保湿霜、防晒霜一起使用。对于某些敏感肌肤、皮肤较干燥的人来说，可以先试用再取舍。但是，和维

A 酸一样，由于其轻度剥脱作用，使用后也需要注意防晒，防止色素沉着的产生，还要避免同时使用维 A 酸类产品，防止刺激加重。

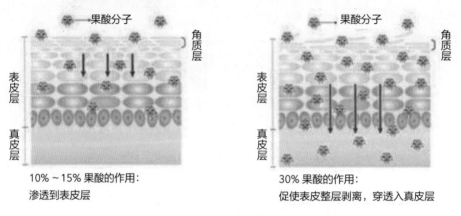

10% ~ 15% 果酸的作用：
渗透到表皮层

30% 果酸的作用：
促使表皮整层剥离，穿透入真皮层

果酸换肤示意图

抗氧化剂——保护细胞免受损害、预防衰老

很多植物提取物如绿茶提取物、白藜芦醇等，或者如各种酶类如超氧化物歧化酶、谷胱甘肽过氧化物酶、辅酶 Q10 以及维生素 E、维生素 C 等，都是强有效的抗氧化剂，也是我们经常在护肤品成分表里可以看到的。这类成分能抵抗自由基造成的细胞多种成分的损害，可修复受损肌肤、延缓皮肤衰老。

保湿剂——修复皮肤屏障功能

保湿剂如神经酰胺、透明质酸、乳酸、尿囊素等，都是常用的护肤品活性成分，还有一种称"烟酰胺"，是维生素 B₃ 的一种形式，可以帮助抗氧化和舒缓肌肤，还有修复、淡化色斑的功效，局部使用烟酰胺可以增加皮肤中神经酰胺和游离脂肪酸的水平，防止皮肤失水，刺激真皮微循环，具有很好的保湿、淡斑的效果。

防晒霜——预防衰老的必备品

通过前面章节的介绍，现在大家应该对这一点很清楚了：在肌肤保养中，防晒是基础。因为人体全身内脏在自然走向衰老时，皮肤因为风吹日晒一辈子，就难免刻上了岁月的烙印——"光老化"，所以，如果不做好防晒，那使用再好、再昂贵的抗衰老护肤品都是徒劳的。

以上这些都是抗衰老护肤品中常见的有效成分，都从不同的机制来预防、对抗皮肤衰老，适当使用对延缓皮肤衰老进程有一定效果。但若只通过这些外用的护肤品达到抗衰的目的却也不切实际。因为：①外用的有效分子要透过皮肤屏障；②有效活性分子也就是 5% 以内的差别简直就是杯水车薪。

我们要知道：护肤品的主要成分是油、水、香精、酒精、色素、防腐剂、杀菌剂、界面活性剂及各种化学添加剂。这些成分中 95% 都是膏、霜的基础物质，也就是说，不管是几千、几万的名牌还是十几块钱的护肤品，95% 的成分基本都是一样的，区别只在那 5%。而这仅有的 5% 中还存在几点问题：①安全的没效果，有效的不安全。就像我们上面说的维 A 酸和果酸一样，浓度的把握需要对大多数人都在一个安全的范围内，那么其有效性自然会打折扣。②分子量大了就不能被吸收。大部分传统护肤品的分子量远远大于 1500 道尔顿，几乎不能被皮肤吸收，只能停留在皮肤表面起滋润和保湿的作用。因此纵然添加某些强活性物质，理论上有着强大的功效，但由于很难渗透到皮肤深层，实际意义都是微乎其微的。

第 2 节　光子嫩肤——显著改善皮肤质地

最近 10 年，大陆及港台的普通女士们掀起了"嫩肤、净肤"的热潮，更不用说那些演艺圈的美女明星了，连男士都是肌肤水嫩、光彩照人的。想当初，在这些方面，港台的理念、认知、手段以及仪器设备上至少领先我们 10 年以上，现在大家可以说是彼此彼此了，而且海峡两岸和港澳地区也经常一起合作，举办一些大型的美容大会，互相交流、切磋。

所谓"光子"，就是强脉冲光——intense pulse light，波长 500 ~ 1200nm，脉冲光、强光、IPL、OPT 等均是光子的不同称呼，我们通常简称为 IPL。IPL 可以选择性作用于皮下色素或血管，分解色斑，闭合异常的红血丝，同时 IPL 还能刺激皮下胶原蛋白的增生，具有良好的皮肤收紧、去除皱纹、改善皮肤质地、缩小毛孔的作用。

先介绍一下我们自己用过的光子治疗仪吧。从 2004 年到现在，我们治疗了有很多"面子问题"的皮肤病患者，关于这台设备的抗衰老功效，我们还在实验室的小白鼠身上和细胞水平同样取得了改善老化、增加胶原合成的结果。国内的陈平医生去年总结了她科室使用 OPT 10 年、超过 10 000 人次的临床经验，得出的结论也是令人欣慰的。

光子嫩肤的美容效果

1. 清除或淡化各种色斑和老年斑；

2. 去除面部红血丝（毛细血管扩张）；

3. 抚平细小皱纹；

4. 收缩粗大毛孔，增厚肌肤胶原层，增强皮肤弹性；

5. 显著改善面部皮肤粗糙的状况，改善皮肤质地。

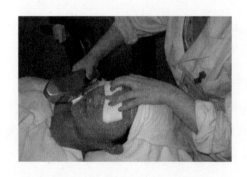

光子嫩肤要点

1. 每次治疗约 15 ~ 20 分钟，5 ~ 6 次为一个疗程，每两次治疗之间间隔 3 ~ 4 周，术中仅轻微疼痛；

2. 术后敷面膜补水，再外敷冰袋降温；

3. 治疗后可以常温清水洁面，不要

用洗面奶，使用保湿护肤品，最好是医学护肤品；

4. 术后防晒，SPF > 30 的物理防晒剂；

5. 术后可以正常工作、用电脑，无需休息期。避免日光曝晒、紫外线照射。24 小时内不要使用刺激性的护肤、化妆品。建议使用清水洁面，口服维生素 C、维生素 E 等。

大多数人在第一次做光子嫩肤治疗之后，常见的皮肤问题就开始得到改善，以后随着治疗次数的增加，皮肤上的"瑕疵"会日益减轻，使皮肤变得更加光滑而富有弹性。

第 3 节　高大上的美容仪器，你值得一试——射频、超声刀、热玛吉、微针疗法

这些都是时下最流行的美容手段，具有很好的提升和紧致面部、四肢、腹部等多种部位的作用，射频、微针比较适合略微年轻些的皮肤，超声刀除了抗衰老之外，对面部减脂、塑形也有很好的效果，热玛吉则能够刺激胶原蛋白持续再生。

射频

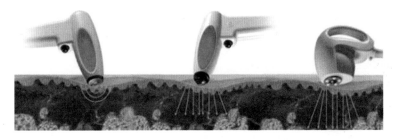

射频能够造成真皮中的轻微热损伤，刺激胶原新生和胶原收缩，从而产生新的弹性纤维和胶原纤维，产生即时拉紧皮肤的效果；同时促进脂肪分解，达到减

脂的目的。此外，射频除皱的同时，还能改变皮肤的质地，使皮肤变得更加细腻、光滑。大多数人一次治疗后，都会产生皮肤紧实、被提升的感觉，且比其他非侵入性治疗安全性更高，能有效保护皮肤表皮层。射频除皱术后，因新生的胶原蛋白一直持续产生，皮肤天天都会有改善，一个疗程治疗结束后，皮肤更加光滑、紧实，仿佛年轻了好几岁，在术后 4～6 个月达到"颜值"高峰，效果可以持续几年甚至更久。

主要作用

1. 改善皱纹 尤其对额横纹和眶周皱纹效果良好，对身体上的妊娠纹等萎缩纹也能有效祛除。

2. 紧致皮肤 射频美容能够用于吸脂后的皮肤紧致，并有效去除双下巴、婴儿肥、蝴蝶袖、妊娠纹和大小腿塑形等。

超声刀

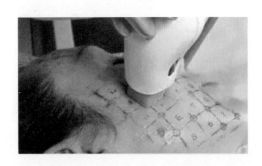

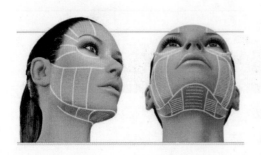

超声刀又称极限音波拉皮，它是采用高能聚焦超声波技术，直接刺激皮肤筋膜层及胶原层，有效地解决皮肤下垂及松弛问题。超声刀的每单一能量点在皮下作用的温度可到达 65～70℃，是目前所有非侵入式紧肤仪器温度最高的，能确实有效地刺激胶原蛋白增生，从而达到完美的紧肤效果。而且超声刀最深突破至皮下皮下筋膜 - 基底筋膜层（以往只有手术拉皮才可达到），约 3～6 个月治疗效果越趋明显，达到由内而外、均匀且全面的拉提效果。超声刀主要抗衰老功效为深层提拉，一次超声刀治疗可改善皮肤弹性、紧致面部轮廓；拉提及收紧两颊皮肤；消除颈纹，防止颈部老化；改善下巴线条、减退木偶纹，面部表情自然灵动；收紧额头的皮肤组织，提升眼眉线条；改善肤质，让肌肤细腻、润嫩、弹性有光泽。

主要作用

1. 皮肤松弛：眼袋、法令纹、嘴角纹、双下巴；

2. 眼皮下垂：收紧额头皮肤、提升眼眉；

3. 皱纹：额头、眼睛、嘴唇四周的皱纹；

4. 颈纹：颈部老化；

5. 改善皮肤弹性及轮廓紧致；

6. 提高细胞活性从而使皮肤肤质得到改善。

超声刀技术目前已通过美国FDA认证，还获得了韩国KFDA认证，并于2009年6月通过了欧共体CE认证，至今已有千万成功案例，全球千万治疗案例满意度99.6%，是全球公认紧肤除皱领域的金牌标准。

热玛吉

热玛吉是通过射频电场形成聚焦面，在皮下2.6～3mm的深度，强烈撞击真皮组织，促使大量胶原蛋白对其进行修复，胶原分子逐渐组合，排列有序，从而达到紧肤祛皱的效果。热玛吉迄今为止一共更新过三代，目前技术最高端的是第三代热玛吉，来自于美国。热玛吉主要抗衰功能为：收缩毛孔、祛眼周细纹、祛鼻唇沟、祛双下巴、祛颈纹、瘦脸、全脸紧肤；祛妊娠纹、产后修复、祛蝴蝶袖、提臀、收腰、大腿塑形、小腿塑形等。热玛吉治疗的层次是

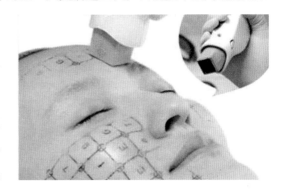

在真皮层，通过治疗头大小的不同可以分别治疗面部、眼周以及身体。超声刀则将能量聚焦在更深层的皮下筋膜层（SMAS 层），将松弛垂坠的老化筋膜再次提起，起到深层抗衰提升的作用，而独有分层治疗探头则可囊括皮下 3 ~ 4.5mm 治疗深度。

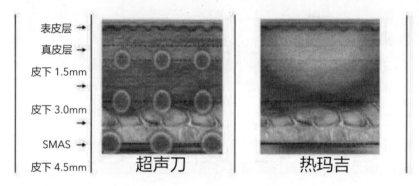

超声刀与热玛吉作用部位比较

超声刀治疗层次更深、更精准，治疗区域多集中在软组织丰厚部位，可作用于热玛吉作用不到的筋膜层，由内而外地提升紧肤效果更强。

热玛吉则可治疗超声刀不能涉及的神经丰富的细小区域，由外而内地让早已停止生长的皮下胶原"起死回生"，产生逆生长。

热玛吉和超声刀单纯做，可以抗衰除皱紧肤提升，联合做可以完美逆龄抗衰，效果更优。求美者还需根据自己的皮肤衰老程度和实际的经济状况来决定做热玛吉或超声刀或两者联合治疗。

微针疗法

微针注射是采用微细针状器械点对点超微渗透技术，定位、定层、定量，将有效成分直接输送到所需的皮肤组织，让有效成分迅速被吸收，**普通涂抹仅能吸收 0.3%，而微针美塑疗法吸收率可接近 100%，是前者的 4000 倍以上！**其实，这就是我们在第 4 章第 4 节里提到的促渗技术，促进有效成分的吸收，同时，可刺激皮肤生成胶原蛋白，增加皮肤厚度。不会破坏皮肤表皮层，具有强效美容、祛除面部皱纹、改善痘印等作用。

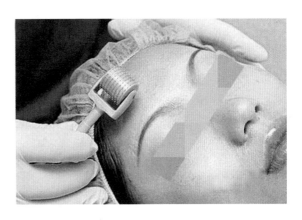

1. 微针疗法祛除真性皱纹，可维持 3 ~ 5 年；同时促进人体细胞自身分泌胶原蛋白，皮肤的质地、色泽、弹性光泽度都有明显改善；直接作用于基底层黑色素，抑制黑色素生成，淡化色斑；此外，还有补水、祛痘、收缩毛孔、减少面部油脂分泌等作用。微针疗法还可以治疗产后妇女的妊娠纹。

2. 微针疗法安全可靠：采用的药物与人体 100% 同源，无任何排斥及副作用，除皱后表情形态自然和谐。

3. 午间除皱法：治疗过程简单舒适，随治随走，不影响工作和生活。

第 4 节　注射除皱：该用肉毒素还是玻尿酸？

皱纹是如何形成的？

皱纹的形成原因可分为生理因素和环境因素，在年龄、水分流失、面部肌肉反复收缩、精神压力、不良饮食生活习惯、减肥或化妆等生理因素，以及紫外线、各种污染和干燥的气候等环境因素的共同作用下会形成动态皱纹；而随着皮肤张力下降，弹性恢复能力削弱，动态皱纹会变成静态皱纹。

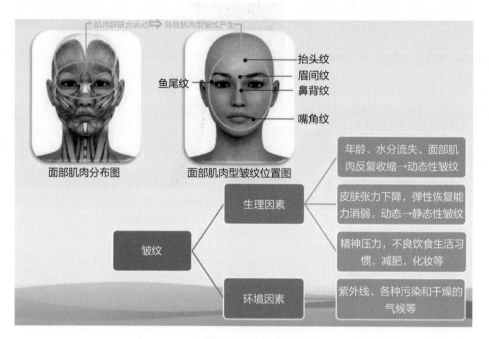

皱纹的形成原因

从面部肌肉分布图可以看出，在多种因素的共同作用下，肌肉群反复进行联合运动会导致多种肌肉型皱纹的产生，如：抬头纹、眉间纹、鱼尾纹、鼻背纹、嘴角纹等。

表情纹	肌肉	动作
眉间纹	皱眉肌	眉毛向正中聚拢
	降眉间肌和降眉肌	降低眉毛
额纹	额肌	抬眉
鱼尾纹	外侧眼轮匝肌	降低外侧眉毛
提眉	上外侧眼轮匝肌	降低上外侧眉毛
鼻背纹	鼻肌	鼻两侧向中间聚拢

续表

表情纹	肌肉	动作
放射状唇纹	口轮匝肌	噘嘴
木偶纹	降口角肌	口角下降
鼻唇沟	提上唇鼻翼肌	抬高唇中部
下颌纹	颏肌	皱下巴和下唇提升

注射除皱该选用哪种产品，肉毒素还是玻尿酸？首先，我们得明白自己是属于哪种皱纹，动还是静？真还是假？

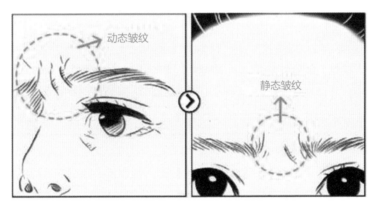

1. 动态皱纹——肉毒素

20 多岁的年轻人出现细小的皱纹，大多是假性皱纹，也就是动态皱纹，又称动力性皱纹，也就是在你面部"动"的情况下出现的皱纹，是由于脸部有表情时，表情肌肉的收缩牵引造成的皱纹。比如笑的时候会出现鱼尾纹、表情纹（法令纹），而思考、烦恼、着急、气愤时则会因为皱眉出现抬头纹、川字纹（皱眉纹）等。

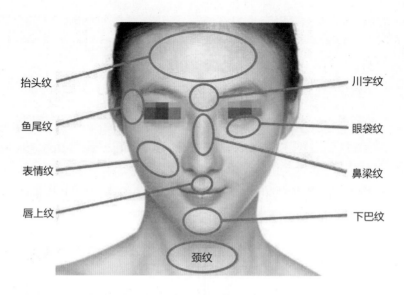

抬头纹   川字纹

鱼尾纹   眼袋纹

表情纹   鼻梁纹

唇上纹   下巴纹

颈纹

动态皱纹只会随着年龄增长而逐渐明显和加深，不会自然消逝。

肉毒素擅长的是去除动态皱纹，原理是将收缩造成皱纹的肌肉麻痹，使肌肉不收缩，也就不会产生皱纹了。

2. 静态皱纹——玻尿酸

静态皱纹是岁月的痕迹，就是老化的标志。指面部在不做任何表情时，便可直观观察到的皱纹，这种静态皱纹通过一般的美容护肤品或者按摩是很难得到改善或者去除的。

皱纹类型：眼周纹、泪沟、额纹、法令纹、嘴角纹、面部皱褶、川字纹、颈纹等。

注射玻尿酸的美容原理主要是利用它来填充皮肤的凹陷，或是充盈五官的轮廓，让面部更立体。

第 5 节 肉毒素除皱——立竿见影的神器

肉毒素听起来吓人，安全吗？

随着时间的流逝和年龄的增长，任何面部的动作都会引起皱纹，如眯眼睛、微笑或皱眉。如果你的皱纹令你沮丧，你可以考虑注射 A 型肉毒素。

肉毒素注射美容已经有 20 多年的历史——1986 年，加拿大 Carruther 夫妇在用肉毒素治疗眼睑痉挛时，意外地发现了其良好的除皱效果。随后，他们相继用肉毒素对额纹、眉间纹、鱼尾纹进行了治疗，目前的使用剂量仅仅是其最大安全剂量的百分之一，所以十分安全。

无论是美国美容整形外科学会 2015 年统计数据还是国际美容整形外科学会 2014 年统计数据，均显示肉毒素注射是最受欢迎的非手术美容方式，其年治疗例数远超其他排在前五位的美容方式。

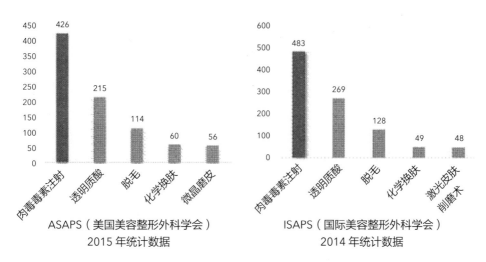

著名澳大利亚女演员妮可·基德曼谈到保持年轻的秘诀时，透露："我曾尝试过各种各样的方式但都没什么作用，就连合理的饮食也起不了作用，直到尝试了 BOTOX。"

BOTOX，就是肉毒素的一种。肉毒素是肉毒杆菌产生的毒素，是一种神经毒素，可以阻断神经与肌肉间的神经冲动，使过度收缩的小肌肉放松，进而达到除皱的效果。或者是利用其可以暂时麻痹肌肉的特性，使肌肉因失去功能而萎缩，来达到雕塑线条的目的，也就是通常所说的除皱和瘦脸。

肉毒素的用途

1. 除皱：针对各种动态皱纹；

2. 改善、美化轮廓；

3. 协调面部器官形状和位置；

4. 其他：多汗症、腋臭症、预防和抑制瘢痕等。

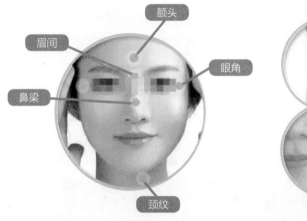

脸部
眼角，额头，眉间，鼻梁，颈纹

缩小肌肉发达部位
方下巴，小腿

肉毒素在除皱方面的应用

1. 眉间纹——唯一获得 FDA 批准的肉毒素的治疗部位

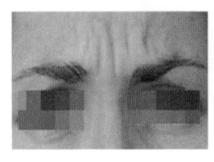 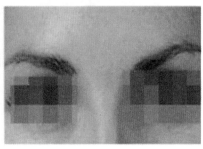

眉间纹通常在注射后 **1～7 天**开始改善，在注射后 **2 周左右**达到最佳效果。

2. 额纹——最难注射好的区域

注射额部最重要的是在注射前评估静止时的眉毛位置，嘱求美者尽量放松或闭上眼睛，使其额部肌肉松弛，再评估眉毛位置。通常，女性的眉毛恰好齐或略高于眶上缘，男性的眉毛在眶骨边缘。

通常在注射前嘱求美者做以下面部表情："抬高眉毛""头部不动，尽量上视"。"平行"或"V 形"肌内注射，避免入针过深触及骨膜。

3. 笑纹和鱼尾纹——最常见的热门领域

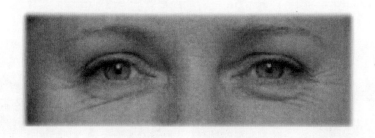

很多来除皱的女士总是说："医生，我鱼尾纹比较明显，你就帮我打个鱼尾纹就好。"或者说："我就想去掉抬头纹，这样我脸就完美了。"其实，面部的表情纹常常是互相关联的，你现在只关注到了你的鱼尾纹或者抬头纹，可一旦注射除去，这个部位的压力可能会转移到另外相关的肌肉上，反而使你原先没在意的皱纹加深了。所以，这时候，我们常常需要多部位联合注射，才能达到"完美"。

关于肉毒素的几点疑问

1. 什么样的人适合肉毒素注射除皱或瘦脸？

肉毒素适用于早期皱纹，最佳年龄段是 30～45 岁，年龄偏大的人（50 岁以上）严重皱纹注射虽有效，但效果较差。

如果你用力一咬发现两颊部位的咬肌又硬又大，可以通过注射肉毒素阻断神经肌肉的作用，使肌肉发生萎缩，达到瘦脸的效果。

2. 什么样的人不可以注射肉毒素？

需要提醒的是，并非所有人都可以注射肉毒素，如以下人群：

（1）已知对注射用 A 型肉毒素及配方中任一成分过敏者或过敏性体质者；

（2）注射部位感染者；

（3）神经肌肉疾病，如重症肌无力、Lambert-Eaton 综合征、运动神经病、肌肉萎缩性侧索硬化症等患者；

（4）孕妇和妊娠期、哺乳期妇女等。

3. 注射前有什么注意事项？

肉毒素注射前 2 周内不要服用阿司匹林、氨基苷类抗生素（如庆大霉素、卡那霉素），因为它们会加强 A 型肉毒素的毒性。注射前应该卸妆、用抗菌肥皂和（或）酒精清洁皮肤。

4. 注射时会疼痛吗？

注射所引起的疼痛通常在绝大多数求美者的耐受范围以内，**无需特殊处理**。部分人有疼痛敏感的，可在使用前对注射部位进行**表面麻醉或冰敷**。

5. 效果能维持多久？

效果一般能维持 4 ~ 6 个月左右。

6. 注射后是否会出现表情僵硬？

只要在具有资质的正规医院、经专业培训的医生指导下进行注射治疗，通常不会出现这种状况。

7. 长期注射会有副作用吗？

肉毒素可以重复注射，不会产生毒素蓄积。

8. 会产生依赖性吗？

治疗并**不会产生依赖性**，即使停止使用，也**不会产生任何加重情况**，只是回到原来的水平。

9. 注射肉毒素后发现妊娠应如何处理？是否会对胎儿产生影响？

门诊常常看到这样的患者，注射肉毒素以后，发现自己意外怀孕了，这可如何是好？

尽管，目前并没有因注射 A 型肉毒素后引起胎儿畸形的相关报道，但因尚无在妊娠期女性中使用的安全性临床数据，故**不建议已孕或计划怀孕的女性接受注射治疗**。

通常建议求美者在**注射后 6 个月内避孕**，若出现题目所示情况，应咨询妇产专业医生的意见，综合考虑。

肉毒素注射后的注意事项

1. 注射肉毒素后 4 小时内，安静休息。身体保持直立。24 小时内不要做剧烈活动。第一晚睡觉时避免面部向下。注射 30 分钟后，可以正常洗脸、上淡妆。避免在注射后 24 小时内饮酒。

2. 肉毒素瘦脸后 1 个月内禁止做脸部按摩、热敷、揉搓。

3. 肉毒素瘦脸后避免吃硬壳类食物；1 周内禁食辛辣、海鲜食物、忌烟酒。

4. 肉毒素瘦脸早期可有咀嚼无力、酸痛现象。

5. 因为咀嚼习惯，注射后两侧仍会有轻度的不对称。

6. 接受治疗后，如果出现头痛，可以建议服用对乙酰基酚类药物止痛。

7. 注射后不要服用氨基苷类抗生素（如庆大霉素、妥布霉素、奈替米星和卡那霉素）。

8. 少数人可能对药物不敏感而导致效果不明显，所以 2 周后应复诊。

9. 肉毒素瘦脸需 2 ~ 3 次达到明显效果，2 次之间治疗间隔 4 ~ 6 个月。

面部注射的不良反应及处理

1. 一般来说，在正规的美容机构，由正规的美容医师操作，只要注射手法、剂量恰当、产品合格，肉毒素注射的不良反应是比较少见的。

2. 偶尔会有一些轻度的局部淤血、瘙痒或头痛，但通常持续时间很短，都是一过性的，当日即可消失，极少数情况下 2 ~ 3 天后症状消除。

3. 我们常常见到的副作用如笑容僵硬、口角歪斜、眉下垂、上睑下垂等，这些更多的是与操作相关。

4. 最严重的副作用就是导致过敏性休克、死亡。然而就保妥适而言，自大约 20 年前行销欧美到现在，只有 1 例报道。

第 6 节　玻尿酸——有效抚平静态皱纹

一般来说，玻尿酸根据其分子质量的多少分为大、中、小分子。

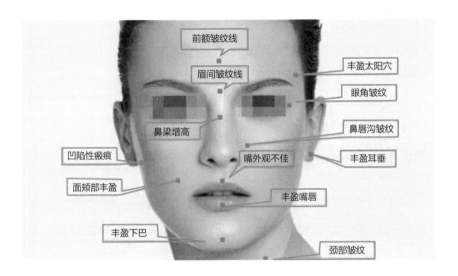

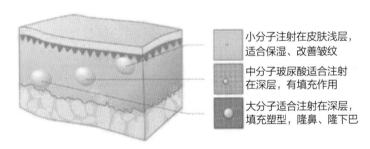

小分子注射在皮肤浅层，适合保湿、改善皱纹

中分子玻尿酸适合注射在深层，有填充作用

大分子适合注射在深层，填充塑型、隆鼻、隆下巴

1. 大分子玻尿酸有填充塑型的作用，主要用于隆胸丰臀、隆鼻隆下巴等，填充部位是深层组织。也可以用来除皱，其效果能维持比较长的时间。

2. 中分子玻尿酸通常用来除皱，注射部位通常为泪沟、唇部以及皱纹横生处，同时也具有填充凹陷的作用，但是和大分子玻尿酸一样，中分子玻尿酸注射的部位也是深层组织，不能填充皮肤表层。

3. 小分子玻尿酸是像水一样的玻尿酸分子，主要用于全脸的真皮层注射，也就是用水光注射就可以了，它能补充真皮层缺失的水分，消除细纹、修复受损肌肤，起到保湿嫩肤的作用，弥补大分子和中分子玻尿酸的不足。

肉毒素联合玻尿酸注射——实现 1 + 1 > 2 的效果

1. 两种剂型药物作用互补：肉毒素与填充剂联合使用，可减少注射后肌肉活动对注射物的挤压，并避免移位和外渗。

2. 肉毒素联合填充剂治疗重度眉间纹、额纹、鱼尾纹、口周纹的疗效较单纯填充剂效果好而且维持时间长。

3. 肉毒素与填充剂联合使用，又能解决面部容积不足的问题，更使注射疗效得以优化和维持。

4. 建议在肉毒素注射 2 周后再进行填充剂治疗；如果顾客要求同一天进行，必须先注射填充剂、后注射肉毒素，因为前者注射后需要局部揉捏，而后者则禁止按摩。

第 7 节　肉毒素的意外发现——对静态皱纹也有效

肉毒素广为人知的作用就是去除动态皱纹立竿见影的效果，但是 2008 年，我国台湾地区的一名专家发现通过真皮内注射肉毒素也能改善皮肤纹理，对静态皱纹的治疗效果很明显，通过皮肤组织病理学检测，肉毒素真皮注射后能显著提高真皮胶原含量。2012 年，一名韩国学者通过体外直接将肉毒素作用于正常人皮肤成纤维细胞，发现肉毒素可以引起胶原含量的上升，并下调胶原降解酶分泌。

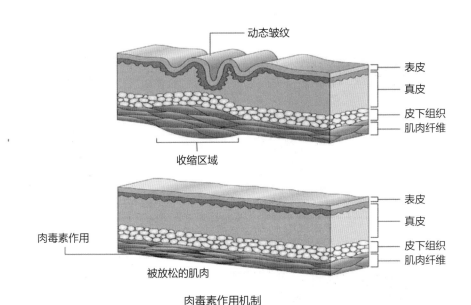

动态皱纹

表皮
真皮
皮下组织
肌肉纤维

收缩区域

肉毒素作用

表皮
真皮
皮下组织
肌肉纤维

被放松的肌肉

肉毒素作用机制

2014 年，我们团队进一步将肉毒素和老化细胞相孵育，发现肉毒素不仅降低了光老化细胞老化指标的表达，还促进了胶原的合成、减少了降解胶原酶的分泌，下调了细胞中老化相关蛋白的表达。基本上肯定了肉毒素体外直接抗老化的作用。此后，我们进一步在临床实验中观察肉毒素真皮内给药的直接抗皮肤老化作用，并且探索了其给药方式。

一开始，我们研究了二氧化碳（CO_2）点阵激光联合外用 A 型肉毒素应用于人面部皮肤年轻化的疗效观察。点阵激光在本书第 6 章我已经介绍过，临床上主要用于治疗痤疮萎缩性瘢痕和嫩肤。这里我们是将其作为一种促进药物渗透的辅助工具，通过调节点阵激光的能量密度，控制激光治疗的深度，使得点阵激光在皮肤切面垂直方向形成多个穿透皮肤的孔径，从而破坏皮肤天然屏障结构，可作为递送药物进入皮肤的通道。也就是通过点阵激光导致的微孔，将肉毒素递送到真皮的浅中层发挥作用。

我们的实验中，采用的是半脸对照研究，也就是全脸打完点阵激光后，随机一半脸外敷生理盐水，另外一半脸外敷肉毒素。分别于**治疗前、治疗后 1 周、4**

周、12 周，采用主客观的方法检测皮肤改变。

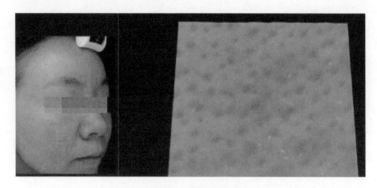

治疗前：纹理 =957

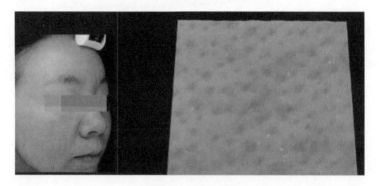

治疗后：纹理 =801

我们发现，点阵激光术后外敷肉毒素的一侧，纹理值下降 150，3D 放大图上可以明显看出毛孔和皮肤质地的改善更加明显，患者自己都觉得外敷肉毒素的一侧皮肤改善要明显。我们还检测了皮肤的光泽度和弹性，发现：治疗 12 周后，皮肤弹性以及光泽度上升，提示加入肉毒素的作用后，有面部年轻化的疗效。我们还发现 A 型肉毒素对点阵激光后 12 周的皮肤屏障功能有改善。在以往的研究中，A 型肉毒素可以促进正常人成纤维细胞的增殖活性，并有临床报道，可以促进伤口的修复，这些都可能与屏障功能的修复有关。近来，有一位学者发现一种新品种的肉毒素注射后，也有皮肤屏障功能改善的现象。

因为 CO_2 点阵激光本身也有刺激胶原新生的嫩肤效应，因此为了排除这方面的干扰，我们接下来还采用了多头皮内注射仪在真皮内注射肉毒素的方法观察肉毒素的直接抗老化能力。

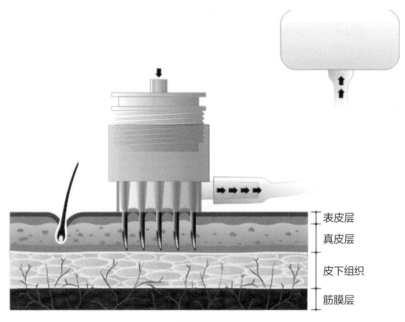

水光注射原理

通过本实验，我们再次观察到：真皮内注射肉毒素后皮肤纹理值也明显下降了 100 多。**肉毒素组的皮肤弹性和光泽度均在治疗后 12 周时上升，皮肤屏障功能改善。即便没有 CO_2 点阵激光的参与，单纯的 A 型肉毒素的真皮内低剂量注射，也可以达到一定的肌肤年轻化的效果，进一步论证了 A 型肉毒素具有直接抗老化功效。**

因此，我们团队总结了肉毒素在治疗静态皱纹方面的使用和方法选择。

1. 水光针联合肉毒素注射的优点

（1）恢复迅速，误工期短；

（2）当使用同等量的肉毒素时，注射入比湿敷进入真皮的利用率更高。

2. CO_2 点阵激光联合外用肉毒素的优点

（1）有点阵激光的协同作用，嫩肤效果更显著。

（2）当求美者原本就有使用 CO_2 点阵激光的适应证时，术后可同时外敷肉毒素。

临床如何选择？

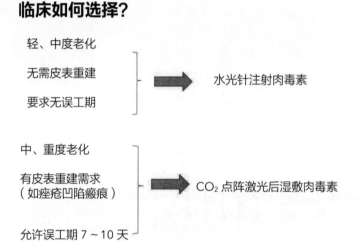

第 8 节　注射美容需谨慎，切莫乱投医！

2014 年，宁波警方破获了"3.13"特大制售假药案，犯罪嫌疑人王某在宁波开办医学美容中心，从沈阳、河北、深圳等地不法分子手中购进标识为多种品牌的玻尿酸注射剂等。经查，本案涉及的 77 个品种 5 万余瓶（支）产品均为假药或未经注册的医疗器械，涉案金额上亿元。这些假药，若未被查获，都将销往全国各大美容机构，最终注射进消费者的皮肤里。这些假冒美容药主要为肉毒素和玻尿酸，因为其市场需求大，利润高。

通过对同类案件梳理发现，不法分子多在未取得《医疗机构执业许可证》的情况下，开办规模较小的美容院，从事注射美容等医疗美容服务。注射美容产品多为标识为外国生产的肉毒素、玻尿酸、胎盘素等注射剂，部分产品包装上无中文标识。美容院从无药品、医疗器械经营资质的个人手中低价购进上述注射美容产品，这些产品为制假窝点生产的假药或无证医疗器械。

假药的危害

肉毒杆菌是生物界已知的毒性最强的毒素，被国家卫计委、国家食品药品监督管理局列入毒性药品管理。人体吸入肉毒素的半数致死量为 10～13ng/kg，注射的半数致死量为 1.3～2.1ng/kg。其使用量和致死量非常接近，也就使得在治疗过程中，注射医师是否专业、注射部位是否精确到位、药品浓度是否配制合理、注射器是否存在污染，以及被注射者的个体差异，都会对注射结果造成严重偏差，甚至会致人死亡。假冒产品的生产者不具备将产品的毒性控制和稳定在医用合理范围内的能力，不顾及患者安全，可能产生的危害难以预估。

由于玻尿酸一般提取自生物源，在生产过程中，极易滋生细菌等微生物。而本案涉及的造假玻尿酸，其生产、包装和医疗过程均达不到必要的卫生条件，存在重大医疗隐患，极易在使用过程中造成消费者细菌感染，有毁容甚至死亡的风险。

为此，国家食品药品监督管理总局曾提醒广大消费者：**不要到未取得《医疗机构执业许可证》的美容机构做注射美容等医疗美容项目，不要使用无批准文号或注册证号、无中文标识的肉毒素、玻尿酸等注射美容产品，以免危害生命健康**。广大消费者如发现生产、销售、使用非法注射美容产品的，应及时向食品药品监管部门投诉举报。食品药品监管部门将及时开展调查，严厉打击制售假药和无证医疗器械违法行为。

选择正规医疗机构的必要性

有时候，即便是正规的药品，也难保不会发生过敏，这是由个人体质决定的，极少数人会发生对肉毒素的严重过敏反应，如过敏性休克。一旦发生，需要及时抢救，否则危在旦夕。从这方面来说，更应该去专业的医疗美容单位。可以说，此时决定你下一秒是生是死的关键就是你身边是否有充足的医疗资源，美容是锦上添花的事，若因此送命，着实让人扼腕叹息！

第9节　15年的皮肤抗衰老研究，从基础到临床

对抗皮肤衰老，是皮肤美容的永恒话题，我们有关光损伤与光防护的研究重点除了放在了紫外线对四大类皮肤重要靶细胞（角质形成细胞、成纤维细胞、黑素细胞和朗格汉斯细胞）的影响上，我们科研小组还历时约15年时间，在8项国家自然科学基金、1项江苏省自然科学基金和江苏省政府"135工程"重点人才基金的支持下，运用了分子生物学、microRNA基因芯片及蛋白质组学技术，立足于衰老的发生发展机制，针对皮肤衰老的各种因素和环节，结合目前我们有价值的护肤品成分、光声电医学美容手段，从细胞分子、动物到人体水平较系统和深入地阐明了皮肤衰老的某些重要机制，如细胞老化、细胞凋亡、细胞自噬、DNA损伤修复减慢端粒的缩短、调控信号，研究了某些天然植物有效组分（绿茶提取物EGCG、黄芩苷、人参皂苷、阿魏酸、橙皮苷、大豆低聚肽、烟酰胺和神经酰胺等）以及新型强脉冲光减缓与改善紫外线皮肤光损伤重要作用靶点及其作用机制。为开发和利用我国丰富的中药资源，进而应用于药物和化妆品开发做出了新的贡献，从而为在临床水平和实际生活中减缓并改善人类皮肤老化及日光源性皮肤病提供可靠依据。

15年来，我们共发表论文近300篇，其中50余篇全文由SCI收录，项目团队人员数次应邀参加境外该专题学术交流，并在重要的国际和国内学术会议进行交流30人次。

团队掠影

15 年的皮肤抗衰老研究，从基础到临床

MicroRNAs 芯片和蛋白质组学技术是近年来兴起的高通量分子生物学分析手段，通过上述技术，可以在转录后调节和信号通路途径两个层面上探讨紫外线对皮肤细胞的影响，并可为光损伤的早期诊断及寻找抗光损伤药物的作用靶点提供更为可靠、便捷的手段。通过上述技术，我们成功建立了人皮肤角质形成细胞蛋白质组学研究的技术平台，并得到了中药有效成分干预皮肤光损伤过程的双向电泳表达图谱，在差异蛋白表达分析基础上，以蛋白指纹图谱技术进行蛋白质鉴定，从而为全面系统地研究紫外线对皮肤光损伤及药物防治的分子机制和靶点打下基础。

临床与科研密切结合，新成果、新发现，骆丹教授的团队棒棒哒！

1. 发现几种中药单体在防止光老化方面的作用：

我们系统地研究了紫外线辐射对皮肤 4 种重要靶细胞的光损伤作用及其机制，发现细胞周期相关蛋白、细胞 DNA 核苷酸切除修复通路分别与细胞突变、细胞突变甚至恶性转化及增殖密切相关，而所研究的中药药物组分单体（绿茶提取物 EGCG、黄芩苷、人参皂苷、阿魏酸、橙皮苷、大豆低聚肽、神经酰胺和烟酰胺等）正是作用于以上各通路上的关键靶蛋白，均起到了明确的保护或调控作用，**证明了这些单体可抑制急性紫外线辐射在皮肤细胞中光产物的产生，并可加速光产物的清除，提示其在逆转光源性皮肤肿瘤进程中的潜在价值**；特别是证明了 EGCG 能减慢传代培养 80 天皮肤成纤维细胞的自然衰老和加速因慢性紫外线照射损伤的皮肤细胞衰老及凋亡，**这是 EGCG 防治光老化和致癌的新发现**。另外，科研工作中也已证明通过上述药物可减少健康细胞的凋亡，而增强细胞的自噬能力，以共同抗击皮肤衰老过程。

从细胞、分子机制上阐述了上述中药单体的作用后，我们继续在动物皮肤上观察了上述中药单体（绿茶提取物 EGCG、黄芩苷和橙皮苷）的水溶液、乳膏等外用剂型的优良防光作用，**证实这些中药单体有望未来应用于皮肤外用制剂和药妆品业。**

2. 新型亚微粒纳米药物制剂皮肤透皮性能的研究

纳米生物学材料具有较高的载药及包封率，载体材料可生物降解，毒性极低，具有适当的粒径，并具有良好的靶向给药性，以纳米技术包被药物可能为增强抗光损伤药物作用开辟一条高效、安全的新途径。

我们将荧光素钠脂质体同其溶液和乳剂进行比较后发现，溶液和乳剂在表皮内荧光分布深，在真皮荧光强度小；脂质体荧光素钠真皮透过量少，各时间点表皮内荧光含量较溶液剂型高，而真皮内荧光含量较乳剂低。上述结果提示皮肤外用制剂中脂质体包裹水溶性药物可在人皮肤表皮层保持较高浓度，真皮贮留量和累积透皮量小，故适用于病变表浅的皮肤病，以及经透皮吸收后有不良反应的药物。

此外，我们还发现维生素 E 亚微粒乳液具有一定的透皮能力，其透过量随时间的增加而增加，呈时间依赖性；同时也呈现较平稳的释放趋势，累积透过量也呈时间依赖性。茶多酚固体脂质纳米粒乳液具有较好的皮肤透过性：透过量随着时间的延长而增加，呈现时间依赖性；同时茶多酚固体脂质纳米粒乳液渗透兔皮较平稳，累积透过量亦呈时间依赖性。有望将维生素 E 亚微粒乳液与茶多酚固体脂质纳米粒乳液制成新的剂型应用于皮肤科，治疗一些日光性的皮肤病及用作对紫外线损伤的防护。

对防光中药单体药物采用亚微粒纳米乳液与固体脂质粒乳液进行透皮试验研究，证实此类新剂型具有较好和稳定的皮肤透过性，有望未来应用于皮肤科和药妆品业。

3. 揭示了新型强脉冲光作用机制

在增加胶原合成而改善光老化的基础上，不断改进治疗参数，顺利应用于临床，共治疗老化性、色素性和血管性皮肤病 2000 余例，反响良好。

在临床上，我们不仅使用强脉冲光，还使用点阵激光、射频及各种微针等治疗损害性皮肤病和皮肤老化。我们研究发现了强脉冲光和点阵激光光动力技术可提高成纤维细胞增殖活性，可以直接促进成纤维细胞中 I 型、III 型前胶原 mRNA 的转录、抑制胶原的降解，进而可以促进胶原蛋白的合成。这对将强脉冲光、点阵激光等应用于人皮肤改善皮肤质地，改善痘坑、痘印，预防老化及光老化而产生嫩肤效果提供了一定的实验参考依据。

展望未来

综合已有的研究结果，展望未来的研究方向和思路，我们将继续从细胞分子水平，经动物试验，逐渐过渡到临床应用；再以临床疗效为基点，再对有效药物进行分子生物学和细胞学的检测的研究思路，并遵循从初步筛选－细胞学检验、分子生物学测定－动物试验－临床－再科学验证的研究模式，力求使研究结果科学、客观、严谨。此外，应继续对传统剂型如溶液、乳剂，以及新型药物载体输送系统及药物新剂型的性能进行深入研究，并将新旧外用剂型的透皮性进行比较，提出各自相应的适应范围，积极推动以纳米技术或其他新型工艺流程及配方技术包被或加载有效成分，积极结合转化医学的工作平台，使我们的医教研工作走向切实可行的"产学研"的良性循环的未来，使这些"有活性的有效成分"不仅可用于药物的外用制剂，还可用于日常的防晒、抗氧化、抗损伤、抗衰老的护肤品中，为社会大众服务。

最后，衷心祝愿也坚信我们这支对抗皮肤衰老的科学团队越来越强大，也希望读者越来越美，越来越年轻！

后记

阅完全书，感益颇多。骆丹教授与我亦师亦友，她的严谨乐观，对技术的执着追求和对患者的仁爱之心不仅体现在平时的交流中，而且融汇在她每次的演讲和课程中，今日能成此书也就顺理成章了。

经济的蓬勃发展和科技的快速进步为皮肤管理事业提供了强大的动力和手段，使之有了无限可期的美妙未来。基于医学又利用科技，使皮肤科医生们的理论形成和治疗手段都有了蓬勃的发展和多样的选择。然而由于利益的驱使，社会上出现了很多反科学的美容理论和非专业的机构，其间鱼龙混杂。遍布网络、大街小巷的关于护肤品、美容院、美容医院的各式宣传也是带给消费者诸多困惑。如何让大众了解基础的医学知识，树立科学求美、健康求美的理念；如何在这些海量的护肤品、彩妆以及各式家用、医用美容仪器及治疗方案中选择适合不同皮肤、年龄以及状态的最佳方案，是皮肤科医生们孜孜以求的目标。

如今骆丹教授利用这本书非常全面、深入浅出地为我们概括了从生活到医学、从护理到治疗的科学知识，既无郊寒岛瘦的吹毛求疵又有高屋建瓴的脚踏实地，很值得大家细细品味。

有了这么一部标杆性的专业皮肤管理的指导书，我想大家都可以在这个信息爆炸时代里找到正确的知识、树立科学的理念，也觅得护肤的良方。

医者德也，德者正心也。这本书满溢着骆丹教授为医济民、踏实求真的精诚情怀。在此代表从此书中受益的人们感谢骆丹教授！

李远宏

教授

中国医科大学附属第一医院皮肤科

2017 年 10 月

52检